ONLY ONE 합격교재

ISO 9001:2015 인증
안전연구소 인정

녹색자격증
녹색직업

세계유일무이
365일 저자상담직통전화
010-7209-6627

안전전문의

산업안전지도사

- 기계 · 전기 · 화학 · 건설 ·
- 2025년 개정법 적용 ·

3차 면접

안전공학박사/명예교육학박사
대한민국산업현장교수/기술지도사

정재수 지음

"산업안전 우수 숙련기술자" 선정

안전분야 베스트셀러
독보적 1위

지도사·산업안전기사·건설안전기사·기능장·기술사 등 관련자격 및 의문사항에 대하여
365일 성심 성의껏 답변해 드리고 있습니다. 저자와 상담 후 교재를 구입하세요.

www.sehwapub.co.kr

대한민국 최초, 최다, 최고, 최상, 최적 적중률의 안전관리 완벽합격!

· 특허 제 10-2687805 호 ·

명칭 : 국가직무능력표준에 따른 자격사 교육 콘텐츠 생성 자동화 방법, 장치 및 시스템

도서출판 세화

머리말

안전의사 산업안전지도사
축하 메세지를 받으셨습니까?
가슴이 쿵쿵할 정도로 행복합니까?
벌써 안전의사가 된 것 같습니까?
오늘은 가족, 연인 또는 이 기분을 유지하기 위하여 혼술이라도 하시겠습니까?
아니면 교회, 성당, 절에 가서 감사헌금을 드리고 기도를 하시겠습니까?
뭐든지 아름답고 행복한 일들입니다.
인생을 숙제하듯 살지 말고 축제하듯이 살았으면 합니다.
그러나 그러시면 안 됩니다.

오죽하면 대부분의 사람들이 황금을 좋아할까요. 그분 아니지요.
썩어가는 세상을 썩지 않게 하는 소금도 필요합니다.
그러나 안전의사가 되기 위해서는 지금이 가장 중요합니다.
2개월 후 2차(전공필수)와 3차(면접)가 있습니다.
물론 공부가 취미이고 특기이자 직업인 박사님, 기술사님들은 면접만 보시면 되니 걱정 없이 태평을 누릴 수도 있겠지요. 그런데 간혹 기술사님, 박사님도 면접에서 과락 점수를 받는 경우가 있다고 합니다.
이것은 저의 추측인지 진짜인지 알 수가 없습니다.
만약 박사님, 기술사님들이 면접에 과락 점수를 받는다면 누구의 잘못일까요?
면접관, 아니 수험자, 이것은 모순이라 생각합니다.

나는 수십 년 전 면접관으로 수험생을 대할 때 기술사가 있다던지 박사님들 앞에서는 나도 모르게 내가 겸손하고 존경의 표현도 했습니다.
간혹 박사논문 심사 시에 참석할 때도 지식은 물론이지만 태도도 보고 품격을 보자고 했습니다. 즉 박사는 품위를 유지할 필요가 있습니다. 물론 기술사, 일반인도 품위를 유지해야 합니다.

누가 저에게 질문을 하네요. 기술사 면접에는 개인 이력카드를 제출하지만 지도사는 이력카드가 없으니 박사인지 기술사인지 알 수가 없다고 그래서 아직도 우리(수험생)는 순수하다, 왜 모를까요? 이력카드가 없지만 면제를 어떻게 받았는지 분명 근거가 있잖아요. 머리말을 쓰는 것인지 강의 교안을 만드는 것인지 참 아이러니 하기도 합니다. 그러나 수험생도 면접을 보시는 면접관도 출제 관계자도 본 면접가이드를 눈으로라도 보고 면접보고, 면접했으면 합니다. 면접가이드를 만든 이유는 2011년 산업안전지도사와 산업보건지도사를 유배지에서 쓰게 되있습니다. 이때는 오로지 공부만 했습니다.

2012년 나도 시험을 보기 위해서이기도 했습니다. 그런데 나를 비롯한 필기시험에는 한 분도 합격자가 없었습니다. 물론 기술사와 박사 등 1과목만(1개과목) 보신 분은 합격자가 있었습니다. 난리가 났습니다. 책을 잘못 집필했다고 아닙니다. 시험은 출제기준도 시험시간도 사전에 예고를 했고 거기에 맞추어 맞춤형으로 집필했습니다. 자격시험은 출제기준 등을 비롯하여 모든 것을 공개합니다.

예로 기사는 1문제당 1분30초, 기능사는 1분, 지도사는 1분20초 입니다. 그렇다면 기사보다는 지문이 짧고 기능사보다는 길 것입니다. 그러니 1문제 1문제가 속독을 하지 않고는 1분20초에 읽을 수가 없었습니다. 문제가 어렵다 쉽다는 논하지 않겠습니다. 지도사 시험은 안전의사 시험입니다.

처음 시험 후 벌써 11년이 지났습니다. 과장이 아니라 진짜 적게는 수백 분에서 많게는 수천 분이 면접가이드 집필을 요청해와 미루고 미루다가 얼마전 Y출판에서 저와 기술사 책도 함께 집필하고 H학원 등에서 강의도 같이 하신 분의 책도 참고하고 네이버에 합격하신 많은 분들의 수기 자료와 저의 경험(수험생에서 면접관까지) 등을 참고하여 원서접수에서 면접사례까지 포함하여 면접에 반드시 도움이 되도록 하였습니다.

가장 귀중한 내용은 노무법인 유엔 박형두 수석 노무사님의 합격수기와 연수후기 등을 사용할수 있게 허락해주어 면접합격가이드가 더 한층 귀한 내용이 되었습니다.
또 각 분야별 기계, 전기, 화학, 건설을 구분하지 않았습니다.

그 이유는 대부분 면접 시 3문제의 질문문항 혹은 2문제를 법에서 질문하고 있습니다. 어쩌다 전공에서만 묻는 경우도 있을수도 있습니다. 또 전공은 2차 (전공기술)에서 혼을 바쳤기 때문에 생략을 했습니다.
면접 10점 만점에 6점 이상 완벽대비를 위해서는 머리말부터 Part 8 질문내용까지 읽으시면 됩니다.

언제든지 궁금한 내용이 있으시며 미안하게 생각하지 마시고 교재 표지에 있는 번호로 전화 주시면 재수 있는 남자 정재수가 답변을 드리겠습니다.
오로지(Only One) 이 책을 보시는 분 모두가 안전의사 되시기를 기원하겠습니다.
안전의사가 되셔서 인생을 숙제하듯 살지 말고 매일매일 축제하듯이 살았으면 합니다.

   2025 靑波 鄭再琇

CONTENTS

PART 01 원서접수부터 면접사례까지

1. 산업안전지도사란? — 2
2. 면접시험이란? — 2
3. 산업안전지도사의 면접 — 4
4. 채점결과 비교 — 5
5. 산업안전보건법령의 지도사 — 9
6. 국가기술자격법 — 24
7. 국가기술자격시험 출제, 검토, 면접은 아무나 하나? — 29
8. 국가기술자격시험 출제·검토위원 공개모집 — 31
9. 수험자(예비합격분) 유의사항 — 41
10. 3차 면접 불합격을 피하는 방법 — 45

PART 02 산업안전보건법령

1. 산업안전보건법 — 54
2. 산업안전보건법 시행령 — 85
3. 산업안전보건법 시행규칙 — 108
4. 산업안전보건기준에 관한 규칙(약칭 : 안전보건규칙) — 130

PART 03 산업안전관리론

1. 안전 보건 관리 조직의 기본 방향(조직면, 기능면) — 154
2. 안전 보건 관리의 조건(PDCA) — 156
3. 안전 업무의 체계화(안전의 5step) — 156
4. 안전 보건 관리 규정 — 157
5. 안전 보건 관리 계획 — 158
6. 사고 예방 원리 — 159
7. 안전의 정의 — 162
8. 사고와 재해 — 164
9. 안전의 의의 — 165
10. 산업 재해 발생 과정 — 166
11. 안전 보건 보호구 — 172
12. 보호구의 종류와 용도 — 174
13. 안전 보건 표지의 내용과 유의 사항 — 184
14. 재해 조사의 목적 — 188

⑮ 재해 조사 방법	188
⑯ 재해 조사시의 유의 사항	189
⑰ 재해 발생시 처리 순서 7단계	189
⑱ 재해 발생시 제1단계 긴급 처리 내용 5가지	189
⑲ 재해 조사시 잠재 재해 요인 적출	190
⑳ 재해 사례 연구 순서	190
㉑ 재해의 직접 원인	191
㉒ 재해 원인의 관리적 원인	192
㉓ 재해 분석 모델	193
㉔ 재해 원인 분석 방법	193
㉕ 재해 손실비	195
㉖ 연천인율	196
㉗ 빈도율	196
㉘ 강도율	197
㉙ 종합 재해 지수	198
㉚ Safe – T – Score	198
㉛ 재해 발생률의 국제적 비교	199
㉜ 안전 점검의 목적	200
㉝ 안전 점검의 의의	200
㉞ 안전 점검의 종류	201
㉟ 안전 점검 및 진단의 순서	202
㊱ 안전인증대상기계 또는 설비	202
㊲ 안전인증대상기계 방호장치의 종류	203
㊳ 자율안전확인대상기계의 종류	205
㊴ 안전인증 및 자율안전 확인 제품의 표시내용(방법)	208

PART 04 산업안전심리

❶ 인간의 행동 법칙	210
❷ 인간의 심리 특성과 안전	211
❸ 안전 사고의 요인	213
❹ 주의와 부주의	215
❺ 착시	217
❻ 안전 심리	219
❼ 동기 이론	222
❽ 집단 기능과 인간 관계	223
❾ 직업 적성 및 적성의 분류	226
❿ 피로의 증상 및 대책	229

PART 05 안전보건교육

❶	인간에 대한 기본적 안전 대책	234
❷	교육의 3요소	234
❸	안전보건교육의 기본 방향	234
❹	안전보건교육의 3단계	235
❺	안전보건교육 추진 순서	236
❻	학습 성과 설정시 유의하여야 할 사항	236
❼	강의 계획의 4단계	236
❽	학습 목적에 포함 사항	237
❾	전개 과정의 4가지 사항	237
❿	학습 지도의 원리	237
⓫	사업장의 안전보건교육	238
⓬	지도 교육의 8원칙	241
⓭	하버드학파의 5단계 교수법	241
⓮	듀이의 사고 과정의 5단계	242
⓯	교시법의 4단계	242
⓰	의사 전달 방법의 2가지	242
⓱	강의법	243
⓲	토의법	243
⓳	TWI	244
⓴	MTP	244
㉑	ATT	245
㉒	CCS	245
㉓	OJT와 OffJT	245
㉔	수업 방법	246
㉕	단계법에 의한 교육의 4단계	247
㉖	안전 태도 교육의 기본 과정	247
㉗	교육 계획	247
㉘	교육 효과	248
㉙	학습평가 방법	248
㉚	학습평가의 기본적인 기준 4가지	248
㉛	안전 교육 추진시 유의 사항	249
㉜	무재해 운동	250

PART 06 인간공학(Human Engineering)

1. 인간공학의 정의 — 258
2. 인체 계측 및 응용 원칙 — 258
3. 인간–기계 체계 — 259
4. 신뢰도 — 262
5. 작업 표준 — 264

PART 07 시스템 안전(System safety) 공학

1. 시스템 안전의 개요 — 270
2. 시스템 안전의 달성 방법 — 271
3. 시스템 안전의 우선도 — 271
4. 세이프티 어세스먼트 — 271
5. 리스크 어세스먼트 — 272
6. 위험성 강도의 범주(Category) — 272
7. 시스템 안전에서의 사실의 발견 방법 — 273
8. FMEA와 FMECA — 273
9. ETA — 274
10. FTA — 275
11. FTA의 실시 순서 — 275
12. FTA에 의한 재해 사례 연구 순서 — 276
13. 다음 FT도에 있어 A의 고장 발생 확률은? — 276
14. FTA의 기호 및 의미 — 277
15. MIL-STD-882B의 목적 — 278

PART 08 산업안전지도사 최근(문답)질문 내용

① 최근문제 — 282
② 질문내용 및 정답 제14회(건설안전공학) — 287

특별부록
면접 전에 꼭 읽어보기

- ❶ 산업안전지도사 3차 면접 불합격을 피하는 법 (1)   292
- ❷ 면접 준비의 기본 마인드   293
- ❸ 면접 불합격을 피하는 법   293
- ❹ 면접관에 대한 이해와 대응   294
- ❺ 산업안전지도사 3차 면접 불합격을 피하는 법 (2)   296
- ❻ 질문의 내용을 예측하라!   296
- ❼ 구조화된 답변을 익숙하게!   297
- ❽ 태도가 합격을 만든다!   298
- ❾ 면접 불합격을 피하는 법   299

PART 01
원서접수부터 면접사례까지

① 산업안전지도사란?
② 면접시험이란?
③ 산업안전지도사의 면접
④ 채점결과 비교
⑤ 산업안전보건법령의 지도사
⑥ 국가기술자격법
⑦ 국가기술자격시험 출제, 검토, 면접은 아무나 하나?
⑧ 국가기술자격시험 출제·검토위원 공개모집
⑨ 수험자(예비합격분) 유의사항
⑩ 3차 면접 불합격을 피하는 방법

PART 01 원서접수부터 면접사례까지

 ## 산업안전지도사란?
[産業安全指導士 : Occupational Safety Instructor]

사업장 내의 근본적인 안전보건상의 문제점을 개선하기 위하여 외부전문가의 도움을 받을 수 있도록 한 제도이다. 이 제도의 목적은 외부전문가인 지도사의 객관적이고도 전문적인 지도·조언을 통하여 사업장 내에서의 기존의 안전보건상의 문제점을 규명하여 개선하고 생산라인 관계자에게 생산현장의 생산방식이나 공법도입에 따른 안전보건대책수립에 도움을 주기 위한 것이다.

 ## 면접시험이란?
[面接試驗 : interview : oral test]

시험관이 수험자와의 대화·관찰 등을 통해 수험자 개개인의 가치관과 성격, 행태상의 특성, 협조성 등의 특징을 파악하는 구술시험의 방법을 말한다. 면접시험은 필기시험으로는 측정하기 곤란한 수험자의 개인적 성격과 행태상의 특징, 즉 지도성·주의성·지성·인품·인간관계 등을 측정하는 데 유용하다.

응시자의 말과 태도를 바탕으로 하여 그 응시자의 능력을 평가하는 시험. 주로 말[언어(言語)]로 표현한 것을 평가하는 시험이므로 구술시험(口述試驗 : oral test)이라고도 한다.

면접시험은 필기시험, 기타 다른 시험의 방법으로 측정하기 어려운 응시자의 적극성과 협조성, 적응력과 판단력, 가치관, 성격과 품행 및 성실성, 창의력과 의지력, 의사 발표의 정확성과 논리성 등을 효과적으로 검증하는 데 그 목적이 있다. 그러나 면접시험은 시험관의 주관(主觀)이나 정실(情實)이 작용할 여지가 많으므로 이러한 것을 배제하고 객관도를 어떻게 높이느냐에 따라 면접시험의 효율성이 결정적으로 좌우된다. 이를 위하여 면접시험관의 수를 여러 사람으로 한다든가, 표준적 질문을 미리 마련해 둔다든가, 표준화된 평점표를 이용한다든가 한다.

최근에는 면접에 있어서 객관도를 확보하는 기법으로 이른바 무자료면접법(無資料面接法 : blind interview)이 개발되어 활용되고 있다. 이 기법은 시험관이 응시자를 면접할 때 그 사람에 대한 아무런 참고 자료도 비치하지 않은 상태에서 진행하는 면접기법이다. 즉, 시험관이 응시자의 이름과 수험번호만을 알 수 있을 뿐 출신학교나 출신지역, 학교 때의 성격·특기, 그 밖의 모든 개인 신상에 관해서는 전혀 모르는 상태에서 면접하는 방식이다.

한편 면접시험의 형태(종류)는 그 분류 기준에 따라 여러 가지로 분류될 수 있는데, 면접 시 면접 대상자(응시자)의 수를 기준으로 개별면접과 집단면접으로 구분하는 것이 일반적이다.

집단면접(group interview)은 응시자 3~5인을 1개조로 편성하여 서너 명의 시험관이 함께 배석하여 면접을 진행하는 방식이다. 집단면접의 방식도 크게 두 가지로 구분해 볼 수 있다. 그 하나는 개별면접의 경우처럼 시험관이 질문하는 방식이고, 다른 하나는 시험관은 별도의 좌석에 앉아 전혀 질문을 하지 않고 응시자들끼리 주어진 과제[문제]에 대하여 토의케 하는 토의식 면접의 방식이 있다.

집단 토의식 면접(group discussion interview)은 응시자가 채용된 후 직장이라는 조직 생활에 잘 적응하고 맡은 바 자기 직무를 충실히 수행해 낼 수 있는 자질을 갖춘 인물인지 아닌지를 집단 내에서의 언어 활동과 그 구성원 간의 상호작용의 태도를 관찰하여 판정하려는 데 그 목적이 있다. ← 산업안전지도사에도 적용

3 산업안전지도사의 면접

(1) 산업안전보건법

제150조(품위유지와 성실의무 등) ① 지도사는 항상 품위를 유지하고 신의와 성실로써 공정하게 직무를 수행하여야 한다.

② 지도사는 제142조제1항 또는 제2항에 따른 직무와 관련하여 작성하거나 확인한 서류에 기명·날인하거나 서명하여야 한다.

제142조(산업안전지도사 등의 직무) ① 산업안전지도사는 다음 각 호의 직무를 수행한다.

1. 공정상의 안전에 관한 평가·지도
2. 유해·위험방지대책에 관한 평가·지도
3. 제1호 및 제2호의 사항과 관련된 계획서 및 보고서의 작성

② 산업보건지도사는 다음 각 호의 직무를 수행한다.

1. 작업환경의 평가 및 개선 지도
2. 작업환경 개선과 관련된 계획서 및 보고서의 작성
3. 근로자 건강진단에 따른 사후관리 지도
4. 직업성 질병 진단(「의료법」 제2조에 따른 의사인 산업보건지도사만 해당한다) 및 예방 지도
5. 산업보건에 관한 조사·연구
6. 그 밖에 산업보건에 관한 사항으로서 대통령령으로 정하는 사항

③ 산업안전지도사 또는 산업보건지도사(이하 "지도사"라 한다)의 업무 영역별 종류 및 업무 범위, 그 밖에 필요한 사항은 대통령령으로 정한다.

(2) 산업안전보건법 시행령

제103조(자격시험의 실시 등) ① 법 제143조제1항에 따른 지도사 자격시험(이하 "지도사 자격시험"이라 한다)은 필기시험과 면접시험으로 구분하여 실시한다.

② 지도사 자격시험 중 필기시험의 업무 영역별 과목 및 범위는 별표 32와 같다.

③ 지도사 자격시험 중 필기시험은 제1차 시험과 제2차 시험으로 구분하여 실시하고 제1차 시험은 선택형, 제2차 시험은 논문형을 원칙으로 하되, 각각 주관식 단답형을 추가할 수 있다.

④ 지도사 자격시험 중 제1차 시험은 별표 32에 따른 공통필수 Ⅰ, 공통필수 Ⅱ 및 공통필수 Ⅲ의 과목 및 범위로 하고, 제2차 시험은 별표 32에 따른 전공필수의 과목 및 범위로 한다.

⑤ 지도사 자격시험 중 제2차 시험은 제1차 시험 합격자에 대해서만 실시한다.

⑥ 지도사 자격시험 중 면접시험은 필기시험 합격자 또는 면제자에 대해서만 실시하되, 다음 각 호의 사항을 평가한다.

1. 전문지식과 응용능력
2. 산업안전·보건제도에 관한 이해 및 인식 정도
3. 상담·지도능력

⑦ 지도사 자격시험의 공고, 응시 절차, 그 밖에 시험에 필요한 사항은 고용노동부령으로 정한다.

제105조(합격자 결정) ① 지도사 자격시험 중 필기시험은 매 과목 100점을 만점으로 하여 40점 이상, 전과목 평균 60점 이상 득점한 사람을 합격자로 한다.

② 지도사 자격시험 중 면접시험은 제103조제6항 각 호의 사항을 평가하되, 10점 만점에 6점 이상인 사람을 합격자로 한다.

③ 고용노동부장관은 지도사 합격시험에 합격한 사람에게 고용노동부령으로 정하는 바에 따라 지도사 자격증을 발급하고 관리해야 한다.

4 채점결과 비교

▨ 산업안전지도사(기계안전) 문항점수 보기(예)

과목	문항점수 / 맞은점수	1문항	2문항	3문항	4문항	5문항	6문항	7문항	8문항	9문항
전공필수 (기계안전공학)		15/13	15/0	15/3	15/15	15/1	75/75	75/30	75/0	75/60

* '문항점수'는 각(3명) 채점위원 점수의 합산점수입니다.

출처 NAVER 블로그 (2021.6.5)

기계안전공학

※ 다음 단답형 5문제를 모두 답하시오.(각 5점)

1. 절삭가공에서 절삭제의 사용목적 3가지를 쓰시오.

2. 기계·기구·설비의 설계 제작에 관련된 사용응력(Working Stress) 및 허용응력(Allowable Stress)에 관하여 각각 쓰시오.

3. 산업안전보건기준에 관한 규칙상 진동작업에 해당하는 작업 3가지를 쓰시오.

4. 산업용 로봇을 동작 형태별로 분류할 때, 그 종류 4가지를 쓰시오.

5. 산업안전보건기준에 관한 규칙상 항타기 또는 항발기를 조립할 때 점검사항 3가지를 쓰시오.

※ 다음 논술형 2문제를 모두 답하시오.(각 25점)

6. 산업안전보건기준에 관한 규칙상 용접·용단 작업 등의 화재위험작업을 할 때 작업을 시작하기 전에 관리감독자가 확인할 점검사항 5가지를 쓰시오.

7. 지게차 재해방지대책 중 방호장치 5가지를 쓰고, 각 장치에 관하여 설명하시오.

※ 다음 논술형 2문제 중 1문제를 선택하여 답하시오.(각 25점)

8. 산업안전보건기준에 관한 규칙상 건축물이나 고정된 시설물에 설치되어 일정한 경로에 따라 사람이나 화물을 승강장으로 옮기는 데에 사용되는 설비(기계) 5가지를 쓰고, 각 설비(기계)에 관하여 설명하시오.

9. 기계의 운동형태에 따라 기계설비의 위험점을 분류할 때, 6가지 위험점을 쓰고 각 위험점에 관하여 설명하시오.

응시자 자체평가 점수 예

단답형 5문제

1번 : 2점(절삭제 목적, 방청, 윤활, 구성인선 저감으로 답했으나 2개는 정확)
2번 : 1점(사용/허용응력 설명, 답은 다 작성했으나 핵심이 다름)
3번 : 2점(진동작업 3가지, 핸드 소, 착암기 등 굴착기로 작성)
4번 : 5점(로봇 동작형태 분류 4종, 4종 그림을 그려 정확히 기재함)
5번 : 0점(항타/발기 조립시 점검사항 3가지, 답을 썼는데 전혀 다름)

논술형 2문제 문제추가

6번 : 25점(용접용단 작업전 관리감독자 확인사항 5가지, 정확히 기재함)
7번 : 15점(지게차 방호장치 5가지, 정확히 답한 것 3×5=15)

논술형 2문제 중 1문제 선택

9번 : 25점(위험점 6개, 정확히 기재함, 그림 포함)

합계 75점

채점(공단)점수와 자체(응시자 평가)점수 검토

1번 : 4.3점/5점 만점 기준 : 용어를 정확히 모르고 작성
2번 : 0점/5점 만점기준 : 핵심을 모르고 답변만 장황하게 작성하였음
3번 : 1점/5점 만점 기준 : 체인 소라고 작성하며 0점(규칙상 체인톱), 결국 착암기 1점 줌
4번 : 5점/5점 만점 기준
5번 : 0점/5점 만점 기준 : 어렴풋하게 안 것은 0점
6번 : 25점/25점 만점 기준 : 정확히 알고 작성함
7번 : 10점/25점 만점 기준 : 헤드가드(○), 백레스트(○), 브레이크(×), 안전밸트(×), 후미등(×) : 용어 정확해야 함
8번 : 0점 : 선택 안함

9번 : 20점/25점 만점기준 : 협, 끼, 절, 물, 접, 회 6개 위험점 중 끼임점 설명시 회전부/직선운동부+고정부 사이의 위험점을 설명함. 이때 회전부+고정부 경우는 연삭숫돌과 덮개를 예로 들었고, 직선운동부+고정부 경우는 세이퍼의 직선운동부+건물 벽체의 고정부 사이 끼임을 설명했는데, 이 끼임점을 0점 처리한 것으로 사료됨. 세이퍼와 고정벽 사이 끼임점은 제가 창안하여 답변한 것인데 교재에는 없는 설명을 한 것임. → 시사점 : 철저히 교재에 있는 사례를 들어야 할 것으로 사료 됨.

합계 65.6점

| 출처 | ① NAVER 블로그에 올려주신 글을 사용
② 예비지도사분들께 매우 도움이 됨 |

산업안전보건법령의 지도사

산업안전보건법
[시행 2025. 7. 22.] [법률 제20677호, 2025. 1. 21., 타법개정]

제9장 산업안전지도사 및 산업보건지도사

제142조(산업안전지도사 등의 직무) ① 산업안전지도사는 다음 각 호의 직무를 수행한다. 2019, 2020, 2023, 2024년 면접문제

1. 공정상의 안전에 관한 평가·지도
2. 유해·위험의 방지대책에 관한 평가·지도
3. 제1호 및 제2호의 사항과 관련된 계획서 및 보고서의 작성
4. 그 밖에 산업안전에 관한 사항으로서 대통령령으로 정하는 사항

② 산업보건지도사는 다음 각 호의 직무를 수행한다.

1. 작업환경의 평가 및 개선 지도
2. 작업환경 개선과 관련된 계획서 및 보고서의 작성
3. 근로자 건강진단에 따른 사후관리 지도
4. 직업성 질병 진단(「의료법」 제2조에 따른 의사인 산업보건지도사만 해당한다) 및 예방 지도
5. 산업보건에 관한 조사·연구
6. 그 밖에 산업보건에 관한 사항으로서 대통령령으로 정하는 사항

③ 산업안전지도사 또는 산업보건지도사(이하 "지도사"라 한다)의 업무 영역별 종류 및 업무 범위, 그 밖에 필요한 사항은 대통령령으로 정한다.

제143조(지도사의 자격 및 시험) ① 고용노동부장관이 시행하는 지도사 자격시험에 합격한 사람은 지도사의 자격을 가진다.

② 대통령령으로 정하는 산업 안전 및 보건과 관련된 자격의 보유자에 대해서는 제1항에 따른 지도사 자격시험의 일부를 면제할 수 있다.

③ 고용노동부장관은 제1항에 따른 지도사 자격시험 실시를 대통령령으로 정하는 전문기관에 대행하게 할 수 있다. 이 경우 시험 실시에 드는 비용을 예산의 범위에서 보조할 수 있다. 〈개정 2020. 5. 26.〉

④ 제3항에 따라 지도사 자격시험 실시를 대행하는 전문기관의 임직원은 「형법」 제129조부터 제132조까지의 규정을 적용할 때에는 공무원으로 본다.
⑤ 지도사 자격시험의 시험과목, 시험방법, 다른 자격 보유자에 대한 시험 면제의 범위, 그 밖에 필요한 사항은 대통령령으로 정한다.

제144조(부정행위자에 대한 제재) 고용노동부장관은 지도사 자격시험에서 부정한 행위를 한 응시자에 대해서는 그 시험을 무효로 하고, 그 처분을 한 날부터 5년간 시험응시자격을 정지한다.

제145조(지도사의 등록) ① 지도사가 그 직무를 수행하려는 경우에는 고용노동부령으로 정하는 바에 따라 고용노동부장관에게 등록하여야 한다.
② 제1항에 따라 등록한 지도사는 그 직무를 조직적·전문적으로 수행하기 위하여 법인을 설립할 수 있다.
③ 다음 각 호의 어느 하나에 해당하는 사람은 제1항에 따른 등록을 할 수 없다.
1. 피성년후견인 또는 피한정후견인
2. 파산선고를 받고 복권되지 아니한 사람
3. 금고 이상의 실형을 선고받고 그 집행이 끝나거나(집행이 끝난 것으로 보는 경우를 포함한다) 집행이 면제된 날부터 2년이 지나지 아니한 사람
4. 금고 이상의 형의 집행유예를 선고받고 그 유예기간 중에 있는 사람
5. 이 법을 위반하여 벌금형을 선고받고 1년이 지나지 아니한 사람
6. 제154조에 따라 등록이 취소(이 항 제1호 또는 제2호에 해당하여 등록이 취소된 경우는 제외한다)된 후 2년이 지나지 아니한 사람

④ 제1항에 따라 등록을 한 지도사는 고용노동부령으로 정하는 바에 따라 5년마다 등록을 갱신하여야 한다.
⑤ 고용노동부령으로 정하는 지도실적이 있는 지도사만이 제4항에 따른 갱신등록을 할 수 있다. 다만, 지도실적이 기준에 못 미치는 지도사는 고용노동부령으로 정하는 보수교육을 받은 경우 갱신등록을 할 수 있다.
⑥ 제2항에 따른 법인에 관하여는 「상법」 중 합명회사에 관한 규정을 적용한다.

제146조(지도사의 교육) 지도사 자격이 있는 사람(제143조제2항에 해당하는 사람 중 대통령령으로 정하는 실무경력이 있는 사람은 제외한다)이 직무를 수행하려면 제145조에 따른 등록을 하기 전 1년의 범위에서 고용노동부령으로 정하는 연수교육을 받아야 한다.

제147조(지도사에 대한 지도 등) 고용노동부장관은 공단에 다음 각 호의 업무를 하게 할 수 있다.
1. 지도사에 대한 지도·연락 및 정보의 공동이용체제의 구축·유지
2. 제142조제1항 및 제2항에 따른 지도사의 직무 수행과 관련된 사업주의 불만·고충의 처리 및 피해에 관한 분쟁의 조정
3. 그 밖에 지도사 직무의 발전을 위하여 필요한 사항으로서 고용노동부령으로 정하는 사항

제148조(손해배상의 책임) ① 지도사는 직무 수행과 관련하여 고의 또는 과실로 의뢰인에게 손해를 입힌 경우에는 그 손해를 배상할 책임이 있다.
② 제145조제1항에 따라 등록한 지도사는 제1항에 따른 손해배상책임을 보장하기 위하여 대통령령으로 정하는 바에 따라 보증보험에 가입하거나 그 밖에 필요한 조치를 하여야 한다.

제149조(유사명칭의 사용 금지) 제145조제1항에 따라 등록한 지도사가 아닌 사람은 산업안전지도사, 산업보건지도사 또는 이와 유사한 명칭을 사용해서는 아니 된다.

제150조(품위유지와 성실의무 등) ① 지도사는 항상 품위를 유지하고 신의와 성실로써 공정하게 직무를 수행하여야 한다.
② 지도사는 제142조제1항 또는 제2항에 따른 직무와 관련하여 작성하거나 확인한 서류에 기명·날인하거나 서명하여야 한다.

제151조(금지 행위) 지도사는 다음 각 호의 행위를 해서는 아니 된다.
1. 거짓이나 그 밖의 부정한 방법으로 의뢰인에게 법령에 따른 의무를 이행하지 아니하게 하는 행위
2. 의뢰인에게 법령에 따른 신고·보고, 그 밖의 의무를 이행하지 아니하게 하는 행위
3. 법령에 위반되는 행위에 관한 지도·상담

제152조(관계 장부 등의 열람 신청) 지도사는 제142조제1항 및 제2항에 따른 직무를 수행하는 데 필요하면 사업주에게 관계 장부 및 서류의 열람을 신청할 수 있다. 이 경우 그 신청이 제142조제1항 또는 제2항에 따른 직무의 수행을 위한 것이면 열람을 신청받은 사업주는 정당한 사유 없이 이를 거부해서는 아니 된다.

제153조(자격대여행위 및 대여알선행위 등의 금지) ① 지도사는 다른 사람에게 자기의 성명이나 사무소의 명칭을 사용하여 지도사의 직무를 수행하게 하거나 그 자격증이나 등록증을 대여해서는 아니 된다.

② 누구든지 지도사의 자격을 취득하지 아니하고 그 지도사의 성명이나 사무소의 명칭을 사용하여 지도사의 직무를 수행하거나 자격증·등록증을 대여받아서는 아니 되며, 이를 알선하여서도 아니 된다.

제154조(등록의 취소 등) 고용노동부장관은 지도사가 다음 각 호의 어느 하나에 해당하는 경우에는 그 등록을 취소하거나 2년 이내의 기간을 정하여 그 업무의 정지를 명할 수 있다. 다만, 제1호부터 제3호까지의 규정에 해당할 때에는 그 등록을 취소하여야 한다.

1. 거짓이나 그 밖의 부정한 방법으로 등록 또는 갱신등록을 한 경우
2. 업무정지 기간 중에 업무를 수행한 경우
3. 업무 관련 서류를 거짓으로 작성한 경우
4. 제142조에 따른 직무의 수행과정에서 고의 또는 과실로 인하여 중대재해가 발생한 경우
5. 제145조제3항제1호부터 제5호까지의 규정 중 어느 하나에 해당하게 된 경우
6. 제148조제2항에 따른 보증보험에 가입하지 아니하거나 그 밖에 필요한 조치를 하지 아니한 경우
7. 제150조제1항을 위반하거나 같은 조 제2항에 따른 기명·날인 또는 서명을 하지 아니한 경우
8. 제151조, 제153조제1항 또는 제162조를 위반한 경우

산업안전보건법 시행령
[시행 2025. 1. 31.] [대통령령 제35240호, 2025. 1. 31., 일부개정]

제101조(산업안전지도사 등의 직무) ① 법 제142조제1항제4호에서 "대통령령으로 정하는 사항"이란 다음 각 호의 사항을 말한다.
1. 법 제36조에 따른 위험성평가의 지도
2. 법 제49조에 따른 안전보건개선계획서의 작성
3. 그 밖에 산업안전에 관한 사항의 자문에 대한 응답 및 조언

② 법 제142조제2항제6호에서 "대통령령으로 정하는 사항"이란 다음 각 호의 사항을 말한다.
1. 법 제36조에 따른 위험성평가의 지도
2. 법 제49조에 따른 안전보건개선계획서의 작성
3. 그 밖에 산업보건에 관한 사항의 자문에 대한 응답 및 조언

제102조(산업안전지도사 등의 업무 영역별 종류 등) ① 법 제145조제1항에 따라 등록한 산업안전지도사의 업무 영역은 기계안전·전기안전·화공안전·건설안전 분야로 구분하고, 같은 항에 따라 등록한 산업보건지도사의 업무 영역은 직업환경의학·산업위생 분야로 구분한다.

② 법 제145조제1항에 따라 등록한 산업안전지도사 또는 산업보건지도사(이하 "지도사"라 한다)의 해당 업무 영역별 업무 범위는 별표 31과 같다.

제103조(자격시험의 실시 등) ① 법 제143조제1항에 따른 지도사 자격시험(이하 "지도사 자격시험"이라 한다)은 필기시험과 면접시험으로 구분하여 실시한다.

② 지도사 자격시험 중 필기시험의 업무 영역별 과목 및 범위는 별표 32와 같다.

③ 지도사 자격시험 중 필기시험은 제1차 시험과 제2차 시험으로 구분하여 실시하고 제1차 시험은 선택형, 제2차 시험은 논문형을 원칙으로 하되, 각각 주관식 단답형을 추가할 수 있다.

④ 지도사 자격시험 중 제1차 시험은 별표 32에 따른 공통필수 Ⅰ, 공통필수 Ⅱ 및 공통필수 Ⅲ의 과목 및 범위로 하고, 제2차 시험은 별표 32에 따른 전공필수의 과목 및 범위로 한다.

⑤ 지도사 자격시험 중 제2차 시험은 제1차 시험 합격자에 대해서만 실시한다.

⑥ 지도사 자격시험 중 면접시험은 필기시험 합격자 또는 면제자에 대해서만 실시하되, 다음 각 호의 사항을 평가한다.

1. 전문지식과 응용능력
2. 산업안전·보건제도에 관한 이해 및 인식 정도
3. 상담·지도능력

⑦ 지도사 자격시험의 공고, 응시 절차, 그 밖에 시험에 필요한 사항은 고용노동부령으로 정한다.

제104조(자격시험의 일부면제) ① 법 제143조제2항에 따라 지도사 자격시험의 일부를 면제할 수 있는 자격 및 면제의 범위는 다음 각 호와 같다.

1. 「국가기술자격법」에 따른 건설안전기술사, 기계안전기술사, 산업위생관리기술사, 인간공학기술사, 전기안전기술사, 화공안전기술사 : 별표 32에 따른 전공필수·공통필수Ⅰ 및 공통필수Ⅱ 과목
2. 「국가기술자격법」에 따른 건설 직무분야(건축 중 직무분야 및 토목 중 직무분야로 한정한다), 기계 직무분야, 화학 직무분야, 전기·전자 직무분야(전기 중 직무분야로 한정한다)의 기술사 자격 보유자 : 별표 32에 따른 전공필수 과목
3. 「의료법」에 따른 직업환경의학과 전문의 : 별표 32에 따른 전공필수·공통필수Ⅰ 및 공통필수Ⅱ 과목
4. 공학(건설안전·기계안전·전기안전·화공안전 분야 전공으로 한정한다), 의학(직업환경의학 분야 전공으로 한정한다), 보건학(산업위생 분야 전공으로 한정한다) 박사학위 소지자 : 별표 32에 따른 전공필수 과목
5. 제2호 또는 제4호에 해당하는 사람으로서 각각의 자격 또는 학위 취득 후 산업안전·산업보건 업무에 3년 이상 종사한 경력이 있는 사람 : 별표 32에 따른 전공필수 및 공통필수Ⅱ 과목
6. 「공인노무사법」에 따른 공인노무사 : 별표 32에 따른 공통필수Ⅰ 과목
7. 법 제143조제1항에 따른 지도사 자격 보유자로서 다른 지도사 자격 시험에 응시하는 사람 : 별표 32에 따른 공통필수Ⅰ 및 공통필수Ⅲ 과목
8. 법 제143조제1항에 따른 지도사 자격 보유자로서 같은 지도사의 다른 분야 지도사 자격시험에 응시하는 사람 : 별표 32에 따른 공통필수Ⅰ, 공통필수Ⅱ 및 공통필수Ⅲ 과목

② 제103조제3항에 따른 제1차 필기시험 또는 제2차 필기시험에 합격한 사람에 대해서는 다음 회의 자격시험에 한정하여 합격한 차수의 필기시험을 면제한다.

③ 제1항에 따른 지도사 자격시험 일부 면제의 신청에 관한 사항은 고용노동부령으로 정한다.

제105조(합격자 결정) ① 지도사 자격시험 중 필기시험은 매 과목 100점을 만점으로 하여 40점 이상, 전과목 평균 60점 이상 득점한 사람을 합격자로 한다.

② 지도사 자격시험 중 면접시험은 제103조제6항 각 호의 사항을 평가하되, 10점 만점에 6점 이상인 사람을 합격자로 한다.

③ 고용노동부장관은 지도사 자격시험에 합격한 사람에게 고용노동부령으로 정하는 바에 따라 자격증을 발급하고 관리해야 한다.

제106조(자격시험 실시기관) ① 법 제143조제3항 전단에서 "대통령령으로 정하는 전문기관"이란 「한국산업인력공단법」에 따른 한국산업인력공단(이하 "한국산업인력공단"이라 한다)을 말한다.

② 고용노동부장관은 법 제143조제3항에 따라 지도사 자격시험의 실시를 한국산업인력공단에 대행하게 하는 경우 필요하다고 인정하면 한국산업인력공단으로 하여금 자격시험위원회를 구성·운영하게 할 수 있다.

③ 자격시험위원회의 구성·운영 등에 필요한 사항은 고용노동부장관이 정한다.

제107조(연수교육의 제외 대상) 법 제146조에서 "대통령령으로 정하는 실무경력이 있는 사람"이란 산업안전 또는 산업보건 분야에서 5년 이상 실무에 종사한 경력이 있는 사람을 말한다.

제108조(손해배상을 위한 보증보험 가입 등) ① 법 제145조제1항에 따라 등록한 지도사(같은 조 제2항에 따라 법인을 설립한 경우에는 그 법인을 말한다. 이하 이 조에서 같다)는 법 제148조제2항에 따라 보험금액이 2천만원(법 제145조제2항에 따른 법인인 경우에는 2천만원에 사원인 지도사의 수를 곱한 금액) 이상인 보증보험에 가입해야 한다.

② 지도사는 제1항의 보증보험금으로 손해배상을 한 경우에는 그 날부터 10일 이내에 다시 보증보험에 가입해야 한다.

③ 손해배상을 위한 보증보험 가입 및 지급에 관한 사항은 고용노동부령으로 정한다.

▎산업안전보건법 시행령 [별표 31]

지도사의 업무 영역별 업무 범위
(제102조제2항 관련)

1. 법 제145조제1항에 따라 등록한 산업안전지도사(기계안전・전기안전・화공안전 분야)
    가. 유해위험방지계획서, 안전보건개선계획서, 공정안전보고서, 기계・기구・설비의 작업계획서 및 물질안전보건자료 작성 지도
    나. 다음의 사항에 대한 설계・시공・배치・보수・유지에 관한 안전성 평가 및 기술 지도
        1) 전기
        2) 기계・기구・설비
        3) 화학설비 및 공정
    다. 정전기・전자파로 인한 재해의 예방, 자동화설비, 자동제어, 방폭전기설비 및 전력시스템 등에 대한 기술 지도
    라. 인화성 가스, 인화성 액체, 폭발성 물질, 급성독성 물질 및 방폭설비 등에 관한 안전성 평가 및 기술 지도
    마. 크레인 등 기계・기구, 전기작업의 안전성 평가
    바. 그 밖에 기계, 전기, 화공 등에 관한 교육 또는 기술 지도
2. 법 제145조제1항에 따라 등록한 산업안전지도사(건설안전 분야)
    가. 유해위험방지계획서, 안전보건개선계획서, 건축・토목 작업계획서 작성 지도
    나. 가설구조물, 시공 중인 구축물, 해체공사, 건설공사 현장의 붕괴우려 장소 등의 안전성 평가
    다. 가설시설, 가설도로 등의 안전성 평가
    라. 굴착공사의 안전시설, 지반붕괴, 매설물 파손 예방의 기술 지도
    마. 그 밖에 토목, 건축 등에 관한 교육 또는 기술 지도

3. 법 제145조제1항에 따라 등록한 산업안전지도사(산업위생 분야)
    가. 유해위험방지계획서, 안전보건개선계획서, 물질안전보건자료 작성 지도
    나. 작업환경측정 결과에 대한 공학적 개선대책 기술 지도
    다. 작업장 환기시설의 설계 및 시공에 필요한 기술 지도
    라. 보건진단결과에 따른 작업환경 개선에 필요한 직업환경의학적 지도
    마. 석면 해체·제거 작업 기술 지도
    바. 갱내, 터널 또는 밀폐공간의 환기·배기시설의 안전성 평가 및 기술 지도
    사. 그 밖에 산업보건에 관한 교육 또는 기술 지도
4. 법 제145조제1항에 따라 등록한 산업안전지도사(직업환경의학 분야)
    가. 유해위험방지계획서, 안전보건개선계획서 작성 지도
    나. 건강진단 결과에 따른 근로자 건강관리 지도
    다. 직업병 예방을 위한 작업관리, 건강관리에 필요한 지도
    라. 보건진단 결과에 따른 개선에 필요한 기술 지도
    마. 그 밖에 직업환경의학, 건강관리에 관한 교육 또는 기술 지도

산업안전보건법 시행령 [별표 32]

지도사 자격시험 중 필기시험의 업무 영역별 과목 및 범위
(제103조제2항 관련)

구분		산업안전지도사				산업보건지도사	
		기계안전 분야	전기안전 분야	화공안전 분야	건설안전 분야	직업환경의학 분야	산업위생 분야
과목		기계안전공학	전기안전공학	화공안전공학	건설안전공학	직업환경의학	산업위생공학
전공필수	시험범위	-기계·기구·설비의 안전 등(위험기계·양중기·운반기계·압력용기 포함) -공장자동화설비의 안전기술 등 -기계·기구·설비의 설계·배치·보수·유지기술 등	-전기기계·기구 등으로 인한 위험 방지 등(전기방폭설비 포함) -정전기 및 전자파로 인한 재해 예방 등 -감전사고 방지기술 등 -컴퓨터·계측제어 설비의 설계 및 관리기술 등	-가스·방화 및 방폭설비 등, 화학장치·설비 안전 및 방식기술 등 -정성·정량적 위험성 평가, 위험물 누출·확산 및 피해예측 등 -유해위험물질 화재폭발 방지론, 화학공정 안전관리 등	-건설공사용 가설구조물·기계·기구 등의 안전기술 등 -건설공법 및 시공방법에 대한 위험성 평가 등 -추락·낙하·붕괴·폭발 등 재해요인별 안전대책 등 -건설현장의 유해·위험요인에 대한 안전기술 등	-직업병의 종류 및 인체발병경로, 직업병의 증상 판단 및 대책 등 -역학조사의 연구방법, 조사 및 분석방법, 직종별 직업환경의학적 관리대책 등 -유해인자별 특수건강진단 방법, 판정 및 사후관리대책 등 -근골격계질환, 직무스트레스 등 업무상 질환의 대책 및 작업관리방법 등	-산업환기설비의 설계, 시스템의 성능검사·유지관리기술 등 -유해인자별 작업환경측정 방법, 산업위생통계 처리 및 해석, 공학적 대책 수립기술 등 -유해인자별 인체에 미치는 영향·대사 및 축적, 인체의 방어기전 등 -측정시료의 전처리 및 분석방법, 기기분석 및 정도관리기술 등
공통필수 I		산업안전보건법령					
	시험범위	「산업안전보건법」,「산업안전보건법 시행령」,「산업안전보건법 시행규칙」,「산업안전보건기준에 관한 규칙」					
공통필수 II		산업안전 일반				산업위생 일반	
	시험범위	산업안전교육론, 안전관리 및 손실방지론, 신뢰성공학, 시스템안전공학, 인간공학, 위험성평가, 산업재해 조사 및 원인 분석 등				산업위생개론, 작업관리, 산업위생보호구, 위험성평가, 산업재해 조사 및 원인 분석 등	
공통필수 III		기업진단·지도					
	시험범위	경영학(인적자원관리, 조직관리, 생산관리), 산업심리학, 산업위생개론				경영학(인적자원관리, 조직관리, 생산관리), 산업심리학, 산업안전개론	

산업안전보건법 시행규칙
[시행 2025. 1. 1.] [고용노동부령 제419호, 2024. 6. 28., 일부개정]

제9장 산업안전지도사 및 산업보건지도사

제225조(자격시험의 공고) 「한국산업인력공단법」에 따른 한국산업인력공단(이하 "한국산업인력공단"이라 한다)이 지도사 자격시험을 시행하려는 경우에는 시험 응시자격, 시험과목, 일시, 장소, 응시 절차, 그 밖에 자격시험 응시에 필요한 사항을 시험 실시 90일 전까지 일간신문 등에 공고해야 한다.

제226조(응시원서의 제출 등) ① 영 제103조제1항에 따른 지도사 자격시험에 응시하려는 사람은 별지 제89호서식의 응시원서를 작성하여 한국산업인력공단에 제출해야 한다.

② 한국산업인력공단은 제1항에 따른 응시원서를 접수하면 별지 제90호서식의 자격시험 응시자 명부에 해당 사항을 적고 응시자에게 별지 제89호서식 하단의 응시표를 발급해야 한다. 다만, 기재사항이나 첨부서류 등이 미비된 경우에는 그 보완을 명하고, 보완이 이루어지지 않는 경우에는 응시원서의 접수를 거부할 수 있다.

③ 한국산업인력공단은 법 제166조제1항제12호에 따라 응시수수료를 낸 사람이 다음 각 호의 어느 하나에 해당하는 경우에는 다음 각 호의 구분에 따라 응시수수료의 전부 또는 일부를 반환해야 한다.

1. 수수료를 과오납한 경우 : 과오납한 금액의 전부
2. 한국산업인력공단의 귀책사유로 시험에 응하지 못한 경우 : 납입한 수수료의 전부
3. 응시원서 접수기간 내에 접수를 취소한 경우 : 납입한 수수료의 전부
4. 응시원서 접수 마감일 다음 날부터 시험시행일 20일 전까지 접수를 취소한 경우 : 납입한 수수료의 100분의 60
5. 시험시행일 19일 전부터 시험시행일 10일 전까지 접수를 취소한 경우 : 납입한 수수료의 100분의 50

④ 한국산업인력공단은 제227조제2호에 따른 경력증명서를 제출받은 경우 「전자정부법」 제36조제1항에 따른 행정정보의 공동이용을 통하여 신청인의 국민연금가입자가입증명 또는 건강보험자격득실확인서를 확인해야 한다. 다만, 신청인이 확인에 동의하지 않는 경우에는 해당 서류를 제출하도록 해야 한다.

제227조(자격시험의 일부 면제의 신청) 영 제104조제1항 각 호의 어느 하나에 해당하는 사람이 지도사 자격시험의 일부를 면제받으려는 경우에는 제226조제1항에 따라 응시원서를 제출할 때에 다음 각 호의 서류를 첨부해야 한다.

1. 해당 자격증 또는 박사학위증의 발급기관이 발급한 증명서(박사학위증의 경우에는 응시분야에 해당하는 박사학위 소지를 확인할 수 있는 증명서) 1부
2. 경력증명서(영 제104조제1항제5호에 해당하는 사람만 첨부하며, 박사학위 또는 자격증 취득일 이후 산업안전·산업보건 업무에 3년 이상 종사한 경력이 분명히 적힌 것이어야 한다) 1부

제228조(합격자의 공고) 한국산업인력공단은 영 제105조에 따라 지도사 자격시험의 최종합격자가 결정되면 모든 응시자가 알 수 있는 방법으로 공고하고, 합격자에게는 합격사실을 알려야 한다.

제228조의2(지도사 자격증의 발급 신청 등) ① 영 제105조제3항에 따라 지도사 자격증을 발급받으려는 사람은 별지 제90호의2서식의 지도사 자격증 발급·재발급 신청서에 다음 각 호의 서류를 첨부하여 지방고용노동관서의 장에게 제출해야 한다.

1. 주민등록증 사본 등 신분을 증명할 수 있는 서류
2. 신청일 전 6개월 이내에 찍은 모자를 쓰지 않은 상반신 명함판 사진 1장(디지털 파일로 제출하는 경우를 포함한다)
3. 이전에 발급 받은 지도사 자격증(재발급인 경우만 해당하며, 자격증을 잃어버린 경우는 제외한다)

② 영 제105조제3항에 따른 지도사의 자격증은 별지 제90호의3서식에 따른다.

제229조(등록신청 등) ① 법 제145조제1항 및 제4항에 따라 지도사의 등록 또는 갱신등록을 하려는 사람은 별지 제91호서식의 등록·갱신 신청서에 다음 각 호의 서류를 첨부하여 주사무소를 설치하려는 지역(사무소를 두지 않는 경우에는 주소지를 말한다)을 관할하는 지방고용노동관서의 장에게 제출해야 한다. 이 경우 등록신청은 이중으로 할 수 없다.

1. 신청일 전 6개월 이내에 촬영한 탈모 상반신의 증명사진(가로 3센티미터 × 세로 4센티미터) 1장
2. 제232조제4항에 따른 지도사 연수교육 이수증 또는 영 제107조에 따른 경력을 증명할 수 있는 서류(법 제145조제1항에 따른 등록의 경우만 해당한다)
3. 지도실적을 확인할 수 있는 서류 또는 제231조제4항에 따른 지도사 보수교육 이수증(법 제145조제4항에 따른 등록의 경우만 해당한다)

② 지방고용노동관서의 장은 제1항에 따라 등록·갱신 신청서를 접수한 경우에는 법 제145조제3항에 적합한지를 확인하여 해당 신청서를 접수한 날부터 30일 이내에 별지 제92호서식의 등록증을 신청인에게 발급해야 한다.

③ 지도사는 제2항에 따른 등록사항이 변경되었을 때에는 지체 없이 별지 제91호서식의 등록사항 변경신청서에 변경사항을 증명할 수 있는 서류와 등록증 원본을 첨부하여 관서의 장에게 제출해야 한다.

④ 지도사는 제2항에 따라 발급받은 등록증을 잃어버리거나 그 등록증이 훼손된 경우 또는 제3항에 따라 등록사항의 변경 신고를 한 경우에는 별지 제93호서식의 등록증 재발급신청서에 등록증(등록증을 잃어버린 경우는 제외한다)을 첨부하여 지방고용노동관서의 장에게 제출하고 등록증을 다시 발급받아야 한다.

⑤ 지방고용노동관서의 장은 제2항부터 제4항까지의 규정에 따라 등록증을 발급하거나 재발급하는 경우에는 별지 제94호서식의 등록부와 별지 제95호서식의 등록증 발급대장에 각각 해당 사실을 기재해야 한다. 이 경우 등록부와 등록증 발급대장은 전자적 처리가 불가능한 특별한 사유가 있는 경우를 제외하고는 전자적 방법으로 관리해야 한다.

제230조(지도실적 등) ① 법 제145조제5항 본문에서 "고용노동부령으로 정하는 지도실적"이란 법 제145조제4항에 따른 지도사 등록의 갱신기간 동안 사업장 또는 고용노동부장관이 정하여 고시하는 산업안전·산업보건 관련 기관·단체에서 지도하거나 종사한 실적을 말한다.

② 법 제145조제5항 단서에서 "지도실적이 기준에 못 미치는 지도사"란 제1항에 따른 지도·종사 실적의 기간이 3년 미만인 지도사를 말한다. 이 경우 지도사가 둘 이상의 사업장 또는 기관·단체에서 지도하거나 종사한 경우에는 각각의 지도·종사 기간을 합산한다.

제231조(지도사 보수교육) ① 법 제145조제5항 단서에서 "고용노동부령으로 정하는 보수교육"이란 업무교육과 직업윤리교육을 말한다.

② 제1항에 따른 보수교육의 시간은 업무교육 및 직업윤리교육의 교육시간을 합산하여 총 20시간 이상으로 한다. 다만, 법 제145조제4항에 따른 지도사 등록의 갱신기간 동안 제230조제1항에 따른 지도실적이 2년 이상인 지도사의 교육시간은 10시간 이상으로 한다.

③ 공단이 보수교육을 실시하였을 때에는 그 결과를 보수교육이 끝난 날부터 10일 이내에 고용노동부장관에게 보고해야 하며, 다음 각 호의 서류를 5년간 보존해야 한다.

1. 보수교육 이수자 명단
2. 이수자의 교육 이수를 확인할 수 있는 서류

④ 공단은 보수교육을 받은 지도사에게 별지 제96호서식의 지도사 보수교육 이수증을 발급해야 한다.

⑤ 보수교육의 절차·방법 및 비용 등 보수교육에 필요한 사항은 고용노동부장관의 승인을 거쳐 공단이 정한다.

제232조(지도사 연수교육) ① 법 제146조에 따른 "고용노동부령으로 정하는 연수교육"이란 업무교육과 실무수습을 말한다.

② 제1항에 따른 연수교육의 기간은 업무교육 및 실무수습 기간을 합산하여 3개월 이상으로 한다.

③ 공단이 연수교육을 실시하였을 때에는 그 결과를 연수교육이 끝난 날부터 10일 이내에 고용노동부장관에게 보고해야 하며, 다음 각 호의 서류를 3년간 보존해야 한다.

1. 연수교육 이수자 명단
2. 이수자의 교육 이수를 확인할 수 있는 서류

④ 공단은 연수교육을 받은 지도사에게 별지 제96호서식의 지도사 연수교육 이수증을 발급해야 한다.

⑤ 연수교육의 절차·방법 및 비용 등 연수교육에 필요한 사항은 고용노동부장관의 승인을 거쳐 공단이 정한다.

제233조(지도사 업무발전 등) 법 제147조제3호에서 "고용노동부령으로 정하는 사항"이란 다음 각 호와 같다.
1. 지도결과의 측정과 평가
2. 지도사의 기술지도능력 향상 지원
3. 중소기업 지도 시 지원
4. 불성실·불공정 지도행위를 방지하고 건실한 지도 수행을 촉진하기 위한 지도기준의 마련

제234조(손해배상을 위한 보험가입·지급 등) ① 영 제108조제1항에 따라 손해배상을 위한 보험에 가입한 지도사(법 제145조제2항에 따라 법인을 설립한 경우에는 그 법인을 말한다. 이하 이 조에서 같다)는 가입한 날부터 20일 이내에 별지 제97호서식의 보증보험가입 신고서에 증명서류를 첨부하여 해당 지도사의 주된 사무소의 소재지(사무소를 두지 않는 경우에는 주소지를 말한다. 이하 이 조에서 같다)를 관할하는 지방고용노동관서의 장에게 제출해야 한다.

② 지도사는 해당 보증보험의 보증기간이 만료되기 전에 다시 보증보험에 가입하고 가입한 날부터 20일 이내에 별지 제97호서식의 보증보험가입 신고서에 증명서류를 첨부하여 해당 지도사의 주된 사무소의 소재지를 관할하는 지방고용노동관서의 장에게 제출해야 한다.

③ 법 제148조제1항에 따른 의뢰인이 손해배상금으로 보증보험금을 지급받으려는 경우에는 별지 제98호서식의 보증보험금 지급사유 발생확인신청서에 해당 의뢰인과 지도사 간의 손해배상합의서, 화해조서, 법원의 확정판결문 사본, 그 밖에 이에 준하는 효력이 있는 서류를 첨부하여 해당 지도사의 주된 사무소의 소재지를 관할하는 지방고용노동관서의 장에게 제출해야 한다. 이 경우 지방고용노동관서의 장은 별지 제99호서식의 보증보험금 지급사유 발생확인서를 지체 없이 발급해야 한다.

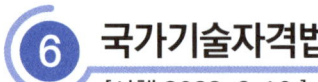 국가기술자격법

[시행 2022. 6. 10.] [법률 제18925호, 2022. 6. 10., 타법개정]

제2조(정의) 이 법에서 사용하는 용어의 뜻은 다음과 같다. 〈개정 2010. 6. 4.〉
1. "국가기술자격"이란 「자격기본법」에 따른 국가자격 중 산업과 관련이 있는 기술·기능 및 서비스 분야의 자격을 말한다.
2. "국가기술자격의 등급"이란 기술인력이 보유한 직무 수행능력의 수준에 따라 차등적으로 부여되는 국가기술자격의 단계를 말한다.
3. "국가기술자격의 직무분야"란 산업현장에서 요구되는 직무 수행능력의 내용에 따라 국가기술자격을 분류한 것으로서 고용노동부령으로 정하는 것을 말한다.
4. "국가기술자격의 종목"이란 국가기술자격의 등급을 직종별로 구분한 것으로 국가기술자격 취득의 기본단위를 말한다.

[전문개정 2010. 5. 31.]

부칙〈법률 제18925호, 2022. 6. 10.〉
(정부출연연구기관 등의 설립·운영 및 육성에 관한 법률)

이 법은 공포한 날부터 시행한다.

국가기술자격법 시행령
[시행 2024. 6. 27.] [대통령령 제34591호, 2024. 6. 25., 타법개정]

제19조(시험위원) ① 주무부장관은 필기시험이나 실기시험을 시행할 때에는 국가기술자격의 종목별로 2명 이상의 출제위원을 위촉하되, 산업현장의 경험이 풍부한 사람을 우선적으로 위촉하여야 한다.

② 주무부장관은 필기시험을 시행할 때에는 국가기술자격의 종목별로 2명 이상(논문형 필기시험의 경우에는 3명 이상)의 채점위원을 위촉하여야 한다. 다만, 전산으로 채점할 때에는 채점위원을 위촉하지 아니할 수 있다.

③ 주무부장관은 실기시험을 시행할 때에는 국가기술자격의 종목별로 필요한 수의 채점위원을 위촉하여야 한다. 다만, 전산으로 채점할 때에는 채점위원을 위촉하지 아니할 수 있다.

④ 주무부장관은 면접시험을 시행할 때에는 국가기술자격의 종목별로 3명 이상의 면접위원을 위촉하여야 한다.

⑤ 주무부장관은 고용노동부령으로 정하는 기준에 따라 국가기술자격의 검정업무에 종사할 관리위원과 시험감독위원을 위촉하여야 한다.

⑥ 주무부장관은 제1항부터 제5항까지의 규정에 따른 시험위원 또는 시험위원이었던 사람이 시험의 공정성을 떨어뜨리거나 관계 규정 등을 위반하였을 때에는 해당 시험위원을 위촉 해제하거나 다음에 실시하는 시험에서 시험위원으로 위촉하지 아니하는 등 필요한 조치를 하여야 한다.

⑦ 제1항부터 제5항까지의 규정에 따른 시험위원은 고용노동부령으로 정하는 자격이 있는 사람 중에서 위촉하여야 한다.

⑧ 제1항부터 제5항까지의 규정에 따른 시험위원에게는 예산의 범위에서 수당을 지급할 수 있다.

부칙〈대통령령 제34591호, 2024. 6. 25.〉

이 영은 2024년 6월 27일부터 시행한다. 다만 제 9조제2호의 개정규정은 공포한 날부터 시행한다.

국가기술자격법 시행규칙

[시행 2025. 1. 1.] [고용노동부령 제427호, 2024. 10. 30., 일부개정]

제26조(합격인원 예정선발) ① 주무부장관은 영 제22조에 따라 합격인원을 예정하여 선발하려는 경우에는 다음 각 호의 사항을 적은 별지 제10호서식의 국가기술자격 합격인원 예정선발 심의요청서에 관련 자료를 첨부하여 정책심의회의 심의를 요청하여야 한다.

1. 합격인원 예정선발의 필요성
2. 국가기술자격의 종목별 기술인력의 수급 상황(양성 상황 및 부족 실태를 포함한다)
3. 합격예정인원
4. 해당 국가기술자격 종목의 검정 실적
5. 해당 국가기술자격 종목의 기술인력의 고용관계 등을 규정하고 있는 관계 법령의 내용
6. 검정의 시행 시기

② 주무부장관은 정책심의회의 심의 결과에 따라 확정된 합격예정인원 및 검정 시행 시기 등을 시험일 3개월 전까지 공고하여야 한다.

③ 주무부장관은 제1항제3호에 따른 합격예정인원을 정할 때 최근 1년간 양성된 해당 국가기술자격 종목 기술인력의 100분의 30 또는 최근 3회차의 평균 응시인원의 100분의 50에 상당하는 인원을 초과할 수 없다.

④ 주무부장관은 제2항에 따라 공고된 검정의 필기시험이 끝나면 해당 국가기술자격 종목 응시자의 기술능력 수준 및 합격예정인원을 고려하여 해당 시험의 합격점수를 결정하여야 한다.

제38조(출제기준의 작성 등) ① 영 제29조제4항에 따라 주무부장관으로부터 시험문제 출제에 관한 업무를 위탁받은 기관(이하 이 조에서 "시험문제출제기관"이라 한다)은 산업현장의 수요가 반영된 국가기술자격 종목별 시험과목의 출제기준을 별지 제18호서식에 따라 작성하여 주무부장관 및 고용노동부장관에게 제출해야 한다. 이 경우 출제기준은 「자격기본법」 제2조제2호에 따른 국가직무능력표준을 활용하여 작성해야 하고, 그 적용기간을 명시해야 한다.

② 시험문제출제기관은 제1항의 출제기준 적용기간이 끝나기 6개월 전까지 산업현장 수요를 반영한 출제기준을 다시 작성하여 주무부장관 및 고용노동부장관에게 제출하여야 한다. 이 경우 해당 종목에 대한 직무 분석 등을 하고 그 결과를 첨부하여야 한다.

③ 주무부장관은 소관 국가기술자격 종목 검정의 출제기준을 조정하려는 경우에는 별지 제19호서식의 출제기준 조정협의서를 고용노동부장관에게 제출하여야 한다.

④ 고용노동부장관은 제1항 및 제2항에 따라 출제기준을 제출받거나 제3항에 따라 출제기준 조정협의서를 받았을 때에는 영 제5조에 따른 해당 세부직무분야별 전문위원회의 검토를 거쳐 출제기준을 확정하여야 하며, 그 결과를 주무부장관에게 통보하여야 한다.

국가기술자격시험 출제, 검토, 면접은 아무나 하나?

출제위원 및 자격기준

1. 산업안전지도사

자격개요

산업안전지도사는 사업장 내에서의 기존의 안전상의 문제점을 규명하여 개선하고 생산라인 관계자에게 생산현장의 생산방식이나 공법도입에 따른 안전대책수립에 도움을 주는 직무를 수행

구분	시험과목	시험방법
제1차 시험 (3과목)	[1] 공통필수 I(산업안전보건법령) [2] 공통필수 II(산업안전일반)-산업안전교육론, 안전관리 및 손실방지론, 신뢰성공학, 시스템안전공학, 인간공학, 위험성평가, 산업재해 조사 및 원인 분석 등 [3] 공통필수 III(기업진단·지도)-경영학(인적자원관리, 조직관리, 생산관리), 산업심리학, 산업위생개론 등	객관식 5지선택형
제2차 시험 (전공필수-택1)	[1] 기계안전 분야-기계안전공학 [2] 전기안전 분야-전기안전공학 [3] 화공안전 분야-화공안전공학 [4] 건설안전 분야-건설안전공학	논술형 4문항(필수 3, 택1) 및 단답형 5문항
제3차 시험	○ 면접(전문지식과 응용능력, 산업안전·보건제도에 대한 이해 및 인식 정도, 지도·상담능력)	

출제위원 자격기준

구분	자격기준
학계	대학(교)에서 해당분야 전임강사 이상으로 5년 이상 재직한 자
산업계	기술사(기계, 전기, 화공, 건설안전, 산업위생, 인간공학)자격 또는 직업환경의학과 전문의 자격증을 소지하고 있거나, 산업안전 또는 산업보건 관련 분야 실무경력이 10년 이상인 자
정부	공무원 5급(공공기관 1급 상당) 이상으로 관련 분야에 5년 이상 재직한 자

기타 문의 : 052-714-8512(산업안전지도사 시험 담당자)

2. 산업보건지도사

자격개요

산업보건지도사는 사업장 내에서의 기존의 위생·보건상의 문제점을 규명하여 개선하고 생산라인 관계자에게 생산현장의 생산방식이나 공법도입에 따른 위생·보건 대책수립에 도움을 주는 직무를 수행

시험과목

구분	시험과목	시험방법
제1차 시험 (3과목)	[1] 공통필수 I(산업안전보건법령) [2] 공통필수 II(산업위생일반)-산업위생개론, 작업관리, 산업위생 보호구, 위험성 평가, 산업재해 조사 및 원인 분석 등 [3] 공통필수 III(기업진단·지도)-경영학(인적자원관리, 조직관리, 생산관리), 산업심리학, 산업안전개론 등	객관식 5지선택형
제2차 시험 (전공필수-택1)	[1] 직업환경의학-직업환경의학 분야 [2] 산업위생공학-산업위생 분야	논술형 4문항(필수3, 택1) 및 단답형 5문항
제3차 시험	○ 면접(전문지식과 응용능력, 산업안전·보건제도에 대한 이해 및 인식 정도, 지도 상담능력)	

출제위원 자격기준

구분	자격기준
학계	대학(교)에서 해당분야 전임강사 이상으로 5년 이상 재직한 자
산업계	기술사(기계, 전기, 화공, 건설안전, 산업위생, 인간공학)자격 또는 직업환경의학과 전문의 자격증을 소지하고 있거나, 산업안전 또는 산업보건 관련 분야 실무경력이 10년 이상인 자
정부	공무원 5급(공공기관 1급 상당) 이상으로 관련 분야에 5년 이상 재직한 자

기타 문의 : 052-714-8512(산업보건지도사 시험 담당자)

8 국가기술자격시험 출제·검토위원 공개모집(예)

최고의 인적자원개발·평가·활용·지원 중심기관인 「한국산업인력공단」에서 국가 기술자격시험 출제·검토위원을 아래와 같이 공개 모집하오니, 많은 신청바랍니다.

1. 모집개요

- 신청기간 : 2022년 3월 7일(월)~2022년 9월 30일(금) 까지
- 모집분야 : 한국산업인력공단 시행 국가기술자격 중 공개모집 대상 종목 및 과목
  - 자격종목 상세 내용은 www.q-net.or.kr의 「자격정보」를 참조하시기 바랍니다.

2. 자격요건

- 자격요건 : 국가기술자격법 시행규칙(고용노동부령 제293호) 별표 16에 해당되는 산업계 전문가
  ※ NCS(직무능력표준) 활용가능 현장전문가 우선 선정
  ※ 단, 사설 학원 강의를 하고 있거나 수험서적(문제집)의 출간에 참여한 사람은 신청하실 수 없습니다.

3. 제출서류 및 방법

- 제출서류 : 국가기술자격시험 출제·검토위원 이력서, 개인정보제공동의서, 학위증명서(해당자에 한함), 경력증명서(별도서식 없음), 건강보험자격득실확인서 등 4대 보험 가입증명서
  ※ 필요(제출)서류 누락 시 인력풀 등재가 되지 않으니 유의해주시기 바랍니다.
- 제출방법 : 이메일(hrd1 @hrdkorea.or.kr)-경력증명서류는 스캔하여 첨부 또는 우편접수(봉투 우측 상단에 출제·검토 희망 종·과목 표기)
- 제출처 : 울산광역시 중구 종가로 345 한국산업인력공단 기술자격출제실 신성장산업출제부위원 공개모집 담당자 앞

4. 위원선정 방법

- 자격요건 부합여부(자격증, 학위, 경력, 건강보험자격득실확인서 등) 심사 후 적격자에 한해 출제·검토위원 인력풀 등재

  ※ 해당위원과 사전 협의 후 위촉할 예정이며, 경력확인을 위한 전산조회를 할 수 있습니다.

5. 결과통보

- 국가기술자격시험 출제·검토위원으로 선정되신 분에 한해 개별 통보 예정

6. 기타

- 기타 자세한 사항은 한국산업인력공단 기술자격출제실 신성장산업출제부(052-714-8401)로 문의하여 주시기 바랍니다.
- 제출된 서류는 반환하지 아니하며 허위로 작성하였을 경우 국가기술자격시험 출제·검토위원 선정이 취소되고, 향후 출제·검토위원 참여가 배제될 수 있습니다.

○○○○년 ○○월 ○○일
한국산업인력공단 이사장

◢ 국가기술자격법 시행규칙 [별표 15]

관리위원 및 시험감독위원의 인원기준(제21조제1항 관련)

구분	검정별	기준
관리위원	필기시험 및 실기시험 (주관식 필기시험 형태로 한정한다)	1. 4개 시험실당 1명 이상 2. 시험장별로 3명 이상
	실기시험	1. 종목당 1명 이상 2. 시험장별로 3명 이상
시험감독위원	필기시험 및 실기시험 (주관식 필기시험 형태로 한정한다)	시험실당 1명 이상
	작업형 실기시험	종목별 시험실당 2명 이상

※ 작업형 실기시험 시행 종목 중 시험결과물(작품)에 대한 채점을 시험 종료 후에 별도의 장소에서 채점위원을 위촉하여 평가하는 종목은 시험감독위원 2명 중 1명은 관리위원이 겸임할 수 있다.
※ 작업형 실기시험 시행 종목 중 시험결과물(작품)에 대한 채점을 해당 시험이 시행되는 현장에서 채점하기 위하여 영 제19조제3항에 따른 채점위원을 2명 이상 위촉한 경우에는 시험감독위원을 위촉한 것으로 본다.

국가기술자격법 시행규칙 [별표 16]

시험위원의 자격
(제21조제2항 관련)

구분	기술사·기능장	기사·산업기사·기능사	서비스 분야
출제위원, 채점위원 및 면접위원	1. 해당 직무분야의 박사학위, 기술사 또는 기능장의 기술자격이 있는 사람 2. 대학에서 해당 직무분야의 조교수 이상으로 2년 이상 재직한 사람 3. 전문대학에서 해당 직무분야의 부교수 이상으로 재직한 사람 4. 해당 직무분야의 석사학위가 있는 사람으로서 해당 기술과 관련된 분야에서 5년 이상 종사한 경력(학위 취득 전의 경력을 포함한다)이 있는 사람 5. 해당 직무분야의 학사학위가 있는 사람으로서 해당 기술과 관련된 분야에서 10년 이상 종사한 경력(학위 취득 전의 경력을 포함한다)이 있는 사람 6. 제1호부터 제5호까지의 규정에 해당하는 사람과 같은 수준 이상의 자격이 있다고 인정되는 사람	1. 해당 직무분야의 박사학위가 있는 사람 또는 기능장의 자격이 있는 사람 2. 대학 또는 전문대학에서 해당 직무분야의 전임강사 이상으로 재직한 사람 3. 해당 직무분야의 석사학위가 있는 사람으로서 해당 기술과 관련된 분야에서 1년 이상 종사한 경력(학위 취득 전의 경력을 포함한다)이 있는 사람 4. 실업계고등학교에서 해당 직무분야의 교사로 재직 중인 사람 5. 해당 직무분야의 직업훈련교사의 자격이 있는 사람으로서 직업훈련기관에 재직 중인 사람 6. 해당 직무분야의 기사 또는 산업기사의 기술자격이 있는 사람으로서 해당 직무분야에서 3년 이상 종사한 경력	1. 해당 분야의 박사학위가 있는 사람 2. 대학 또는 전문대학에서 해당 분야의 전임강사 이상으로 재직한 사람 3. 해당 분야의 석사학위가 있는 사람으로서 해당 분야에 종사하는 사람 4. 고등학교에서 해당분야의 교사로 재직중인 사람 5. 해당 분야의 직업훈련교사의 자격이 있는 사람으로서 직업훈련기관에 재직 중인 사람 6. 해당 분야의 1급 이상의 기술자격이 있는 사람으로서 해당 분야에서 3년 이상 실무에 종사한 경력(학위

구분	기술사 · 기능장	기사 · 산업기사 · 기능사	서비스 분야
출제위원, 채점위원 및 면접위원		(학위 취득 전의 경력을 포함한다)이 있는 사람 7. 미용사 종목의 경우에는 미용사의 기술자격이 있는 사람으로서 해당 직무분야에서 6년 이상 종사한 경력(학위 취득 전의 경력을 포함한다)이 있는 사람 8. 해당 직무분야의 관련 학과 4년제 대학졸업자로서 해당 직무분야와 관련된 업무에 5년 이상 종사한 경력(학위 취득 전의 경력을 포함한다)이 있는 사람 9. 해당 직무분야와 관련된 업무에 10년 이상 종사한 사람으로 해당 직무분야에 관한 학식과 경험이 풍부하여 시험위원으로서 자격이 있다고 인정되는 사람[미용사(일반) 종목은 제외한다] 10. 일반직공무원 중 기술직렬의 7급 이상 공무원으로서 해당 직무분야에서 3년 이상 재직한 사람 11. 군의 장교로서 해당 직무분야에서 3년 이상 재직한 사람 12. 제1호부터 제11호까지의 규정에 해당하는 사람과 같은 수준 이상의 자격이 있다고 인정되는 사람	취득 전의 경력을 포함한다)이 있는 사람 7. 해당 분야에서 10년 이상 실무에 종사한 사람으로서 해당 분야에 관한 학식과 경험이 풍부하여 그 자격이 있다고 인정되는 사람 8. 군의 장교로서 해당 분야에서 3년 이상 재직한 사람 9. 제1호부터 제8호까지의 규정에 해당하는 사람과 같은 수준 이상의 자격이 있다고 인정되는 경력(학위 취득 전의 경력을 포함한다)이 있는 사람

구분	기술사·기능장	기사·산업기사·기능사	서비스 분야
작업형 실기시험의 감독위원 및 관리위원	1. 기사의 자격이 있는 사람으로서 해당 직무분야에서 1년 이상 실무에 종사한 경력(학위 취득 전의 경력을 포함한다)이 있는 사람 2. 산업기사의 자격이 있는 사람으로서 해당 직무분야에서 3년 이상 실무에 종사한 경력(학위 취득 전의 경력을 포함한다)이 있는 사람 3. 직업훈련교사 4. 4년제 대학 졸업자 또는 이와 같은 수준 이상의 학력이 인정되는 사람으로서 해당 직무분야에서 3년 이상 실무에 종사한 경력(학위 취득 전의 경력을 포함한다)이 있는 사람 5. 전문대학 졸업자 또는 이와 같은 수준 이상의 학력이 인정되는 사람으로서 해당 직무분야에서 5년 이상 실무에 종사한 경력(학위 취득 전의 경력을 포함한다)이 있는 사람 6. 그 밖에 해당 검정을 수행할 수 있는 능력이 있다고 인정되는 사람	1. 기사의 자격이 있는 사람으로서 해당 직무분야에서 1년 이상 실무에 종사한 경력(학위 취득 전의 경력을 포함한다)이 있는 사람 2. 산업기사의 자격이 있는 사람으로서 해당 직무분야에서 3년 이상 실무에 종사한 경력(학위 취득 전의 경력을 포함한다)이 있는 사람 3. 직업훈련교사 4. 4년제 대학 졸업자 또는 이와 같은 수준 이상의 학력이 인정되는 사람으로서 해당 직무분야에서 3년 이상 실무에 종사한 경력(학위 취득 전의 경력을 포함한다)이 있는 사람 5. 전문대학 졸업자 또는 이와 같은 수준 이상의 학력이 인정되는 사람으로서 해당 직무분야에서 5년 이상 실무에 종사한 경력(학위 취득 전의 경력을 포함한다)이 있는 사람 6. 그 밖에 해당 검정을 수행할 수 있는 능력이 있다고 인정되는 사람	1. 해당 자격이 있는 사람으로서 해당 직종분야에서 3년 이상 실무에 종사한 경력(학위 취득 전의 경력을 포함한다)이 있는 사람 2. 교육기관에서 해당 분야 교사로 재직 중인 사람 3. 직업훈련교사 4. 해당 분야에서 3년 이상 실무에 종사한 사람 5. 그 밖에 해당 검정을 수행할 수 있는 능력이 있다고 인정되는 사람
필기시험, 주관식 필답형 실기시험의 감독위원 및 관리위원	1. 「초·중등교육법」, 「고등교육법」, 그 밖의 다른 법률에 따라 설치된 각급 학교의 교직원 2. 공무원 또는 「공공기관의 운영에 관한 법률」 제5조에 따른 공기업·준정부기관, 「지방공기업법」에 따른 지방공사 및 지방공단에 종사하는 사람 3. 수탁기관의 장이 해당 검정을 수행할 수 있는 능력이 있다고 인정하는 사람		

출제(검토)위원 이력서

사 진 <필수>	성 명		소속기관			
	생년월일		직위(급)		담당 업무	
	직장주소					
	E-mail		직장 전화번호		휴대폰 번호	

학력사항	학교(기관)명	학과(전공)	학위취득여부	졸업(수료)연도
			수료 / 학사 / 석사 / 박사	
			수료 / 학사 / 석사 / 박사	
			수료 / 학사 / 석사 / 박사	

자격 (면허) 취득사항	자격증(면허)명	자격증(면허)번호	발급일	발급기관

주 요 경력사항	기 간	근무처	직 위	업무내용(구체적)

출제가능 분야	출제가능 종목명(종목코드-붙임2 참조)	출제가능 과목명(과목코드-붙임2 참조)

강의이력 (수험서 발행 등)	내 용	있음(현재)	있었음(현재 없음)	전혀 없음
	사설학원/민간직업훈련기관 강의 이력	( )	2년이내( ), 3년이내( )	( )
	자격시험 관련 수험서 발행 이력	( )	2년이내( ), 3년이내( )	( )

1. 위 본인은 국가기술자격 시험과 관련하여 상기 내용을 포함한 어떠한 강의, 특강, 수험서 저술 등의 경력이 없음을 서약합니다.
2. 상기 기재사항이 허위로 밝혀지는 경우 이로 인해 발생하는 모든 법적 책임은 본인이 감수할 것을 서약합니다.

20   년   월   일   작성자 :   (서명 또는 인)

HRDK 한국산업인력공단   한국산업인력공단 이사장 귀하

[별첨1]

개인정보 수집·이용 동의서(인력풀)

한국산업인력공단은 국가기술자격시험 감독위원 모집을 위하여 귀하의 소중한 개인정보를 수집·이용하고자 하오니 아래의 내용을 확인하신 후 동의 여부를 결정하여 주시기 바랍니다.

☐ 개인정보 수집 및 이용 동의(필수)

항 목	수집·이용 목적	보유기간
성명, 근무처명, 직위, 담당업무, 주소, 전화번호, 강의이력, 계좌정보(은행명, 계좌번호), 최종학력(전공분야, 출신학교), 경력사항(기간, 근무처, 직위, 업무내용)	국가기술자격시험 감독위원 위촉을 위한 인력풀 구축	시험위원 인력풀 배제 시까지 (본인 희망 시 시험위원 해촉 및 개인정보 파기)

※ 위 개인정보 수집·이용에 대한 동의를 거부할 권리가 있습니다. 그러나 개인정보 수집·이용에 대하여 동의를 거부할 경우 감독위원으로 위촉이 불가할 수 있습니다.

개인정보 수집·이용에 동의하십니까?   동의☐   미동의☐

☐ 기타 고지사항

※ 국가기술자격법 시행령 제33조의2(고유식별정보의 처리)에 따라 정보주체의 동의 없이 주민등록번호를 수집·이용합니다.

개인정보 처리사유	개인정보 항목	수집 근거
감독위원 위촉	주민등록번호	국가기술자격법 시행령 제33조의2

공단은 취득한 개인정보를 수집한 목적에 필요한 범위에서 적합하게 처리하고 그 목적 외의 용도로 사용하지 않으며 개인정보를 제공한 감독위원 후보자는 언제나 자신의 개인정보에 대한 파기를 요청할 수 있습니다.

년   월   일

성명   (서명 또는 인)

한국산업인력공단 이사장 귀하

[별첨2]

경 력 증 명 서

제출인 (본인)	성 명		주민등록번호	
	전화번호			
	주 소			

증명사항	재직기간	소속 및 직위	담당 업무 내용 (구체적으로 작성)
	년 월 일 ~ 년 월 일 년 개월		
	년 월 일 ~ 년 월 일 년 개월		
	년 월 일 ~ 년 월 일 년 개월		
	년 월 일 ~ 년 월 일 년 개월		
	년 월 일 ~ 년 월 일 년 개월		
	년 월 일 ~ 년 월 일 년 개월		
	년 월 일 ~ 년 월 일 년 개월		

년   월   일

위 본인   (서명 또는 인)

한국산업인력공단 이사장 귀하

위 사항이 사실과 다름 없음을 증명합니다.

년   월   일

기관명 :   전화번호 :

주 소:

사업자등록번호 또는 대표자 주민등록번호 :

대표자   (인)

한국산업인력공단 이사장 귀하

[별첨3]

사 실 확 인 서

지원자 성명				생 년 월 일		
주 소				연락처(휴대전화)		
근무직장명	직위	재직기간		담당업무내용		비고
		년 월 일 ~ 년 월 일				
		년 월 일 ~ 년 월 일				
		년 월 일 ~ 년 월 일				

본 사실확인서는 국가기술자격 감독위원 인력풀 모집에 필요한 경력입증임을 인지하고 이 증명이 허위, 위조 등 사실과 다를 때에는 형사처벌(공·사문서위조, 변조 등)도 감수하겠음을 명심하고 아래와 같이 입증합니다.

입증인 성명		(인)	생 년 월 일	
연락처(휴대전화)			본인과의 관계	
주 소				
근 무 처		직위		근무처 전화번호

※ 입증인 : 객관적으로 지원자의 경력을 입증할 수 있는 자(동일 사업장 또는 직종에서 근무하는 자 등)
※ 위 사실확인서의 진위확인과정에서 자료보완 등을 위해 추가서류(입증인의 인감증명서, 공증확인 등)를 요구할 수 있으며, 경력확인불가·허위작성 등이 발견되면 반려되거나 관련법에 의거하여 고발조치 될 수 있음

☐ 개인정보 수집 및 이용 동의(필수)

항 목	수집·이용 목적	보유기간
성명, 생년월일, 근무처명, 직위, 주소, 전화번호	국가기술자격시험 감독(채점) 위원 후보자 경력 입증	시험위원 인력풀 등재 시까지

※ 위 사항은 「개인정보 보호법」 제15조제1항 및 제24조제1항제1호에 의거하여 사실관계조회 등 공단의 국가자격시험 관련 엄정한 업무수행을 위하여 이용됩니다.
입증인은 정보주체로서 개인정보의 수집·이용에 대한 동의를 거부할 수 있으나, 이 경우 본 사실확인서는 지원자의 경력입증자료로써 효력이 없음을 알려드립니다.

※ 국가기술자격법 시행령 제33조의2(고유식별정보의 처리)에 따라 정보주체의 동의 없이 주민번호를 수집·이용합니다.

개인정보 처리사유	개인정보 항목	수집 근거
감독(채점)위원 위촉	주민등록번호	국가기술자격법 시행령 제33조의2

개인정보 수집·이용에 동의하십니까?   동의☐   미동의☐

첨 부 : 입증인의 신분증(사본) 및 사업자등록증명원(또는 폐업증명원) 사본 1부.

년   월   일

성명   (서명 또는 인)

한국산업인력공단   이사장   귀하

수험자(예비합격분) 유의사항

제1·2·3차 시험 공통 수험자 유의사항

1. 수험원서 또는 제출서류 등의 허위작성·위조·기재오기·누락 및 연락불능의 경우에 발생하는 불이익은 전적으로 수험자 책임입니다.
   ※ Q-Net의 회원정보에 반드시 연락 가능한 전화번호로 수정
   ※ 알림서비스 수신동의 시에 시험실 사전 안내 및 합격 축하 메시지 발송
2. 수험자는 시험시행 전까지 시험장 위치 및 교통편을 확인하여야 하며(단, 시험실 출입은 할 수 없음), 시험당일 교시별 입실시간까지 신분증, 수험표, 필기구를 지참하고 해당 시험실의 지정된 좌석에 착석하여야 합니다.
   ※ 매 교시 시험시작 이후 입실불가
   ※ 수험자 입실 완료시간 20분 전 교실별 좌석배치도 부착
   ※ 신분증인정범위 : 주민등록증(주민등록발급신청서 포함), 운전면허증, 공무원증, 여권 복지카드(장애인등록증), 국가유공자증, 외국인등록증, 외국국적동포 국내거소증, 영주증, 신분확인 증명서(초·중·고등학교 학생 또는 군인에 한함, 학교장(부대장)이 발급), 국가자격 증(국가기술자격증 포함), 정부중앙부처 또는 지방자치단체에서 발급한 면허증, 초·중·고등학교 학생증(재학증명서) 및 청소년증 * 국가공인 민간자격 및 등록 민간자격은 불인정
   ※ 신분증(증명서)에는 **사진, 성명, 주민번호(생년월일), 발급기관**이 반드시 포함(없는 경우 불인정)
   ※ 신분증미지 참자는 **응시 불가**
3. 본인이 원서접수 시 선택한 시험장이 아닌 다른 시험장이나 지정된 시험실 좌석 이외에는 응시할 수 없습니다.
4. 시험시간 중에는 화장실 출입이 불가하고 시험시간 중에는 중도퇴실 할 수 없습니다.
   ※ '시험포기각서' 제출 후 퇴실한 수험자는 재입실·응시 불가 및 당해시험 **무효(0점)처리**
   ※ 단, 설사/배탈 등 긴급사항 발생으로 중도퇴실 시 해당교시 재 입실이 불가하고, 시험시간 종료 전까지 시험 본부에 대기
5. 결시 또는 기권, 답안카드(답안지) 제출 불응한 수험자는 해당교시 이후 시험에 응시할 수 없습니다.
6. 시험 종료 후 감독위원의 답안카드(답안지) 제출지시에 불응한 채 계속 답안카드(답안지)를 작성하는 경우 당해시험은 **무효처리**하고 부정행위자로 처리될 수 있으니 유의하시기 바랍니다.

7. 수험자는 감독위원의 지시에 따라야 하며, 부정한 행위를 한 수험자에게는 **당해 검정을 중지 또는 무효**로 하고, **3년 간** 국가기술자격법에 의한 검정을 받을 자격이 정지됩니다.
8. 개인용 손목시계를 준비하시어 시험시간을 관리하시기 바라며, 휴대전화기 등 데이터를 저장할 수 있는 전자기기는 시계대용으로 사용할 수 없습니다.
    ※ 시험시간은 타종에 의하여 관리되며, 교실에 비치되어 있는 시계 및 감독위원의 시간안내는 단순 참고사항이며 시간 관리의 책임은 수험자에게 있음
    ※ 손목시계는 시각만 확인할 수 있는 단순한 것을 사용하여야 하며, 스마트워치 등 부정행위에 활용될 수 있는 일체의 시계 착용을 금함
9. 전자계산기는 필요시 1개만 사용할 수 있고 공학용 및 재무용 등 데이터 저장기능이 있는 전자계산기는 **수험자 본인이** 반드시 메모리(SD카드 포함)를 제거, 삭제(리셋, 초기화)하고 시험위원이 초기화 여부를 확인 할 경우에는 협조하여야 합니다. 메모리(SD카드포함) 내용이 제기되지 않은 계산기는 사용불가하며 사용 시 부정행위로 처리될 수 있습니다.
    ※ 단, 메모리(SD 카드포함) 내용이 제거되지 않은 계산기는 사용 불가
    ※ 시험일 이전에 리셋 점검하여 계산기 작동여부 등 사전 확인 및 재설정(초기화 이후 세팅) 방법숙지
10. 시험시간 중에는 **통신기기** 및 **전자기기**[휴대용 전화기, 휴대용 개인정보 단말기(PDA), 휴대용 멀티미디어 재생장치(PMP), 휴대용 컴퓨터, 휴대용 카세트, 디지털카메라, 음성파일 변환기(MP3), 휴대용 게임기, 전자사전, 카메라펜, 시각표시 외의 기능이 부착된 시계, 스마트워치 등)를 일체 휴대할 수 없으며, 금속(전파)탐지기 수색을 통해 시험도중 관련 **장비를 소지·착용**하다가 적발될 경우 실제 사용여부와 관계없이 **당해 시험을 정지(퇴실) 및 무효(0점) 처리**하며 부정행위자로 처리될 수 있음을 유의하기 바랍니다.
    ※ 휴대폰은 전원 OFF 하여 시험위원 지시에 따라 보관
11. 시험 당일 시험장 내에는 주차공간이 없거나 협소하므로 대중교통을 이용하여 주시고, 교통 혼잡이 예상되므로 미리 입실할 수 있도록 하시기 바랍니다.
12. 시험장은 전체가 금연구역이므로 흡연을 금지하며, 쓰레기를 함부로 버리거나 시설물이 훼손되지 않도록 주의 바랍니다.
13. 가답안 발표 후 의견제시 사항은 반드시 정해진 기간 내에 제출하여야 합니다.
14. 기타 시험일정, 운영 등에 관한 사항은 해당 자격 큐넷 홈페이지의 시행공고를 확인하시기 바라며, 미확인으로 인한 불이익은 수험자의 귀책입니다.

제1차 시험 객관식 수험자 유의사항

1. 답안카드에 기재된 '**수험자 유의사항 및 답안카드 작성 시 유의사항**'을 준수하시기 바랍니다.
2. 수험자교육시간에 감독위원 안내 또는 방송(유의사항)에 따라 답안카드에 수험번호를 기재 마킹하고, 배부된 시험지의 인쇄상태 확인 후 답안카드에 형별을 마킹하여야 합니다.
3. 답안카드는 국가전문자격 공통 표준형으로 문제번호가 1번부터 125번까지 인쇄되어 있습니다. 답안 마킹 시에는 반드시 시험문제지의 문제번호와 **동일한 번호에 마킹**하여야 합니다.
   ※ 답안카드 견본은 큐넷 가맹거래사 홈페이지 공지 사항에 공개
4. 답안카드 기재·마킹 시에는 **반드시 검정색 사인펜을 사용**하여야 합니다.
5. 채점은 전산 자동 판독 결과에 따르므로 유의사항을 지키지 않거나 수험자의 부주의(답안카드 기재·마킹착오, 불완전한 마킹 수정, 예비마킹, 형별착오 마킹 등)로 판독불능, 중복판독 등 불이익이 발생할 경우 **수험자 책임**으로 이의제기를 하더라도 받아들여지지 않습니다.
   ※ 답안을 잘못 작성했을 경우, 답안카드 교체 및 수정테이프 사용가능(단, 답안 이외 수험번호 등 인적사항은 수정불가하며 재작성에 따른 시험시간은 별도로 부여하지 않음
   ※ 수정테이프 이외 수정액 및 스티커 등은 사용불가

제2차 시험 주관식 수험자 유의사항

1. 국가전문자격 주관식 답안지 표지에 기재된 '**답안지 작성 시 유의사항**'을 준수하시기 바랍니다.
2. 수험자 인적사항·답안지 등 작성은 반드시 **검정색 필기구만 사용**하여야 합니다. (그 외 연필류, 유색필기구 등으로 작성한 **답항은 채점하지 않으며 0점 처리**)
   ※ 필기구는 본인 지참으로 별도 지급하지 않음
3. **답안지의 인적사항 기재란 외의 부분에 특정인임을 암시하거나** 답안과 관련 없는 특수한 표시를 하는 경우, **답안지 전체를 채점하지 않으며 0점 처리**합니다.
4. 답안 정정 시에는 반드시 정정 부분을 두 줄(=)로 긋고 다시 기재하여야 하며, 수정테이프(액) 등을 사용했을 경우 채점상의 불이익을 받을 수 있으므로 사용하지 마시기 바랍니다.

제3차(면접) 시험 수험자 유의사항

1. 수험자는 일시·장소 및 입실시간을 정확하게 확인 후 신분증과 수험표를 소지하고 시험당일 입실시간까지 해당 시험장 수험자 대기실에 입실하여야 합니다.
2. 소속회사 근무복, 군복, 교복 등 제복(유니폼)을 착용하고 시험장에 입실할 수 없습니다.(특정인임을 알 수 있는 모든 의복 포함)

★ 산업안전보건지도사 자격시험의 엄정 공정한 시험 관리를 위해 수험자 여러분의 적극적인 협조를 당부드리며, 기타 시험에 관한 더 자세한 사항은 큐넷 홈페이지 참조 또는 HRD 고객센터(☎1644-8000)으로 문의하시기 바랍니다.

※ 수험자 유의사항은 원서접수 후 수험표 출력 시 최종 확인하시기 바랍니다.

3차 면접 불합격을 피하는 방법

(1) 산업안전지도사 3차 면접 불합격을 피하는 방법
   - 면접도 전략이다 · 면접은 불합격을 피하는 것이다 · 면접관 그들이 결정한다.

산업안전지도사 연수를 끝내고 보니 3차 면접 시험이 이번주 금토로 예정되었다고 들었습니다.

작년 불합격 후 재도전 하시는 유예 수험생과 금년 처음 3차에 응시하시는 분들 대부분이 긴장 속에 각자 면접 준비 마무리를 하고 있으시리라 생각됩니다.

20년 건설안전 분야 면접 합격율은 약 42%로 최종합격하는데 면접의 문턱이 높았습니다. 그렇다면 이러한 면접에 합격 아니 불합격을 피하기 위해서는 어떤 전략을 갖고 준비해야 할지 각자 고민이 있으시리라 생각됩니다.

물론 저보다 면접을 잘 치러 합격하신 분들의 노하우도 있고 현재 준비하신 분들도 대부분 내용에 대해서는 숙지하고 있으셔서 며칠 남지 않은 면접에 대해서 말씀드리는 것이 도움이 될지 모르겠습니다.

다만, 2년에 걸쳐 면접에 응시하고 합격한 경험을 되돌아보면 면접의 성공이 지식과 경험의 내용만이 아니라 나름의 전략을 갖고 체계적으로 준비하면 최소한 불합격을 피할 수 있다고 믿습니다.

면접 합격의 수많은 길이 있고 개인의 스타일과 준비도에 따라 다르기 때문에 정답이 있을 수는 없습니다. 그동안 준비하셨던 내용을 제 글을 읽고 비교하면서 생각을 정리해 보는 시간이 되시기를 바랍니다.

면접 준비의 기본 마인드

항목	내용
불합격자 고르기	합격자를 뽑는 시험이 아닌 탈락자를 고르는 시험임을 명심하라. 결국 불합격을 피하는 법으로 준비해야 한다.
불합격 피하기	답변 시 큰 실수를 하지 않고 면접관이 탈락시킬 여지를 주지 않는다. 완벽하지 않아도 60점 이상이면 된다.

항목	내용
말하기 연습	아는 것과 말하는 것은 다르다. 말하는 연습이 요구된다. 필기와 말하는 시험은 다르다.
기본 문제	어려운 문제 모른다고 떨어뜨리진 않는다. 결국 기본적인 문제에서 판가름된다.
시간 관리	모든 수험생은 시간은 15분 내외로 동일하다. 시간관리가 중요하다.
조편성/순서	결국은 같은 조에서 합격여부가 판가름 난다.(2명/5명) 같은 조 앞사람이 미치는 영향이 크다. 그것도 운이다.

▎면접 불합격을 피하는 법

항목	내용
모르는 문제 대하는 법	모르는 문제는 반드시 나온다. 모든 것을 아는 사람이 아니라 모르는 것을 공부할 수 있는 자세가 필요하다. 모르는 것은 "모른다"라고 답변하고 면접관을 불만족스럽게 해서는 안 된다.(우물쭈물하는 것이 독이 된다.) 모르는 문제를 대하는 자세(표정, 말투 등)도 포함된다. (당황하거나 과긴장 않도록 사전대비가 필요하다.)
위기를 기회로	빨리 넘기고 다음 문제를 받는 것이 현명하다. "아는 데까지만 이야기 하겠습니다." 하고 더이상 질문을 받지 않게 유도한다.
시간을 내 것으로	시간은 문제수와 답변수에 상관없이 동일하다(시간은 잘 아는 문제에 넘겨주자)
모르는 문제 대처	모르는 것이 두 번 이상 반복되면 "모른다"라는 답변 내용도 달리 말해야 한다.
아는 척 금지	절대 모르는 것을 아는 척 하지 마라. 묻지도 않은 것을 너무 길게 주저리하지 말라.(자질이 부족하다 여긴다.)
어설픈 답변 금지	어설프게 아는 것을 주저리주저리 답변하는 것은 치명적 실수이다. (시간과 기회를 잃는 지름길) 명확하지 않은 답변을 말해서 추가 질문의 빌미를 만들지 않고 사전에 예방한다.
모르는 분야 아는 만큼만	잘 모르는 분야는 답변을 길게 하지 않고 아는 것만 대답해도 된다.

▲ 면접관에 대한 이해와 대응

항목	내용
구성	면접관은 고용노동부, 안전보건공단, 외부인원으로 구성된다. 면접관 모두 최고 전문가만은 아니다.
자신감	면접관은 지도사가 아니고 실제 문제에 대한 답은 수험자가 더 잘 알 수 있으므로 상대의 면접관을 과도하게 판단해 위축될 필요는 없다. (블라인드 안의 그들에게 위축되면 이미 진 게임이다.)
맞춤형	면접관의 특성에 기반한 질문이 출제되고 해당 면접관에 적합하게 답변을 해야 높은 평가를 얻을 수 있다.
노동부 면접관	노동부 면접관은 근로감독관 20년 이상이거나 사무관으로 노동부 산업안전보건 법령/정책, 현장 감독 시 법력 근거에 대해 명확히 알고 답변을 해야 한다.
공단 면접관	공단 면접관은 건설안전 전문가가 아닐 수 있고, 안전인증/검사 중심 기계 전문가인 경우도 있음. 안전보건공단 정책, 건설기계는 fail safe, fool proof 관점에서 답안을 구성한다.
외부 기업 면접관	외부전문가가 공기업 건설안전/시공 전문가일 경우 기술/시공 문제를 출제할 수 있는데 다른 두 면접관은 현장/기술에 약하므로 핵심 답변 위주로 한다.
외부 교수 면접관	외부전문가가 교수일 경우 안전 이론에 대한 문제를 출제할 수 있고 교수의 학생평가 관점에서 이론을 중심으로 명확히 답변해야 한다.
3명의 면접관	세 명의 다른 유형의 면접관을 고려해 지나치게 깊지 않고 통상적으로 수용할 수 있는 수준에서 답변한다.
단답형	단답형 문제를 질의하는 사람은 단답으로 여러 문제를 준비한다. 시간을 많이 끌면 좋아 하지 않는다.
출제 유형	준비해온 문제 제시/산안법 문제/지도사 의식 수준/기술론.건설장비/현장안전관리/안전이론
채점 기준/운영	채점자의 기준에서 생각하고 성향은 다를 수 있으며 선입견과 고정관념을 가질 수 있다는 점을 인지한다.
평가합상	면접관 3명 평가는 각각에 대해서 수행, 다른 면접관도 내 답변에 대해 주의를 기울이고 평가하고 있다는 것을 유념한다.

(2) 산업안전지도사 3차 면접 불합격을 피하는 법
- 면접 질문을 예측하고 답변을 구조화해서 좋은 태도로 준비하자.

▌질문의 내용을 예측하라

항목	내용
산안법령 등	산안법 최근 개정안, 건진법 비교, 산업안전규칙, 표준안전작업지침 등 주요 조항은 사전 이해하고 준비한다.
	산안법은 당락 좌우하는 필수 사항, 기본에 충실하고 오히려 공법적인 문제는 탈락시키기 어렵다.
	산업법은 가급적 조항을 근거로 제시하는 것이 추가 점수, 좋은 인상을 줄 수 있다.
전문지식 응용능력	가설구조물, 기계기구건설공법, 시공방법재해요인별 안전대책건설현장 유해위험요인
	단답형 대답은 지도사의 컨설팅 관점과 수준에서 답변을 할 수 있도록 한다.
지도상담능력	재해예방기술지도, 자율안전 컨설팅, 유해위험방지계획, 안전진단 개선계획서 수립 등 업무영역은 필수이다.
	지도사의 업무 대부분은 소규모현장에서 재해를 예방하는 것이 중요하므로 그 관점에서 답변을 준비한다.

▌구조화된 답변을 익숙하게

항목	내용
핵심요지 파악	문제의 요지를 빨리 파악해서 답변을 머릿속으로 정리하는 것이 핵심이다.
전문지식 응용능력	아는 것을 물어보면 차분하게 생각을 정리해서 대답하되 시간을 길게 가지면 안 된다.
의도 이해	문제 의도를 면접관 관점에서 니즈를 파악해 다른 답변을 하지 않아야 한다.(잘못된 답변은 면접 실패!)
출제 근거	문제가 산안법, 산안규칙, 안전지침인지 판단하고 그에 대한 언급을 해야 추가 점수를 얻을 수 있다.
답변구조	답변에 대한 일관된 체계를 미리 정하여 문제 유형에 따라 답변구조를 계속 연습한다.(형식이 내용을 담는 그릇이다.)

항목	내 용
두괄식 답변	출제 의도를 파악해 질문에 대해 핵심 답변, 결론안을 먼저 제시한다.(면접관은 기다려주지 않는다.)
부연	부연설명은 아무리 많아도 본 답변보다 많아서는 안 된다.(부연은 추가 점수일 뿐이다.)
간결함	가급적 정확한 표현으로 핵심이 간결하게 드러나도록 하고 의견은 짧게 제시한다.
시간 최적화	면접 시간은 15분 내로 한정적, 5문항이면 1문항당 채 2.5분을 사용, 핵심/중심 먼저 제시해야 한다.
리프레이징	면접 답변 시 리프레이징을 하는 것으로 면접 인상을 좋게 하고 생각할 시간을 확보한다.
개념	문제 유형에 따라 개념/배경을 먼저 제시하면 좋은 인상을 줄 수 있다.
스토리	단답형 답변도 관련 법령과 핵심과 연계된 현장 예시를 들어 설명해서 차별화한다.
근거/수치화	가급적 정량적(수치화)으로 설득력 있게 표현한다.

구조화된 답변 예시

항목	내 용
기본 답변 구조	답변 : 넵! 철골 공사 시의 안전관리 방안에 대해 말씀드리겠습니다.(대답하면서 머릿속으로는 내용 정리한다.) 철골공사 시에는 추락, 화재, 낙하 등의 주요 위험요인이 있습니다. 이에 대해 현장에서의 대책으로는 추락, 낙하, 등 사고성 재해에 대한 대책으로는 ( )하고 기술적 대책으로는 ( )하고 관리적 대책으로는 ( )합니다. 또한 보건 대책으로 ( )하여 관리하여야 합니다.
전혀 모르는 문제	답변 : 네 면접관님이 질문하신 내용은 공부를 하면서 책으로는 접해봤으나 자세한 사항에 대해서는 이해하고 준비하지 못하였습니다. 해당 사항에 대해 더 공부해 보도록 하겠습니다.

태도(attitude)가 합격을 만든다.(태도는 100점이다)

항 목	내 용
여유	답변 시 긴장하고 말이 빨라지게 되어 효과적으로 전달되지 못한다.(내용이 형식에 불완전하게 담긴다.)
마인드 컨트롤	면접관도 회사의 동료라고 이미지 트레이닝을 통해 긴장감을 최소화하여 편안하게 임한다.
목소리톤	목소리가 잘 들리지 않으므로 평소보다 목소리를 크고 명확하게 얘기한다.
답변속도	3명의 면접관이 듣기 편한 속도로 조절해야 한다.(질문자 외 다른 면접관도 평가중)
자신감	자신감은 필요하지만 절대 거만해 보여서는 안 된다.
자연스러움	외워서 하는 답변이라기보다 자연스럽게 내가 아는 것을 잘 표현하는 것이 중요하다.
첫인사	인사는 "수험번호 5-5번입니다."로 시작하고 인사도 예의있게, 보이지 않더라도 실시한다.
면접자세	자세는 허리를 곧게 펴고 화자에 시선을 맞추고 얘기하여 자신감 있는 자세로 답변한다.
마무리	면접 마무리도 중요하다. 나올 때도 의자를 정리하고 감사하다는 인사를 하고 마무리한다.

(3) 면접 불합격을 피하는 법
　　- 결론 : 내가 면접관이다.

- 모르는 문제는 꼭 나온다 당황하지 말고 겸손하게 인정한다.
- 절대로 아는척 하지 않는다. 잘 모르는 답변으로 추가 질문의 빌미를 주지 않는다.
- 시간은 문제수와 관계없이 동일하다.
- 60점의 평가만 넘으면 된다.
- 면접관 개별 맞춤형 출제의도에 맞는 답변을 하라.
- 전체 면접관은 나를 평가하고 있다.
- 질문의 의도와 핵심을 명확히 이해하고 신속하게 답변한다.
- 답변은 결론부터 간결하게 2분에 승부를 보라.
- 결국 기본문제인 산안법에서 당락이 결정된다.
- 답변에 조문근거와 수치를 활용하라.
- 부연설명 개념/사례는 추가 점수 사항이다.
- 마인드컨트롤로 여유와 자신감을 갖고 목소리를 크게, 속도는 천천히 한다.
- 답변은 자연스럽게 컨설턴트처럼 하라.
- 첫인사, 자세, 마무리 인사를 신경써라.
- 구조화된 형식으로 말하기를 연습한다.

> **출처** http://bolg.naver.com/whitedrew
> 2022년 2월 4일 14시 40분 글쓴이 박형두 산업안전지도사&노무사님과 통화하여 후기 사용의 허락을 받음.

PART 02
산업안전보건법령

1. 산업안전보건법
2. 산업안전보건법 시행령
3. 산업안전보건법 시행규칙
4. 산업안전보건기준에 관한 규칙
   (약칭 : 안전보건규칙)

PART 02 산업안전보건법령

산업안전보건법
[시행 2025. 7. 22.] [법률 제20677호, 2025. 1. 21., 일부개정]

제1장 총칙

제1조(목적) 이 법은 산업 안전 및 보건에 관한 기준을 확립하고 그 책임의 소재를 명확하게 하여 산업재해를 예방하고 쾌적한 작업환경을 조성함으로써 노무를 제공하는 사람의 안전 및 보건을 유지·증진함을 목적으로 한다.

제2조(정의) 이 법에서 사용하는 용어의 뜻은 다음과 같다.
1. "산업재해"란 노무를 제공하는 사람이 업무에 관계되는 건설물·설비·원재료·가스·증기·분진 등에 의하거나 작업 또는 그 밖의 업무로 인하여 사망 또는 부상하거나 질병에 걸리는 것을 말한다.
2. "중대재해"란 산업재해 중 사망 등 재해 정도가 심하거나 다수의 재해자가 발생한 경우로서 고용노동부령으로 정하는 재해를 말한다.
3. "근로자"란 「근로기준법」 제2조제1항제1호에 따른 근로자를 말한다.
4. "사업주"란 근로자를 사용하여 사업을 하는 자를 말한다.
5. "근로자대표"란 근로자의 과반수로 조직된 노동조합이 있는 경우에는 그 노동조합을, 근로자의 과반수로 조직된 노동조합이 없는 경우에는 근로자의 과반수를 대표하는 자를 말한다.
6. "도급"이란 명칭에 관계없이 물건의 제조·건설·수리 또는 서비스의 제공, 그 밖의 업무를 타인에게 맡기는 계약을 말한다.
7. "도급인"이란 물건의 제조·건설·수리 또는 서비스의 제공, 그 밖의 업무를 도급하는 사업주를 말한다. 다만, 건설공사발주자는 제외한다.
8. "수급인"이란 도급인으로부터 물건의 제조·건설·수리 또는 서비스의 제공, 그 밖의 업무를 도급받은 사업주를 말한다.
9. "관계수급인"이란 도급이 여러 단계에 걸쳐 체결된 경우에 각 단계별로 도급받은 사업주 전부를 말한다.
10. "건설공사발주자"란 건설공사를 도급하는 자로서 건설공사의 시공을 주도하여 총괄·관리하지 아니하는 자를 말한다. 다만, 도급받은 건설공사를 다시 도급하는 자는 제외한다.

11. "건설공사"란 다음 각 목의 어느 하나에 해당하는 공사를 말한다.
    가. 「건설산업기본법」 제2조제4호에 따른 건설공사
    나. 「전기공사업법」 제2조제1호에 따른 전기공사
    다. 「정보통신공사업법」 제2조제2호에 따른 정보통신공사
    라. 「소방시설공사업법」에 따른 소방시설공사
    마. 「문화재수리 등에 관한 법률」에 따른 문화재수리공사
    마. 「국가유산수리 등에 관한 법률」에 따른 국가유산수리공사
12. "안전보건진단"이란 산업재해를 예방하기 위하여 잠재적 위험성을 발견하고 그 개선대책을 수립할 목적으로 조사·평가하는 것을 말한다.
13. "작업환경측정"이란 작업환경 실태를 파악하기 위하여 해당 근로자 또는 작업장에 대하여 사업주가 유해인자에 대한 측정계획을 수립한 후 시료(試料)를 채취하고 분석·평가하는 것을 말한다.

제3조(적용 범위) 이 법은 모든 사업에 적용한다. 다만, 유해·위험의 정도, 사업의 종류, 사업장의 상시근로자 수(건설공사의 경우에는 건설공사 금액을 말한다. 이하 같다) 등을 고려하여 대통령령으로 정하는 종류의 사업 또는 사업장에는 이 법의 전부 또는 일부를 적용하지 아니할 수 있다.

제4조(정부의 책무) ① 정부는 이 법의 목적을 달성하기 위하여 다음 각 호의 사항을 성실히 이행할 책무를 진다.
1. 산업 안전 및 보건 정책의 수립 및 집행
2. 산업재해 예방 지원 및 지도
3. 「근로기준법」 제76조의2에 따른 직장 내 괴롭힘 예방을 위한 조치기준 마련, 지도 및 지원
4. 사업주의 자율적인 산업 안전 및 보건 경영체제 확립을 위한 지원
5. 산업 안전 및 보건에 관한 의식을 북돋우기 위한 홍보·교육 등 안전문화 확산 추진
6. 산업 안전 및 보건에 관한 기술의 연구·개발 및 시설의 설치·운영
7. 산업재해에 관한 조사 및 통계의 유지·관리
8. 산업 안전 및 보건 관련 단체 등에 대한 지원 및 지도·감독
9. 그 밖에 노무를 제공하는 사람의 안전 및 건강의 보호·증진

② 정부는 제1항 각 호의 사항을 효율적으로 수행하기 위하여 「한국산업안전보건공단법」에 따른 한국산업안전보건공단(이하 "공단"이라 한다), 그 밖의 관련 단체 및 연구기관에 행정적·재정적 지원을 할 수 있다.

제4조의2(지방자치단체의 책무) 지방자치단체는 제4조제1항에 따른 정부의 정책에 적극 협조하고, 관할 지역의 산업재해를 예방하기 위한 대책을 수립·시행하여야 한다.

제4조의3(지방자치단체의 산업재해 예방 활동 등) ① 지방자치단체의 장은 관할 지역 내에서의 산업재해 예방을 위하여 자체 계획의 수립, 교육, 홍보 및 안전한 작업환경 조성을 지원하기 위한 사업장 지도 등 필요한 조치를 할 수 있다.

② 정부는 제1항에 따른 지방자치단체의 산업재해 예방 활동에 필요한 행정적·재정적 지원을 할 수 있다.

③ 제1항에 따른 산업재해 예방 활동에 필요한 사항은 지방자치단체가 조례로 정할 수 있다.

제5조(사업주 등의 의무) ① 사업주(제77조에 따른 특수형태근로종사자로부터 노무를 제공받는 자와 제78조에 따른 물건의 수거·배달 등을 중개하는 자를 포함한다. 이하 이 조 및 제6조에서 같다)는 다음 각 호의 사항을 이행함으로써 근로자(제77조에 따른 특수형태근로종사자와 제78조에 따른 물건의 수거·배달 등을 하는 사람을 포함한다. 이하 이 조 및 제6조에서 같다)의 안전 및 건강을 유지·증진시키고 국가의 산업재해 예방정책을 따라야 한다.

1. 이 법과 이 법에 따른 명령으로 정하는 산업재해 예방을 위한 기준
2. 근로자의 신체적 피로와 정신적 스트레스 등을 줄일 수 있는 쾌적한 작업환경의 조성 및 근로조건 개선
3. 해당 사업장의 안전 및 보건에 관한 정보를 근로자에게 제공

② 다음 각 호의 어느 하나에 해당하는 자는 발주·설계·제조·수입 또는 건설을 할 때 이 법과 이 법에 따른 명령으로 정하는 기준을 지켜야 하고, 발주·설계·제조·수입 또는 건설에 사용되는 물건으로 인하여 발생하는 산업재해를 방지하기 위하여 필요한 조치를 하여야 한다.

1. 기계·기구와 그 밖의 설비를 설계·제조 또는 수입하는 자
2. 원재료 등을 제조·수입하는 자
3. 건설물을 발주·설계·건설하는 자

제6조(근로자의 의무) 근로자는 이 법과 이 법에 따른 명령으로 정하는 산업재해 예방을 위한 기준을 지켜야 하며, 사업주 또는 「근로기준법」 제101조에 따른 근로감독관, 공단 등 관계인이 실시하는 산업재해 예방에 관한 조치에 따라야 한다.

제7조(산업재해 예방에 관한 기본계획의 수립·공표) ① 고용노동부장관은 산업재해 예방에 관한 기본계획을 수립하여야 한다.

② 고용노동부장관은 제1항에 따라 수립한 기본계획을 「산업재해보상보험법」 제8조제1항에 따른 산업재해보상보험 및 예방심의위원회의 심의를 거쳐 공표하여야 한다. 이를 변경하려는 경우에도 또한 같다.

제8조(협조 요청 등) ① 고용노동부장관은 제7조제1항에 따른 기본계획을 효율적으로 시행하기 위하여 필요하다고 인정할 때에는 관계 행정기관의 장 또는 「공공기관의 운영에 관한 법률」 제4조에 따른 공공기관의 장에게 필요한 협조를 요청할 수 있다.

② 행정기관(고용노동부는 제외한다. 이하 이 조에서 같다)의 장은 사업장의 안전 및 보건에 관하여 규제를 하려면 미리 고용노동부장관과 협의하여야 한다.
③ 행정기관의 장은 고용노동부장관이 제2항에 따른 협의과정에서 해당 규제에 대한 변경을 요구하면 이에 따라야 하며, 고용노동부장관은 필요한 경우 국무총리에게 협의·조정 사항을 보고하여 확정할 수 있다.
④ 고용노동부장관은 산업재해 예방을 위하여 필요하다고 인정할 때에는 사업주, 사업주단체, 그 밖의 관계인에게 필요한 사항을 권고하거나 협조를 요청할 수 있다.
⑤ 고용노동부장관은 산업재해 예방을 위하여 중앙행정기관의 장과 지방자치단체의 장 또는 공단 등 관련 기관·단체의 장에게 다음 각 호의 정보 또는 자료의 제공 및 관계 전산망의 이용을 요청할 수 있다. 이 경우 요청을 받은 중앙행정기관의 장과 지방자치단체의 장 또는 관련 기관·단체의 장은 정당한 사유가 없으면 그 요청에 따라야 한다.
1. 「부가가치세법」 제8조 및 「법인세법」 제111조에 따른 사업자등록에 관한 정보
2. 「고용보험법」 제15조에 따른 근로자의 피보험자격의 취득 및 상실 등에 관한 정보
3. 그 밖에 산업재해 예방사업을 수행하기 위하여 필요한 정보 또는 자료로서 대통령령으로 정하는 정보 또는 자료

제9조(산업재해 예방 통합정보시스템 구축·운영 등) ① 고용노동부장관은 산업재해를 체계적이고 효율적으로 예방하기 위하여 산업재해 예방 통합정보시스템을 구축·운영할 수 있다.
② 고용노동부장관은 제1항에 따른 산업재해 예방 통합정보시스템으로 처리한 산업안전 및 보건 등에 관한 정보를 고용노동부령으로 정하는 바에 따라 관련 행정기관과 공단에 제공할 수 있다.
③ 제1항에 따른 산업재해 예방 통합정보시스템의 구축·운영, 그 밖에 필요한 사항은 대통령령으로 정한다.

제10조(산업재해 발생건수 등의 공표) ① 고용노동부장관은 산업재해를 예방하기 위하여 대통령령으로 정하는 사업장의 근로자 산업재해 발생건수, 재해율 또는 그 순위 등(이하 "산업재해발생건수 등"이라 한다)을 공표하여야 한다.
② 고용노동부장관은 도급인의 사업장(도급인이 제공하거나 지정한 경우로서 도급인이 지배·관리하는 대통령령으로 정하는 장소를 포함한다. 이하 같다) 중 대통령령으로 정하는 사업장에서 관계수급인 근로자가 작업을 하는 경우에 도급인의 산업재해 발생건수 등에 관계수급인의 산업재해발생건수 등을 포함하여 제1항에 따라 공표하여야 한다.
③ 고용노동부장관은 제2항에 따라 산업재해발생건수 등을 공표하기 위하여 도급인에게 관계수급인에 관한 자료의 제출을 요청할 수 있다. 이 경우 요청을 받은 자는 정당한 사유가 없으면 이에 따라야 한다.

④ 제1항 및 제2항에 따른 공표의 절차 및 방법, 그 밖에 필요한 사항은 고용노동부령으로 정한다.

제11조(산업재해 예방시설의 설치 · 운영) 고용노동부장관은 산업재해 예방을 위하여 다음 각 호의 시설을 설치 · 운영할 수 있다.
1. 산업 안전 및 보건에 관한 지도시설, 연구시설 및 교육시설
2. 안전보건진단 및 작업환경측정을 위한 시설
3. 노무를 제공하는 사람의 건강을 유지 · 증진하기 위한 시설
4. 그 밖에 고용노동부령으로 정하는 산업재해 예방을 위한 시설

제12조(산업재해 예방의 재원) 다음 각 호의 어느 하나에 해당하는 용도에 사용하기 위한 재원(財源)은 「산업재해보상보험법」 제95조제1항에 따른 산업재해보상보험 및 예방기금에서 지원한다.
1. 제11조 각 호에 따른 시설의 설치와 그 운영에 필요한 비용
2. 산업재해 예방 관련 사업 및 비영리법인에 위탁하는 업무 수행에 필요한 비용
3. 그 밖에 산업재해 예방에 필요한 사업으로서 고용노동부장관이 인정하는 사업의 사업비

제13조(기술 또는 작업환경에 관한 표준) ① 고용노동부장관은 산업재해 예방을 위하여 다음 각 호의 조치와 관련된 기술 또는 작업환경에 관한 표준을 정하여 사업주에게 지도 · 권고할 수 있다.
1. 제5조제2항 각 호의 어느 하나에 해당하는 자가 같은 항에 따라 산업재해를 방지하기 위하여 하여야 할 조치
2. 제38조 및 제39조에 따라 사업주가 하여야 할 조치

② 고용노동부장관은 제1항에 따른 표준을 정할 때 필요하다고 인정하면 해당 분야별로 표준제정위원회를 구성 · 운영할 수 있다.

③ 제2항에 따른 표준제정위원회의 구성 · 운영, 그 밖에 필요한 사항은 고용노동부장관이 정한다.

제2장 안전보건관리체제 등

제1절 안전보건관리체제

제14조(이사회 보고 및 승인 등) ① 「상법」 제170조에 따른 주식회사 중 대통령령으로 정하는 회사의 대표이사는 대통령령으로 정하는 바에 따라 매년 회사의 안전 및 보건에 관한 계획을 수립하여 이사회에 보고하고 승인을 받아야 한다.
② 제1항에 따른 대표이사는 제1항에 따른 안전 및 보건에 관한 계획을 성실하게 이행하여야 한다.
③ 제1항에 따른 안전 및 보건에 관한 계획에는 안전 및 보건에 관한 비용, 시설, 인원 등의 사항을 포함하여야 한다.

제15조(안전보건관리책임자) ① 사업주는 사업장을 실질적으로 총괄하여 관리하는 사람에게 해당 사업장의 다음 각 호의 업무를 총괄하여 관리하도록 하여야 한다.
1. 사업장의 산업재해 예방계획의 수립에 관한 사항
2. 제25조 및 제26조에 따른 안전보건관리규정의 작성 및 변경에 관한 사항
3. 제29조에 따른 안전보건교육에 관한 사항
4. 작업환경측정 등 작업환경의 점검 및 개선에 관한 사항
5. 제129조부터 제132조까지에 따른 근로자의 건강진단 등 건강관리에 관한 사항
6. 산업재해의 원인 조사 및 재발 방지대책 수립에 관한 사항
7. 산업재해에 관한 통계의 기록 및 유지에 관한 사항
8. 안전장치 및 보호구 구입 시 적격품 여부 확인에 관한 사항
9. 그 밖에 근로자의 유해·위험 방지조치에 관한 사항으로서 고용노동부령으로 정하는 사항

② 제1항 각 호의 업무를 총괄하여 관리하는 사람(이하 "안전보건관리책임자"라 한다)은 제17조에 따른 안전관리자와 제18조에 따른 보건관리자를 지휘·감독한다.
③ 안전보건관리책임자를 두어야 하는 사업의 종류와 사업장의 상시근로자 수, 그 밖에 필요한 사항은 대통령령으로 정한다.

제16조(관리감독자) ① 사업주는 사업장의 생산과 관련되는 업무와 그 소속 직원을 직접 지휘·감독하는 직위에 있는 사람(이하 "관리감독자"라 한다)에게 산업 안전 및 보건에 관한 업무로서 대통령령으로 정하는 업무를 수행하도록 하여야 한다.
② 관리감독자가 있는 경우에는 「건설기술 진흥법」 제64조제1항제2호에 따른 안전관리책임자 및 같은 항 제3호에 따른 안전관리담당자를 각각 둔 것으로 본다.

제17조(안전관리자) ① 사업주는 사업장에 제15조제1항 각 호의 사항 중 안전에 관한 기술적인 사항에 관하여 사업주 또는 안전보건관리책임자를 보좌하고 관리감독자에게 지도·조언하는 업무를 수행하는 사람(이하 "안전관리자"라 한다)을 두어야 한다.

② 안전관리자를 두어야 하는 사업의 종류와 사업장의 상시근로자 수, 안전관리자의 수·자격·업무·권한·선임방법, 그 밖에 필요한 사항은 대통령령으로 정한다.
③ 대통령령으로 정하는 사업의 종류 및 사업장의 상시근로자 수에 해당하는 사업장의 사업주는 안전관리자에게 그 업무만을 전담하도록 하여야 한다.
④ 고용노동부장관은 산업재해 예방을 위하여 필요한 경우로서 고용노동부령으로 정하는 사유에 해당하는 경우에는 사업주에게 안전관리자를 제2항에 따라 대통령령으로 정하는 수 이상으로 늘리거나 교체할 것을 명할 수 있다.
⑤ 대통령령으로 정하는 사업의 종류 및 사업장의 상시근로자 수에 해당하는 사업장의 사업주는 제21조에 따라 지정받은 안전관리 업무를 전문적으로 수행하는 기관(이하 "안전관리전문기관"이라 한다)에 안전관리자의 업무를 위탁할 수 있다.

제18조(보건관리자) ① 사업주는 사업장에 제15조제1항 각 호의 사항 중 보건에 관한 기술적인 사항에 관하여 사업주 또는 안전보건관리책임자를 보좌하고 관리감독자에게 지도·조언하는 업무를 수행하는 사람(이하 "보건관리자"라 한다)을 두어야 한다.
② 보건관리자를 두어야 하는 사업의 종류와 사업장의 상시근로자 수, 보건관리자의 수·자격·업무·권한·선임방법, 그 밖에 필요한 사항은 대통령령으로 정한다.
③ 대통령령으로 정하는 사업의 종류 및 사업장의 상시근로자 수에 해당하는 사업장의 사업주는 보건관리자에게 그 업무만을 전담하도록 하여야 한다.
④ 고용노동부장관은 산업재해 예방을 위하여 필요한 경우로서 고용노동부령으로 정하는 사유에 해당하는 경우에는 사업주에게 보건관리자를 제2항에 따라 대통령령으로 정하는 수 이상으로 늘리거나 교체할 것을 명할 수 있다.
⑤ 대통령령으로 정하는 사업의 종류 및 사업장의 상시근로자 수에 해당하는 사업장의 사업주는 제21조에 따라 지정받은 보건관리 업무를 전문적으로 수행하는 기관(이하 "보건관리전문기관"이라 한다)에 보건관리자의 업무를 위탁할 수 있다.

제19조(안전보건관리담당자) ① 사업주는 사업장에 안전 및 보건에 관하여 사업주를 보좌하고 관리감독자에게 지도·조언하는 업무를 수행하는 사람(이하 "안전보건관리담당자"라 한다)을 두어야 한다. 다만, 안전관리자 또는 보건관리자가 있거나 이를 두어야 하는 경우에는 그러하지 아니하다.
② 안전보건관리담당자를 두어야 하는 사업의 종류와 사업장의 상시근로자 수, 안전보건관리담당자의 수·자격·업무·권한·선임방법, 그 밖에 필요한 사항은 대통령령으로 정한다.
③ 고용노동부장관은 산업재해 예방을 위하여 필요한 경우로서 고용노동부령으로 정하는 사유에 해당하는 경우에는 사업주에게 안전보건관리담당자를 제2항에 따라 대통령령으로 정하는 수 이상으로 늘리거나 교체할 것을 명할 수 있다.
④ 대통령령으로 정하는 사업의 종류 및 사업장의 상시근로자 수에 해당하는 사업장의 사업주는 안전관리전문기관 또는 보건관리전문기관에 안전보건관리담당자의 업무를 위탁할 수 있다.

제20조(안전관리자 등의 지도·조언) 사업주, 안전보건관리책임자 및 관리감독자는 다음 각 호의 어느 하나에 해당하는 자가 제15조제1항 각 호의 사항 중 안전 또는 보건에 관한 기술적인 사항에 관하여 지도·조언하는 경우에는 이에 상응하는 적절한 조치를 하여야 한다.
1. 안전관리자
2. 보건관리자
3. 안전보건관리담당자
4. 안전관리전문기관 또는 보건관리전문기관(해당 업무를 위탁받은 경우에 한정한다)

제21조(안전관리전문기관 등) ① 안전관리전문기관 또는 보건관리전문기관이 되려는 자는 대통령령으로 정하는 인력·시설 및 장비 등의 요건을 갖추어 고용노동부장관의 지정을 받아야 한다.
② 고용노동부장관은 안전관리전문기관 또는 보건관리전문기관에 대하여 평가하고 그 결과를 공개할 수 있다. 이 경우 평가의 기준·방법 및 결과의 공개에 필요한 사항은 고용노동부령으로 정한다.
③ 안전관리전문기관 또는 보건관리전문기관의 지정 절차, 업무 수행에 관한 사항, 위탁받은 업무를 수행할 수 있는 지역, 그 밖에 필요한 사항은 고용노동부령으로 정한다.
④ 고용노동부장관은 안전관리전문기관 또는 보건관리전문기관이 다음 각 호의 어느 하나에 해당할 때에는 그 지정을 취소하거나 6개월 이내의 기간을 정하여 그 업무의 정지를 명할 수 있다. 다만, 제1호 또는 제2호에 해당할 때에는 그 지정을 취소하여야 한다.
1. 거짓이나 그 밖의 부정한 방법으로 지정을 받은 경우
2. 업무정지 기간 중에 업무를 수행한 경우
3. 제1항에 따른 지정 요건을 충족하지 못한 경우
4. 지정받은 사항을 위반하여 업무를 수행한 경우
5. 그 밖에 대통령령으로 정하는 사유에 해당하는 경우

⑤ 제4항에 따라 지정이 취소된 자는 지정이 취소된 날부터 2년 이내에는 각각 해당 안전관리전문기관 또는 보건관리전문기관으로 지정받을 수 없다.

제22조(산업보건의) ① 사업주는 근로자의 건강관리나 그 밖에 보건관리자의 업무를 지도하기 위하여 사업장에 산업보건의를 두어야 한다. 다만, 「의료법」 제2조에 따른 의사를 보건관리자로 둔 경우에는 그러하지 아니하다.
② 제1항에 따른 산업보건의(이하 "산업보건의"라 한다)를 두어야 하는 사업의 종류와 사업장의 상시근로자 수 및 산업보건의의 자격·직무·권한·선임방법, 그 밖에 필요한 사항은 대통령령으로 정한다.

제23조(명예산업안전감독관) ① 고용노동부장관은 산업재해 예방활동에 대한 참여와 지원을 촉진하기 위하여 근로자, 근로자단체, 사업주단체 및 산업재해 예방 관련 전문단체에 소속된 사람 중에서 명예산업안전감독관을 위촉할 수 있다.

② 사업주는 제1항에 따른 명예산업안전감독관(이하 "명예산업안전감독관"이라 한다)에 대하여 직무 수행과 관련한 사유로 불리한 처우를 해서는 아니 된다.
③ 명예산업안전감독관의 위촉 방법, 업무, 그 밖에 필요한 사항은 대통령령으로 정한다.

제24조(산업안전보건위원회) ① 사업주는 사업장의 안전 및 보건에 관한 중요 사항을 심의·의결하기 위하여 사업장에 근로자위원과 사용자위원이 같은 수로 구성되는 산업안전보건위원회를 구성·운영하여야 한다.
② 사업주는 다음 각 호의 사항에 대해서는 제1항에 따른 산업안전보건위원회(이하 "산업안전보건위원회"라 한다)의 심의·의결을 거쳐야 한다.
1. 제15조제1항제1호부터 제5호까지 및 제7호에 관한 사항
2. 제15조제1항제6호에 따른 사항 중 중대재해에 관한 사항
3. 유해하거나 위험한 기계·기구·설비를 도입한 경우 안전 및 보건 관련 조치에 관한 사항
4. 그 밖에 해당 사업장 근로자의 안전 및 보건을 유지·증진시키기 위하여 필요한 사항

③ 산업안전보건위원회는 대통령령으로 정하는 바에 따라 회의를 개최하고 그 결과를 회의록으로 작성하여 보존하여야 한다.
④ 사업주와 근로자는 제2항에 따라 산업안전보건위원회가 심의·의결한 사항을 성실하게 이행하여야 한다.
⑤ 산업안전보건위원회는 이 법, 이 법에 따른 명령, 단체협약, 취업규칙 및 제25조에 따른 안전보건관리규정에 반하는 내용으로 심의·의결해서는 아니 된다.
⑥ 사업주는 산업안전보건위원회의 위원에게 직무 수행과 관련한 사유로 불리한 처우를 해서는 아니 된다.
⑦ 산업안전보건위원회를 구성하여야 할 사업의 종류 및 사업장의 상시근로자 수, 산업안전보건위원회의 구성·운영 및 의결되지 아니한 경우의 처리방법, 그 밖에 필요한 사항은 대통령령으로 정한다.

제2절 안전보건관리규정

제25조(안전보건관리규정의 작성) ① 사업주는 사업장의 안전 및 보건을 유지하기 위하여 다음 각 호의 사항이 포함된 안전보건관리규정을 작성하여야 한다.
1. 안전 및 보건에 관한 관리조직과 그 직무에 관한 사항
2. 안전보건교육에 관한 사항
3. 작업장의 안전 및 보건 관리에 관한 사항
4. 사고 조사 및 대책 수립에 관한 사항
5. 그 밖에 안전 및 보건에 관한 사항

② 제1항에 따른 안전보건관리규정(이하 "안전보건관리규정"이라 한다)은 단체협약 또는 취업규칙에 반할 수 없다. 이 경우 안전보건관리규정 중 단체협약 또는 취업규칙에 반하는 부분에 관하여는 그 단체협약 또는 취업규칙으로 정한 기준에 따른다.
③ 안전보건관리규정을 작성하여야 할 사업의 종류, 사업장의 상시근로자 수 및 안전보건관리규정에 포함되어야 할 세부적인 내용, 그 밖에 필요한 사항은 고용노동부령으로 정한다.

제3장 안전보건교육

제29조(근로자에 대한 안전보건교육) ① 사업주는 소속 근로자에게 고용노동부령으로 정하는 바에 따라 정기적으로 안전보건교육을 하여야 한다.
② 사업주는 근로자를 채용할 때와 작업내용을 변경할 때에는 그 근로자에게 고용노동부령으로 정하는 바에 따라 해당 작업에 필요한 안전보건교육을 하여야 한다. 다만, 제31조제1항에 따른 안전보건교육을 이수한 건설 일용근로자를 채용하는 경우에는 그러하지 아니하다.
③ 사업주는 근로자를 유해하거나 위험한 작업에 채용하거나 그 작업으로 작업내용을 변경할 때에는 제2항에 따른 안전보건교육 외에 고용노동부령으로 정하는 바에 따라 유해하거나 위험한 작업에 필요한 안전보건교육을 추가로 하여야 한다.
④ 사업주는 제1항부터 제3항까지의 규정에 따른 안전보건교육을 제33조에 따라 고용노동부장관에게 등록한 안전보건교육기관에 위탁할 수 있다.

제30조(근로자에 대한 안전보건교육의 면제 등) ① 사업주는 제29조제1항에도 불구하고 다음 각 호의 어느 하나에 해당하는 경우에는 같은 항에 따른 안전보건교육의 전부 또는 일부를 하지 아니할 수 있다.
1. 사업장의 산업재해 발생 정도가 고용노동부령으로 정하는 기준에 해당하는 경우
2. 근로자가 제11조제3호에 따른 시설에서 건강관리에 관한 교육 등 고용노동부령으로 정하는 교육을 이수한 경우
3. 관리감독자가 산업 안전 및 보건 업무의 전문성 제고를 위한 교육 등 고용노동부령으로 정하는 교육을 이수한 경우

② 사업주는 제29조제2항 또는 제3항에도 불구하고 해당 근로자가 채용 또는 변경된 작업에 경험이 있는 등 고용노동부령으로 정하는 경우에는 같은 조 제2항 또는 제3항에 따른 안전보건교육의 전부 또는 일부를 하지 아니할 수 있다.

제31조(건설업 기초안전보건교육) ① 건설업의 사업주는 건설 일용근로자를 채용할 때에는 그 근로자로 하여금 제33조에 따른 안전보건교육기관이 실시하는 안전보건교육을 이수하도록 하여야 한다. 다만, 건설 일용근로자가 그 사업주에게 채용되기 전에 안전보건교육을 이수한 경우에는 그러하지 아니하다.

② 제1항 본문에 따른 안전보건교육의 시간·내용 및 방법, 그 밖에 필요한 사항은 고용노동부령으로 정한다.

제32조(안전보건관리책임자 등에 대한 직무교육) ① 사업주(제5호의 경우는 같은 호 각 목에 따른 기관의 장을 말한다)는 다음 각 호에 해당하는 사람에게 제33조에 따른 안전보건교육기관에서 직무와 관련한 안전보건교육을 이수하도록 하여야 한다. 다만, 다음 각 호에 해당하는 사람이 다른 법령에 따라 안전 및 보건에 관한 교육을 받는 등 고용노동부령으로 정하는 경우에는 안전보건교육의 전부 또는 일부를 하지 아니할 수 있다.

1. 안전보건관리책임자
2. 안전관리자
3. 보건관리자
4. 안전보건관리담당자
5. 다음 각 목의 기관에서 안전과 보건에 관련된 업무에 종사하는 사람
   가. 안전관리전문기관
   나. 보건관리전문기관
   다. 제74조에 따라 지정받은 건설재해예방전문지도기관
   라. 제96조에 따라 지정받은 안전검사기관
   마. 제100조에 따라 지정받은 자율안전검사기관
   바. 제120조에 따라 지정받은 석면조사기관

② 제1항 각 호 외의 부분 본문에 따른 안전보건교육의 시간·내용 및 방법, 그 밖에 필요한 사항은 고용노동부령으로 정한다.

제33조(안전보건교육기관) ① 제29조제1항부터 제3항까지의 규정에 따른 안전보건교육, 제31조제1항 본문에 따른 안전보건교육 또는 제32조제1항 각 호 외의 부분 본문에 따른 안전보건교육을 하려는 자는 대통령령으로 정하는 인력·시설 및 장비 등의 요건을 갖추어 고용노동부장관에게 등록하여야 한다. 등록한 사항 중 대통령령으로 정하는 중요한 사항을 변경할 때에도 또한 같다.

② 고용노동부장관은 제1항에 따라 등록한 자(이하 "안전보건교육기관"이라 한다)에 대하여 평가하고 그 결과를 공개할 수 있다. 이 경우 평가의 기준·방법 및 결과의 공개에 필요한 사항은 고용노동부령으로 정한다.

③ 제1항에 따른 등록 절차 및 업무 수행에 관한 사항, 그 밖에 필요한 사항은 고용노동부령으로 정한다.

④ 안전보건교육기관에 대해서는 제21조제4항 및 제5항을 준용한다. 이 경우 "안전관리전문기관 또는 보건관리전문기관"은 "안전보건교육기관"으로, "지정"은 "등록"으로 본다.

제4장 유해·위험 방지 조치

제34조(법령 요지 등의 게시 등) 사업주는 이 법과 이 법에 따른 명령의 요지 및 안전보건관리규정을 각 사업장의 근로자가 쉽게 볼 수 있는 장소에 게시하거나 갖추어 두어 근로자에게 널리 알려야 한다.

제35조(근로자대표의 통지 요청) 근로자대표는 사업주에게 다음 각 호의 사항을 통지하여 줄 것을 요청할 수 있고, 사업주는 이에 성실히 따라야 한다.
  1. 산업안전보건위원회(제75조에 따라 노사협의체를 구성·운영하는 경우에는 노사협의체를 말한다)가 의결한 사항
  2. 제47조에 따른 안전보건진단 결과에 관한 사항
  3. 제49조에 따른 안전보건개선계획의 수립·시행에 관한 사항
  4. 제64조제1항 각 호에 따른 도급인의 이행 사항
  5. 제110조제1항에 따른 물질안전보건자료에 관한 사항
  6. 제125조제1항에 따른 작업환경측정에 관한 사항
  7. 그 밖에 고용노동부령으로 정하는 안전 및 보건에 관한 사항

제36조(위험성평가의 실시) ① 사업주는 건설물, 기계·기구·설비, 원재료, 가스, 증기, 분진, 근로자의 작업행동 또는 그 밖의 업무로 인한 유해·위험 요인을 찾아내어 부상 및 질병으로 이어질 수 있는 위험성의 크기가 허용 가능한 범위인지를 평가하여야 하고, 그 결과에 따라 이 법과 이 법에 따른 명령에 따른 조치를 하여야 하며, 근로자에 대한 위험 또는 건강장해를 방지하기 위하여 필요한 경우에는 추가적인 조치를 하여야 한다.
② 사업주는 제1항에 따른 평가 시 고용노동부장관이 정하여 고시하는 바에 따라 해당 작업장의 근로자를 참여시켜야 한다.
③ 사업주는 제1항에 따른 평가의 결과와 조치사항을 고용노동부령으로 정하는 바에 따라 기록하여 보존하여야 한다.
④ 제1항에 따른 평가의 방법, 절차 및 시기, 그 밖에 필요한 사항은 고용노동부장관이 정하여 고시한다.

제37조(안전보건표지의 설치·부착) ① 사업주는 유해하거나 위험한 장소·시설·물질에 대한 경고, 비상시에 대처하기 위한 지시·안내 또는 그 밖에 근로자의 안전 및 보건 의식을 고취하기 위한 사항 등을 그림, 기호 및 글자 등으로 나타낸 표지(이하 이 조에서 "안전보건표지"라 한다)를 근로자가 쉽게 알아 볼 수 있도록 설치하거나 붙여야 한다. 이 경우 「외국인근로자의 고용 등에 관한 법률」 제2조에 따른 외국인근로자(같은 조 단서에 따른 사람을 포함한다)를 사용하는 사업주는 안전보건표지를 고용노동부장관이 정하는 바에 따라 해당 외국인근로자의 모국어로 작성하여야 한다.

② 안전보건표지의 종류, 형태, 색채, 용도 및 설치·부착 장소, 그 밖에 필요한 사항은 고용노동부령으로 정한다.

제38조(안전조치) ① 사업주는 다음 각 호의 어느 하나에 해당하는 위험으로 인한 산업재해를 예방하기 위하여 필요한 조치를 하여야 한다.
 1. 기계·기구, 그 밖의 설비에 의한 위험
 2. 폭발성, 발화성 및 인화성 물질 등에 의한 위험
 3. 전기, 열, 그 밖의 에너지에 의한 위험
② 사업주는 굴착, 채석, 하역, 벌목, 운송, 조작, 운반, 해체, 중량물 취급, 그 밖의 작업을 할 때 불량한 작업방법 등에 의한 위험으로 인한 산업재해를 예방하기 위하여 필요한 조치를 하여야 한다.
③ 사업주는 근로자가 다음 각 호의 어느 하나에 해당하는 장소에서 작업을 할 때 발생할 수 있는 산업재해를 예방하기 위하여 필요한 조치를 하여야 한다.
 1. 근로자가 추락할 위험이 있는 장소
 2. 토사·구축물 등이 붕괴할 우려가 있는 장소
 3. 물체가 떨어지거나 날아올 위험이 있는 장소
 4. 천재지변으로 인한 위험이 발생할 우려가 있는 장소
④ 사업주가 제1항부터 제3항까지의 규정에 따라 하여야 하는 조치(이하 "안전조치"라 한다)에 관한 구체적인 사항은 고용노동부령으로 정한다.

제39조(보건조치) ① 사업주는 다음 각 호의 어느 하나에 해당하는 건강장해를 예방하기 위하여 필요한 조치(이하 "보건조치"라 한다)를 하여야 한다.
 1. 원재료·가스·증기·분진·흄(fume, 열이나 화학반응에 의하여 형성된 고체증기가 응축되어 생긴 미세입자를 말한다)·미스트(mist, 공기 중에 떠다니는 작은 액체방울을 말한다)·산소결핍·병원체 등에 의한 건강장해
 2. 방사선·유해광선·고온·저온·초음파·소음·진동·이상기압 등에 의한 건강장해
 3. 사업장에서 배출되는 기체·액체 또는 찌꺼기 등에 의한 건강장해
 4. 계측감시(計測監視), 컴퓨터 단말기 조작, 정밀공작(精密工作) 등의 작업에 의한 건강장해
 5. 단순반복작업 또는 인체에 과도한 부담을 주는 작업에 의한 건강장해
 6. 환기·채광·조명·보온·방습·청결 등의 적정기준을 유지하지 아니하여 발생하는 건강장해
② 제1항에 따라 사업주가 하여야 하는 보건조치에 관한 구체적인 사항은 고용노동부령으로 정한다.

제41조(고객의 폭언 등으로 인한 건강장해 예방조치 등) ① 사업주는 주로 고객을 직접 대면하거나 「정보통신망 이용촉진 및 정보보호 등에 관한 법률」 제2조제1항제1호에 따른 정보통신망을 통하여 상대하면서 상품을 판매하거나 서비스를 제공하는 업무에 종사하는 고객응대근로자에 대하여 고객의 폭언, 폭행, 그 밖에 적정 범위를 벗어난 신체적·정신적 고통을 유발하는 행위(이하 이 조에서 "폭언 등"이라 한다)로 인한 건강장해를 예방하기 위하여 고용노동부령으로 정하는 바에 따라 필요한 조치를 하여야 한다.
② 사업주는 업무와 관련하여 고객 등 제3자의 폭언 등으로 근로자에게 건강장해가 발생하거나 발생할 현저한 우려가 있는 경우에는 업무의 일시적 중단 또는 전환 등 대통령령으로 정하는 필요한 조치를 하여야 한다.
③ 근로자는 사업주에게 제2항에 따른 조치를 요구할 수 있고, 사업주는 근로자의 요구를 이유로 해고 또는 그 밖의 불리한 처우를 해서는 아니 된다.

제42조(유해위험방지계획서의 작성·제출 등) ① 사업주는 다음 각 호의 어느 하나에 해당하는 경우에는 이 법 또는 이 법에 따른 명령에서 정하는 유해·위험 방지에 관한 사항을 적은 계획서(이하 "유해위험방지계획서"라 한다)를 작성하여 고용노동부령으로 정하는 바에 따라 고용노동부장관에게 제출하고 심사를 받아야 한다. 다만, 제3호에 해당하는 사업주 중 산업재해발생률 등을 고려하여 고용노동부령으로 정하는 기준에 해당하는 사업주는 유해위험방지계획서를 스스로 심사하고, 그 심사결과서를 작성하여 고용노동부장관에게 제출하여야 한다.
1. 대통령령으로 정하는 사업의 종류 및 규모에 해당하는 사업으로서 해당 제품의 생산 공정과 직접적으로 관련된 건설물·기계·기구 및 설비 등 전부를 설치·이전하거나 그 주요 구조부분을 변경하려는 경우
2. 유해하거나 위험한 작업 또는 장소에서 사용하거나 건강장해를 방지하기 위하여 사용하는 기계·기구 및 설비로서 대통령령으로 정하는 기계·기구 및 설비를 설치·이전하거나 그 주요 구조부분을 변경하려는 경우
3. 대통령령으로 정하는 크기, 높이 등에 해당하는 건설공사를 착공하려는 경우

② 제1항제3호에 따른 건설공사를 착공하려는 사업주(제1항 각 호 외의 부분 단서에 따른 사업주는 제외한다)는 유해위험방지계획서를 작성할 때 건설안전 분야의 자격 등 고용노동부령으로 정하는 자격을 갖춘 자의 의견을 들어야 한다.
③ 제1항에도 불구하고 사업주가 제44조제1항에 따라 공정안전보고서를 고용노동부장관에게 제출한 경우에는 해당 유해·위험설비에 대해서는 유해위험방지계획서를 제출한 것으로 본다.

④ 고용노동부장관은 제1항 각 호 외의 부분 본문에 따라 제출된 유해위험방지계획서를 고용노동부령으로 정하는 바에 따라 심사하여 그 결과를 사업주에게 서면으로 알려 주어야 한다. 이 경우 근로자의 안전 및 보건의 유지·증진을 위하여 필요하다고 인정하는 경우에는 해당 작업 또는 건설공사를 중지하거나 유해위험방지계획서를 변경할 것을 명할 수 있다.

⑤ 제1항에 따른 사업주는 같은 항 각 호 외의 부분 단서에 따라 스스로 심사하거나 제4항에 따라 고용노동부장관이 심사한 유해위험방지계획서와 그 심사결과서를 사업장에 갖추어 두어야 한다.

⑥ 제1항제3호에 따른 건설공사를 착공하려는 사업주로서 제5항에 따라 유해위험방지계획서 및 그 심사결과서를 사업장에 갖추어 둔 사업주는 해당 건설공사의 공법의 변경 등으로 인하여 그 유해위험방지계획서를 변경할 필요가 있는 경우에는 이를 변경하여 갖추어 두어야 한다.

제43조(유해위험방지계획서 이행의 확인 등) ① 제42조제4항에 따라 유해위험방지계획서에 대한 심사를 받은 사업주는 고용노동부령으로 정하는 바에 따라 유해위험방지계획서의 이행에 관하여 고용노동부장관의 확인을 받아야 한다.

② 제42조제1항 각 호 외의 부분 단서에 따른 사업주는 고용노동부령으로 정하는 바에 따라 유해위험방지계획서의 이행에 관하여 스스로 확인하여야 한다. 다만, 해당 건설공사 중에 근로자가 사망(교통사고 등 고용노동부령으로 정하는 경우는 제외한다)한 경우에는 고용노동부령으로 정하는 바에 따라 유해위험방지계획서의 이행에 관하여 고용노동부장관의 확인을 받아야 한다.

③ 고용노동부장관은 제1항 및 제2항 단서에 따른 확인 결과 유해위험방지계획서대로 유해·위험방지를 위한 조치가 되지 아니하는 경우에는 고용노동부령으로 정하는 바에 따라 시설 등의 개선, 사용중지 또는 작업중지 등 필요한 조치를 명할 수 있다.

④ 제3항에 따른 시설 등의 개선, 사용중지 또는 작업중지 등의 절차 및 방법, 그 밖에 필요한 사항은 고용노동부령으로 정한다.

제44조(공정안전보고서의 작성·제출) ① 사업주는 사업장에 대통령령으로 정하는 유해하거나 위험한 설비가 있는 경우 그 설비로부터의 위험물질 누출, 화재 및 폭발 등으로 인하여 사업장 내의 근로자에게 즉시 피해를 주거나 사업장 인근 지역에 피해를 줄 수 있는 사고로서 대통령령으로 정하는 사고(이하 "중대산업사고"라 한다)를 예방하기 위하여 대통령령으로 정하는 바에 따라 공정안전보고서를 작성하고 고용노동부장관에게 제출하여 심사를 받아야 한다. 이 경우 공정안전보고서의 내용이 중대산업사고를 예방하기 위하여 적합하다고 통보받기 전에는 관련된 유해하거나 위험한 설비를 가동해서는 아니 된다.

② 사업주는 제1항에 따라 공정안전보고서를 작성할 때 산업안전보건위원회의 심의를 거쳐야 한다. 다만, 산업안전보건위원회가 설치되어 있지 아니한 사업장의 경우에는 근로자대표의 의견을 들어야 한다.

제47조(안전보건진단) ① 고용노동부장관은 추락·붕괴, 화재·폭발, 유해하거나 위험한 물질의 누출 등 산업재해 발생의 위험이 현저히 높은 사업장의 사업주에게 제48조에 따라 지정받은 기관(이하 "안전보건진단기관"이라 한다)이 실시하는 안전보건진단을 받을 것을 명할 수 있다.
② 사업주는 제1항에 따라 안전보건진단 명령을 받은 경우 고용노동부령으로 정하는 바에 따라 안전보건진단기관에 안전보건진단을 의뢰하여야 한다.
③ 사업주는 안전보건진단기관이 제2항에 따라 실시하는 안전보건진단에 적극 협조하여야 하며, 정당한 사유 없이 이를 거부하거나 방해 또는 기피해서는 아니 된다. 이 경우 근로자대표가 요구할 때에는 해당 안전보건진단에 근로자대표를 참여시켜야 한다.
④ 안전보건진단기관은 제2항에 따라 안전보건진단을 실시한 경우에는 안전보건진단 결과보고서를 고용노동부령으로 정하는 바에 따라 해당 사업장의 사업주 및 고용노동부장관에게 제출하여야 한다.
⑤ 안전보건진단의 종류 및 내용, 안전보건진단 결과보고서에 포함될 사항, 그 밖에 필요한 사항은 대통령령으로 정한다.

제48조(안전보건진단기관) ① 안전보건진단기관이 되려는 자는 대통령령으로 정하는 인력·시설 및 장비 등의 요건을 갖추어 고용노동부장관의 지정을 받아야 한다.
② 고용노동부장관은 안전보건진단기관에 대하여 평가하고 그 결과를 공개할 수 있다. 이 경우 평가의 기준·방법 및 결과의 공개에 필요한 사항은 고용노동부령으로 정한다.
③ 안전보건진단기관의 지정 절차, 그 밖에 필요한 사항은 고용노동부령으로 정한다.
④ 안전보건진단기관에 관하여는 제21조제4항 및 제5항을 준용한다. 이 경우 "안전관리전문기관 또는 보건관리전문기관"은 "안전보건진단기관"으로 본다.

제49조(안전보건개선계획의 수립·시행 명령) ① 고용노동부장관은 다음 각 호의 어느 하나에 해당하는 사업장으로서 산업재해 예방을 위하여 종합적인 개선조치를 할 필요가 있다고 인정되는 사업장의 사업주에게 고용노동부령으로 정하는 바에 따라 그 사업장, 시설, 그 밖의 사항에 관한 안전 및 보건에 관한 개선계획(이하 "안전보건개선계획"이라 한다)을 수립하여 시행할 것을 명할 수 있다. 이 경우 대통령령으로 정하는 사업장의 사업주에게는 제47조에 따라 안전보건진단을 받아 안전보건개선계획을 수립하여 시행할 것을 명할 수 있다.
1. 산업재해율이 같은 업종의 규모별 평균 산업재해율보다 높은 사업장
2. 사업주가 필요한 안전조치 또는 보건조치를 이행하지 아니하여 중대재해가 발생한 사업장

3. 대통령령으로 정하는 수 이상의 직업성 질병자가 발생한 사업장
4. 제106조에 따른 유해인자의 노출기준을 초과한 사업장
② 사업주는 안전보건개선계획을 수립할 때에는 산업안전보건위원회의 심의를 거쳐야 한다. 다만, 산업안전보건위원회가 설치되어 있지 아니한 사업장의 경우에는 근로자대표의 의견을 들어야 한다.

제50조(안전보건개선계획서의 제출 등) ① 제49조제1항에 따라 안전보건개선계획의 수립·시행 명령을 받은 사업주는 고용노동부령으로 정하는 바에 따라 안전보건개선계획서를 작성하여 고용노동부장관에게 제출하여야 한다.
② 고용노동부장관은 제1항에 따라 제출받은 안전보건개선계획서를 고용노동부령으로 정하는 바에 따라 심사하여 그 결과를 사업주에게 서면으로 알려 주어야 한다. 이 경우 고용노동부장관은 근로자의 안전 및 보건의 유지·증진을 위하여 필요하다고 인정하는 경우 해당 안전보건개선계획서의 보완을 명할 수 있다.
③ 사업주와 근로자는 제2항 전단에 따라 심사를 받은 안전보건개선계획서(같은 항 후단에 따라 보완한 안전보건개선계획서를 포함한다)를 준수하여야 한다.

제54조(중대재해 발생 시 사업주의 조치) ① 사업주는 중대재해가 발생하였을 때에는 즉시 해당 작업을 중지시키고 근로자를 작업장소에서 대피시키는 등 안전 및 보건에 관하여 필요한 조치를 하여야 한다.
② 사업주는 중대재해가 발생한 사실을 알게 된 경우에는 고용노동부령으로 정하는 바에 따라 지체 없이 고용노동부장관에게 보고하여야 한다. 다만, 천재지변 등 부득이한 사유가 발생한 경우에는 그 사유가 소멸되면 지체 없이 보고하여야 한다.

제55조(중대재해 발생 시 고용노동부장관의 작업중지 조치) ① 고용노동부장관은 중대재해가 발생하였을 때 다음 각 호의 어느 하나에 해당하는 작업으로 인하여 해당 사업장에 산업재해가 다시 발생할 급박한 위험이 있다고 판단되는 경우에는 그 작업의 중지를 명할 수 있다.
1. 중대재해가 발생한 해당 작업
2. 중대재해가 발생한 작업과 동일한 작업
② 고용노동부장관은 토사·구축물의 붕괴, 화재·폭발, 유해하거나 위험한 물질의 누출 등으로 인하여 중대재해가 발생하여 그 재해가 발생한 장소 주변으로 산업재해가 확산될 수 있다고 판단되는 등 불가피한 경우에는 해당 사업장의 작업을 중지할 수 있다.
③ 고용노동부장관은 사업주가 제1항 또는 제2항에 따른 작업중지의 해제를 요청한 경우에는 작업중지 해제에 관한 전문가 등으로 구성된 심의위원회의 심의를 거쳐 고용노동부령으로 정하는 바에 따라 제1항 또는 제2항에 따른 작업중지를 해제하여야 한다.
④ 제3항에 따른 작업중지 해제의 요청 절차 및 방법, 심의위원회의 구성·운영, 그 밖에 필요한 사항은 고용노동부령으로 정한다.

제5장 도급 시 산업재해 예방

제1절 도급의 제한

제58조(유해한 작업의 도급금지) ① 사업주는 근로자의 안전 및 보건에 유해하거나 위험한 작업으로서 다음 각 호의 어느 하나에 해당하는 작업을 도급하여 자신의 사업장에서 수급인의 근로자가 그 작업을 하도록 해서는 아니 된다.
1. 도금작업
2. 수은, 납 또는 카드뮴을 제련, 주입, 가공 및 가열하는 작업
3. 제118조제1항에 따른 허가대상물질을 제조하거나 사용하는 작업

② 사업주는 제1항에도 불구하고 다음 각 호의 어느 하나에 해당하는 경우에는 제1항 각 호에 따른 작업을 도급하여 자신의 사업장에서 수급인의 근로자가 그 작업을 하도록 할 수 있다.
1. 일시·간헐적으로 하는 작업을 도급하는 경우
2. 수급인이 보유한 기술이 전문적이고 사업주(수급인에게 도급을 한 도급인으로서의 사업주를 말한다)의 사업 운영에 필수 불가결한 경우로서 고용노동부장관의 승인을 받은 경우

③ 사업주는 제2항제2호에 따라 고용노동부장관의 승인을 받으려는 경우에는 고용노동부령으로 정하는 바에 따라 고용노동부장관이 실시하는 안전 및 보건에 관한 평가를 받아야 한다.

④ 제2항제2호에 따른 승인의 유효기간은 3년의 범위에서 정한다.

⑤ 고용노동부장관은 제4항에 따른 유효기간이 만료되는 경우에 사업주가 유효기간의 연장을 신청하면 승인의 유효기간이 만료되는 날의 다음 날부터 3년의 범위에서 고용노동부령으로 정하는 바에 따라 그 기간의 연장을 승인할 수 있다. 이 경우 사업주는 제3항에 따른 안전 및 보건에 관한 평가를 받아야 한다.

⑥ 사업주는 제2항제2호 또는 제5항에 따라 승인을 받은 사항 중 고용노동부령으로 정하는 사항을 변경하려는 경우에는 고용노동부령으로 정하는 바에 따라 변경에 대한 승인을 받아야 한다.

⑦ 고용노동부장관은 제2항제2호, 제5항 또는 제6항에 따라 승인, 연장승인 또는 변경승인을 받은 자가 제8항에 따른 기준에 미달하게 된 경우에는 승인, 연장승인 또는 변경승인을 취소하여야 한다.

⑧ 제2항제2호, 제5항 또는 제6항에 따른 승인, 연장승인 또는 변경승인의 기준·절차 및 방법, 그 밖에 필요한 사항은 고용노동부령으로 정한다.

제2절 도급인의 안전조치 및 보건조치

제62조(안전보건총괄책임자) ① 도급인은 관계수급인 근로자가 도급인의 사업장에서 작업을 하는 경우에는 그 사업장의 안전보건관리책임자를 도급인의 근로자와 관계수급인 근로자의 산업재해를 예방하기 위한 업무를 총괄하여 관리하는 안전보건총괄책임자로 지정하여야 한다. 이 경우 안전보건관리책임자를 두지 아니하여도 되는 사업장에서는 그 사업장에서 사업을 총괄하여 관리하는 사람을 안전보건총괄책임자로 지정하여야 한다.
② 제1항에 따라 안전보건총괄책임자를 지정한 경우에는 「건설기술 진흥법」 제64조제1항제1호에 따른 안전총괄책임자를 둔 것으로 본다.
③ 제1항에 따라 안전보건총괄책임자를 지정하여야 하는 사업의 종류와 사업장의 상시근로자 수, 안전보건총괄책임자의 직무·권한, 그 밖에 필요한 사항은 대통령령으로 정한다.

제64조(도급에 따른 산업재해 예방조치) ① 도급인은 관계수급인 근로자가 도급인의 사업장에서 작업을 하는 경우 다음 각 호의 사항을 이행하여야 한다.
1. 도급인과 수급인을 구성원으로 하는 안전 및 보건에 관한 협의체의 구성 및 운영
2. 작업장 순회점검
3. 관계수급인이 근로자에게 하는 제29조제1항부터 제3항까지의 규정에 따른 안전보건교육을 위한 장소 및 자료의 제공 등 지원
4. 관계수급인이 근로자에게 하는 제29조제3항에 따른 안전보건교육의 실시 확인
5. 다음 각 목의 어느 하나의 경우에 대비한 경보체계 운영과 대피방법 등 훈련
   가. 작업 장소에서 발파작업을 하는 경우
   나. 작업 장소에서 화재·폭발, 토사·구축물 등의 붕괴 또는 지진 등이 발생한 경우
6. 위생시설 등 고용노동부령으로 정하는 시설의 설치 등을 위하여 필요한 장소의 제공 또는 도급인이 설치한 위생시설 이용의 협조
7. 같은 장소에서 이루어지는 도급인과 관계수급인 등의 작업에 있어서 관계수급인 등의 작업시기·내용, 안전조치 및 보건조치 등의 확인
8. 제7호에 따른 확인 결과 관계수급인 등의 작업 혼재로 인하여 화재·폭발 등 대통령령으로 정하는 위험이 발생할 우려가 있는 경우 관계수급인 등의 작업시기·내용 등의 조정
② 제1항에 따른 도급인은 고용노동부령으로 정하는 바에 따라 자신의 근로자 및 관계수급인 근로자와 함께 정기적으로 또는 수시로 작업장의 안전 및 보건에 관한 점검을 하여야 한다.
③ 제1항에 따른 안전 및 보건에 관한 협의체 구성 및 운영, 작업장 순회점검, 안전보건교육 지원, 그 밖에 필요한 사항은 고용노동부령으로 정한다.

제3절 건설업 등의 산업재해 예방

제67조(건설공사발주자의 산업재해 예방 조치) ① 대통령령으로 정하는 건설공사의 건설공사발주자는 산업재해 예방을 위하여 건설공사의 계획, 설계 및 시공 단계에서 다음 각 호의 구분에 따른 조치를 하여야 한다.
1. 건설공사 계획단계 : 해당 건설공사에서 중점적으로 관리하여야 할 유해·위험요인과 이의 감소방안을 포함한 기본안전보건대장을 작성할 것
2. 건설공사 설계단계 : 제1호에 따른 기본안전보건대장을 설계자에게 제공하고, 설계자로 하여금 유해·위험요인의 감소방안을 포함한 설계안전보건대장을 작성하게 하고 이를 확인할 것
3. 건설공사 시공단계 : 건설공사발주자로부터 건설공사를 최초로 도급받은 수급인에게 제2호에 따른 설계안전보건대장을 제공하고, 그 수급인에게 이를 반영하여 안전한 작업을 위한 공사안전보건대장을 작성하게 하고 그 이행 여부를 확인할 것

② 제1항에 따른 건설공사발주자는 대통령령으로 정하는 안전보건 분야의 전문가에게 같은 항 각 호에 따른 대장에 기재된 내용의 적정성 등을 확인받아야 한다.
③ 제1항에 따른 건설공사발주자는 설계자 및 건설공사를 최초로 도급받은 수급인이 건설현장의 안전을 우선적으로 고려하여 설계·시공 업무를 수행할 수 있도록 적정한 비용과 기간을 계상·설정하여야 한다.
④ 제1항 각 호에 따른 대장에 포함되어야 할 구체적인 내용은 고용노동부령으로 정한다.

제68조(안전보건조정자) ① 2개 이상의 건설공사를 도급한 건설공사발주자는 그 2개 이상의 건설공사가 같은 장소에서 행해지는 경우에 작업의 혼재로 인하여 발생할 수 있는 산업재해를 예방하기 위하여 건설공사 현장에 안전보건조정자를 두어야 한다.
② 제1항에 따라 안전보건조정자를 두어야 하는 건설공사의 금액, 안전보건조정자의 자격·업무, 선임방법, 그 밖에 필요한 사항은 대통령령으로 정한다.

제72조(건설공사 등의 산업안전보건관리비 계상 등) ① 건설공사발주자가 도급계약을 체결하거나 건설공사의 시공을 주도하여 총괄·관리하는 자(건설공사발주자로부터 건설공사를 최초로 도급받은 수급인은 제외한다)가 건설공사 사업 계획을 수립할 때에는 고용노동부장관이 정하여 고시하는 바에 따라 산업재해 예방을 위하여 사용하는 비용(이하 "산업안전보건관리비"라 한다)을 도급금액 또는 사업비에 계상(計上)하여야 한다.
② 고용노동부장관은 산업안전보건관리비의 효율적인 사용을 위하여 다음 각 호의 사항을 정할 수 있다.
1. 사업의 규모별·종류별 계상 기준
2. 건설공사의 진척 정도에 따른 사용비율 등 기준

3. 그 밖에 산업안전보건관리비의 사용에 필요한 사항
③ 건설공사도급인은 산업안전보건관리비를 제2항에서 정하는 바에 따라 사용하고 고용노동부령으로 정하는 바에 따라 그 사용명세서를 작성하여 보존하여야 한다.
④ 선박의 건조 또는 수리를 최초로 도급받은 수급인은 사업 계획을 수립할 때에는 고용노동부장관이 정하여 고시하는 바에 따라 산업안전보건관리비를 사업비에 계상하여야 한다.
⑤ 건설공사도급인 또는 제4항에 따른 선박의 건조 또는 수리를 최초로 도급받은 수급인은 산업안전보건관리비를 산업재해 예방 외의 목적으로 사용해서는 아니 된다.

제74조(건설재해예방전문지도기관) ① 건설재해예방전문지도기관이 되려는 자는 대통령령으로 정하는 인력·시설 및 장비 등의 요건을 갖추어 고용노동부장관의 지정을 받아야 한다.
② 제1항에 따른 건설재해예방전문지도기관의 지정 절차, 그 밖에 필요한 사항은 대통령령으로 정한다.
③ 고용노동부장관은 건설재해예방전문지도기관에 대하여 평가하고 그 결과를 공개할 수 있다. 이 경우 평가의 기준·방법, 결과의 공개에 필요한 사항은 고용노동부령으로 정한다.
④ 건설재해예방전문지도기관에 관하여는 제21조제4항 및 제5항을 준용한다. 이 경우 "안전관리전문기관 또는 보건관리전문기관"은 "건설재해예방전문지도기관"으로 본다.

제75조(안전 및 보건에 관한 협의체 등의 구성·운영에 관한 특례) ① 대통령령으로 정하는 규모의 건설공사의 건설공사도급인은 해당 건설공사 현장에 근로자위원과 사용자위원이 같은 수로 구성되는 안전 및 보건에 관한 협의체(이하 "노사협의체"라 한다)를 대통령령으로 정하는 바에 따라 구성·운영할 수 있다.
② 건설공사도급인이 제1항에 따라 노사협의체를 구성·운영하는 경우에는 산업안전보건위원회 및 제64조제1항제1호에 따른 안전 및 보건에 관한 협의체를 각각 구성·운영하는 것으로 본다.
③ 제1항에 따라 노사협의체를 구성·운영하는 건설공사도급인은 제24조제2항 각 호의 사항에 대하여 노사협의체의 심의·의결을 거쳐야 한다. 이 경우 노사협의체에서 의결되지 아니한 사항의 처리방법은 대통령령으로 정한다.
④ 노사협의체는 대통령령으로 정하는 바에 따라 회의를 개최하고 그 결과를 회의록으로 작성하여 보존하여야 한다.
⑤ 노사협의체는 산업재해 예방 및 산업재해가 발생한 경우의 대피방법 등 고용노동부령으로 정하는 사항에 대하여 협의하여야 한다.
⑥ 노사협의체를 구성·운영하는 건설공사도급인·근로자 및 관계수급인·근로자는 제3항에 따라 노사협의체가 심의·의결한 사항을 성실하게 이행하여야 한다.

⑦ 노사협의체에 관하여는 제24조제5항 및 제6항을 준용한다. 이 경우 "산업안전보건위원회"는 "노사협의체"로 본다.

제4절 그 밖의 고용형태에서의 산업재해 예방

제77조(특수형태근로종사자에 대한 안전조치 및 보건조치 등) ① 계약의 형식에 관계없이 근로자와 유사하게 노무를 제공하여 업무상의 재해로부터 보호할 필요가 있음에도 「근로기준법」 등이 적용되지 아니하는 사람으로서 다음 각 호의 요건을 모두 충족하는 사람(이하 "특수형태근로종사자"라 한다)의 노무를 제공받는 자는 특수형태근로종사자의 산업재해 예방을 위하여 필요한 안전조치 및 보건조치를 하여야 한다.
1. 대통령령으로 정하는 직종에 종사할 것
2. 주로 하나의 사업에 노무를 상시적으로 제공하고 보수를 받아 생활할 것
3. 노무를 제공할 때 타인을 사용하지 아니할 것

② 대통령령으로 정하는 특수형태근로종사자로부터 노무를 제공받는 자는 고용노동부령으로 정하는 바에 따라 안전 및 보건에 관한 교육을 실시하여야 한다.

③ 정부는 특수형태근로종사자의 안전 및 보건의 유지·증진에 사용하는 비용의 일부 또는 전부를 지원할 수 있다.

제78조(배달종사자에 대한 안전조치) 「전기통신사업법」 제2조 제20호에 따른 「이동통신단말장치 유통구조 개선에 관한 법률」 제2조제4호에 따른 이동통신단말장치로 물건의 수거·배달 등을 중개하는 자는 그 중개를 통하여 「자동차관리법」 제3조제1항제5호에 따른 이륜자동차로 물건을 수거·배달 등을 하는 사람의 산업재해 예방을 위하여 필요한 안전조치 및 보건조치를 하여야 한다.

제79조(가맹본부의 산업재해 예방 조치) ① 「가맹사업거래의 공정화에 관한 법률」 제2조제2호에 따른 가맹본부 중 대통령령으로 정하는 가맹본부는 같은 조 제3호에 따른 가맹점사업자에게 가맹점의 설비나 기계, 원자재 또는 상품 등을 공급하는 경우에 가맹점사업자와 그 소속 근로자의 산업재해 예방을 위하여 다음 각 호의 조치를 하여야 한다.
1. 가맹점의 안전 및 보건에 관한 프로그램의 마련·시행
2. 가맹본부가 가맹점에 설치하거나 공급하는 설비·기계 및 원자재 또는 상품 등에 대하여 가맹점사업자에게 안전 및 보건에 관한 정보의 제공

② 제1항제1호에 따른 안전 및 보건에 관한 프로그램의 내용·시행방법, 같은 항 제2호에 따른 안전 및 보건에 관한 정보의 제공방법, 그 밖에 필요한 사항은 고용노동부령으로 정한다.

제6장 유해·위험 기계 등에 대한 조치

제1절 유해하거나 위험한 기계 등에 대한 방호조치 등

제80조(유해하거나 위험한 기계·기구에 대한 방호조치) ① 누구든지 동력(動力)으로 작동하는 기계·기구로서 대통령령으로 정하는 것은 고용노동부령으로 정하는 유해·위험 방지를 위한 방호조치를 하지 아니하고는 양도, 대여, 설치 또는 사용에 제공하거나 양도·대여의 목적으로 진열해서는 아니 된다.
② 누구든지 동력으로 작동하는 기계·기구로서 다음 각 호의 어느 하나에 해당하는 것은 고용노동부령으로 정하는 방호조치를 하지 아니하고는 양도, 대여, 설치 또는 사용에 제공하거나 양도·대여의 목적으로 진열해서는 아니 된다.
1. 작동 부분에 돌기 부분이 있는 것
2. 동력전달 부분 또는 속도조절 부분이 있는 것
3. 회전기계에 물체 등이 말려 들어갈 부분이 있는 것

③ 사업주는 제1항 및 제2항에 따른 방호조치가 정상적인 기능을 발휘할 수 있도록 방호조치와 관련되는 장치를 상시적으로 점검하고 정비하여야 한다.
④ 사업주와 근로자는 제1항 및 제2항에 따른 방호조치를 해체하려는 경우 등 고용노동부령으로 정하는 경우에는 필요한 안전조치 및 보건조치를 하여야 한다.

제2절 안전인증

제83조(안전인증기준) ① 고용노동부장관은 유해하거나 위험한 기계·기구·설비 및 방호장치·보호구(이하 "유해·위험기계 등"이라 한다)의 안전성을 평가하기 위하여 그 안전에 관한 성능과 제조자의 기술 능력 및 생산 체계 등에 관한 기준(이하 "안전인증기준"이라 한다)을 정하여 고시하여야 한다.
② 안전인증기준은 유해·위험기계 등의 종류별, 규격 및 형식별로 정할 수 있다.

제3절 자율안전확인의 신고

제89조(자율안전확인의 신고) ① 안전인증대상기계 등이 아닌 유해·위험기계 등으로서 대통령령으로 정하는 것(이하 "자율안전확인대상기계 등"이라 한다)을 제조하거나 수입하는 자는 자율안전확인대상기계 등의 안전에 관한 성능이 고용노동부장관이 정하여 고시하는 안전기준(이하 "자율안전기준"이라 한다)에 맞는지 확인(이하 "자율안전

확인"이라 한다)하여 고용노동부장관에게 신고(신고한 사항을 변경하는 경우를 포함한다)하여야 한다. 다만, 다음 각 호의 어느 하나에 해당하는 경우에는 신고를 면제할 수 있다.
1. 연구·개발을 목적으로 제조·수입하거나 수출을 목적으로 제조하는 경우
2. 제84조제3항에 따른 안전인증을 받은 경우(제86조제1항에 따라 안전인증이 취소되거나 안전인증표시의 사용 금지 명령을 받은 경우는 제외한다)
3. 다른 법령에 따라 안전성에 관한 검사나 인증을 받은 경우로서 고용노동부령으로 정하는 경우

② 고용노동부장관은 제1항 각 호 외의 부분 본문에 따른 신고를 받은 경우 그 내용을 검토하여 이 법에 적합하면 신고를 수리하여야 한다.
③ 제1항 각 호 외의 부분 본문에 따라 신고를 한 자는 자율안전확인대상기계 등이 자율안전기준에 맞는 것임을 증명하는 서류를 보존하여야 한다.
④ 제1항 각 호 외의 부분 본문에 따른 신고의 방법 및 절차, 그 밖에 필요한 사항은 고용노동부령으로 정한다.

제4절 안전검사

제93조(안전검사) ① 유해하거나 위험한 기계·기구·설비로서 대통령령으로 정하는 것(이하 "안전검사대상기계 등"이라 한다)을 사용하는 사업주(근로자를 사용하지 아니하고 사업을 하는 자를 포함한다. 이하 이 조, 제94조, 제95조 및 제98조에서 같다)는 안전검사대상기계 등의 안전에 관한 성능이 고용노동부장관이 정하여 고시하는 검사기준에 맞는지에 대하여 고용노동부장관이 실시하는 검사(이하 "안전검사"라 한다)를 받아야 한다. 이 경우 안전검사대상기계 등을 사용하는 사업주와 소유자가 다른 경우에는 안전검사대상기계 등의 소유자가 안전검사를 받아야 한다.
② 제1항에도 불구하고 안전검사대상기계 등이 다른 법령에 따라 안전성에 관한 검사나 인증을 받은 경우로서 고용노동부령으로 정하는 경우에는 안전검사를 면제할 수 있다.
③ 안전검사의 신청, 검사 주기 및 검사합격 표시방법, 그 밖에 필요한 사항은 고용노동부령으로 정한다. 이 경우 검사 주기는 안전검사대상기계 등의 종류, 사용연한(使用年限) 및 위험성을 고려하여 정한다.

제5절 유해·위험기계 등의 조사 및 지원 등

제101조(성능시험 등) 고용노동부장관은 안전인증대상기계 등 또는 자율안전확인대상기계 등의 안전성능의 저하 등으로 근로자에게 피해를 주거나 줄 우려가 크다고 인정하는 경우에는 대통령령으로 정하는 바에 따라 유해·위험기계 등을 제조하는 사업장에서 제품 제조 과정을 조사할 수 있으며, 제조·수입·양도·대여하거나 양도·대여의 목적으로 진열된 유해·위험기계 등을 수거하여 안전인증기준 또는 자율안전기준에 적합한지에 대한 성능시험을 할 수 있다.

제102조(유해·위험기계 등 제조사업 등의 지원) ① 고용노동부장관은 다음 각 호의 어느 하나에 해당하는 자에게 유해·위험기계 등의 품질·안전성 또는 설계·시공 능력 등의 향상을 위하여 예산의 범위에서 필요한 지원을 할 수 있다.
1. 다음 각 목의 어느 하나에 해당하는 것의 안전성 향상을 위하여 지원이 필요하다고 인정되는 것을 제조하는 자
   가. 안전인증대상기계 등
   나. 자율안전확인대상기계 등
   다. 그 밖에 산업재해가 많이 발생하는 유해·위험기계 등
2. 작업환경 개선시설을 설계·시공하는 자

② 제1항에 따른 지원을 받으려는 자는 고용노동부령으로 정하는 인력·시설 및 장비 등의 요건을 갖추어 고용노동부장관에게 등록하여야 한다.

③ 고용노동부장관은 제2항에 따라 등록한 자가 다음 각 호의 어느 하나에 해당하는 경우에는 그 등록을 취소하거나 1년의 범위에서 제1항에 따른 지원을 제한할 수 있다. 다만, 제1호의 경우에는 등록을 취소하여야 한다.
1. 거짓이나 그 밖의 부정한 방법으로 등록한 경우
2. 제2항에 따른 등록 요건에 적합하지 아니하게 된 경우
3. 제86조제1항제1호에 따라 안전인증이 취소된 경우

④ 고용노동부장관은 제1항에 따라 지원받은 자가 다음 각 호의 어느 하나에 해당하는 경우에는 지원한 금액 또는 지원에 상응하는 금액을 환수하여야 한다. 이 경우 제1호에 해당하면 지원한 금액에 상당하는 액수 이하의 금액을 추가로 환수할 수 있다.
1. 거짓이나 그 밖의 부정한 방법으로 지원받은 경우
2. 제1항에 따른 지원 목적과 다른 용도로 지원금을 사용한 경우
3. 제3항제1호에 해당하여 등록이 취소된 경우

⑤ 고용노동부장관은 제3항에 따라 등록을 취소한 자에 대하여 등록을 취소한 날부터 2년 이내의 기간을 정하여 제2항에 따른 등록을 제한할 수 있다.

⑥ 제1항부터 제5항까지의 규정에 따른 지원내용, 등록 및 등록 취소, 환수 절차, 등록 제한 기준, 그 밖에 필요한 사항은 고용노동부령으로 정한다.

제7장 유해·위험물질에 대한 조치

제1절 유해·위험물질의 분류 및 관리

제104조(유해인자의 분류기준) 고용노동부장관은 고용노동부령으로 정하는 바에 따라 근로자에게 건강장해를 일으키는 화학물질 및 물리적 인자 등(이하 "유해인자"라 한다)의 유해성·위험성 분류기준을 마련하여야 한다.

제2절 석면에 대한 조치

제119조(석면조사) ① 건축물이나 설비를 철거하거나 해체하려는 경우에 해당 건축물이나 설비의 소유주 또는 임차인 등(이하 "건축물·설비소유주 등"이라 한다)은 다음 각 호의 사항을 고용노동부령으로 정하는 바에 따라 조사(이하 "일반석면조사"라 한다)한 후 그 결과를 기록하여 보존하여야 한다.
1. 해당 건축물이나 설비에 석면이 포함되어 있는지 여부
2. 해당 건축물이나 설비 중 석면이 포함된 자재의 종류, 위치 및 면적

② 제1항에 따른 건축물이나 설비 중 대통령령으로 정하는 규모 이상의 건축물·설비소유주 등은 제120조에 따라 지정받은 기관(이하 "석면조사기관"이라 한다)에 다음 각 호의 사항을 조사(이하 "기관석면조사"라 한다)하도록 한 후 그 결과를 기록하여 보존하여야 한다. 다만, 석면함유 여부가 명백한 경우 등 대통령령으로 정하는 사유에 해당하여 고용노동부령으로 정하는 절차에 따라 확인을 받은 경우에는 기관석면조사를 생략할 수 있다.
1. 제1항 각 호의 사항
2. 해당 건축물이나 설비에 포함된 석면의 종류 및 함유량

③ 건축물·설비소유주 등이 「석면안전관리법」 등 다른 법률에 따라 건축물이나 설비에 대하여 석면조사를 실시한 경우에는 고용노동부령으로 정하는 바에 따라 일반석면조사 또는 기관석면조사를 실시한 것으로 본다.

④ 고용노동부장관은 건축물·설비소유주 등이 일반석면조사 또는 기관석면조사를 하지 아니하고 건축물이나 설비를 철거하거나 해체하는 경우에는 다음 각 호의 조치를 명할 수 있다.
1. 해당 건축물·설비소유주 등에 대한 일반석면조사 또는 기관석면조사의 이행 명령
2. 해당 건축물이나 설비를 철거하거나 해체하는 자에 대하여 제1호에 따른 이행 명령의 결과를 보고받을 때까지의 작업중지 명령

⑤ 기관석면조사의 방법, 그 밖에 필요한 사항은 고용노동부령으로 정한다.

제8장 근로자 보건관리

제1절 근로환경의 개선

제125조(작업환경측정) ① 사업주는 유해인자로부터 근로자의 건강을 보호하고 쾌적한 작업환경을 조성하기 위하여 인체에 해로운 작업을 하는 작업장으로서 고용노동부령으로 정하는 작업장에 대하여 고용노동부령으로 정하는 자격을 가진 자로 하여금 작업환경측정을 하도록 하여야 한다.
② 제1항에도 불구하고 도급인의 사업장에서 관계수급인 또는 관계수급인의 근로자가 작업을 하는 경우에는 도급인이 제1항에 따른 자격을 가진 자로 하여금 작업환경측정을 하도록 하여야 한다.
③ 사업주(제2항에 따른 도급인을 포함한다. 이하 이 조 및 제127조에서 같다)는 제1항에 따른 작업환경측정을 제126조에 따라 지정받은 기관(이하 "작업환경측정기관"이라 한다)에 위탁할 수 있다. 이 경우 필요한 때에는 작업환경측정 중 시료의 분석만을 위탁할 수 있다.
④ 사업주는 근로자대표(관계수급인의 근로자대표를 포함한다. 이하 이 조에서 같다)가 요구하면 작업환경측정 시 근로자대표를 참석시켜야 한다.
⑤ 사업주는 작업환경측정 결과를 기록하여 보존하고 고용노동부령으로 정하는 바에 따라 고용노동부장관에게 보고하여야 한다. 다만, 제3항에 따라 사업주로부터 작업환경측정을 위탁받은 작업환경측정기관이 작업환경측정을 한 후 그 결과를 고용노동부령으로 정하는 바에 따라 고용노동부장관에게 제출한 경우에는 작업환경측정 결과를 보고한 것으로 본다.
⑥ 사업주는 작업환경측정 결과를 해당 작업장의 근로자(관계수급인 및 관계수급인 근로자를 포함한다. 이하 이 항, 제127조 및 제175조제5항제15호에서 같다)에게 알려야 하며, 그 결과에 따라 근로자의 건강을 보호하기 위하여 해당 시설·설비의 설치·개선 또는 건강진단의 실시 등의 조치를 하여야 한다.
⑦ 사업주는 산업안전보건위원회 또는 근로자대표가 요구하면 작업환경측정 결과에 대한 설명회 등을 개최하여야 한다. 이 경우 제3항에 따라 작업환경측정을 위탁하여 실시한 경우에는 작업환경측정기관에 작업환경측정 결과에 대하여 설명하도록 할 수 있다.
⑧ 제1항 및 제2항에 따른 작업환경측정의 방법·횟수, 그 밖에 필요한 사항은 고용노동부령으로 정한다.

제139조(유해·위험작업에 대한 근로시간 제한 등) ① 사업주는 유해하거나 위험한 작업으로서 높은 기압에서 하는 작업 등 대통령령으로 정하는 작업에 종사하는 근로자에게는 1일 6시간, 1주 34시간을 초과하여 근로하게 해서는 아니 된다.

② 사업주는 대통령령으로 정하는 유해하거나 위험한 작업에 종사하는 근로자에게 필요한 안전조치 및 보건조치 외에 작업과 휴식의 적정한 배분 및 근로시간과 관련된 근로조건의 개선을 통하여 근로자의 건강 보호를 위한 조치를 하여야 한다.

제9장 산업안전지도사 및 산업보건지도사

제142조(산업안전지도사 등의 직무) ① 산업안전지도사는 다음 각 호의 직무를 수행한다.
  1. 공정상의 안전에 관한 평가·지도
  2. 유해·위험의 방지대책에 관한 평가·지도
  3. 제1호 및 제2호의 사항과 관련된 계획서 및 보고서의 작성
  4. 그 밖에 산업안전에 관한 사항으로서 대통령령으로 정하는 사항
② 산업보건지도사는 다음 각 호의 직무를 수행한다.
  1. 작업환경의 평가 및 개선 지도
  2. 작업환경 개선과 관련된 계획서 및 보고서의 작성
  3. 근로자 건강진단에 따른 사후관리 지도
  4. 직업성 질병 진단(「의료법」 제2조에 따른 의사인 산업보건지도사만 해당한다) 및 예방 지도
  5. 산업보건에 관한 조사·연구
  6. 그 밖에 산업보건에 관한 사항으로서 대통령령으로 정하는 사항
③ 산업안전지도사 또는 산업보건지도사(이하 "지도사"라 한다)의 업무 영역별 종류 및 업무 범위, 그 밖에 필요한 사항은 대통령령으로 정한다.

제10장 근로감독관 등

제155조(근로감독관의 권한) ① 「근로기준법」 제101조에 따른 근로감독관(이하 "근로감독관"이라 한다)은 이 법 또는 이 법에 따른 명령을 시행하기 위하여 필요한 경우 다음 각 호의 장소에 출입하여 사업주, 근로자 또는 안전보건관리책임자 등(이하 "관계인"이라 한다)에게 질문을 하고, 장부, 서류, 그 밖의 물건의 검사 및 안전보건 점검을 하며, 관계 서류의 제출을 요구할 수 있다.
  1. 사업장
  2. 제21조제1항, 제33조제1항, 제48조제1항, 제74조제1항, 제88조제1항, 제96조제1항, 제100조제1항, 제120조제1항, 제126조제1항 및 제129조제2항에 따른 기관의 사무소

3. 석면해체·제거업자의 사무소
4. 제145조제1항에 따라 등록한 지도사의 사무소

② 근로감독관은 기계·설비 등에 대한 검사를 할 수 있으며, 검사에 필요한 한도에서 무상으로 제품·원재료 또는 기구를 수거할 수 있다. 이 경우 근로감독관은 해당 사업주 등에게 그 결과를 서면으로 알려야 한다.

③ 근로감독관은 이 법 또는 이 법에 따른 명령의 시행을 위하여 관계인에게 보고 또는 출석을 명할 수 있다.

④ 근로감독관은 이 법 또는 이 법에 따른 명령을 시행하기 위하여 제1항 각 호의 어느 하나에 해당하는 장소에 출입하는 경우에 그 신분을 나타내는 증표를 지니고 관계인에게 보여 주어야 하며, 출입 시 성명, 출입 시간, 출입 목적 등이 표시된 문서를 관계인에게 내주어야 한다.

제11장 보칙

제158조(산업재해 예방활동의 보조·지원) ① 정부는 사업주, 사업주단체, 근로자단체, 산업재해 예방 관련 전문단체, 연구기관 등이 하는 산업재해 예방사업 중 대통령령으로 정하는 사업에 드는 경비의 전부 또는 일부를 예산의 범위에서 보조하거나 그 밖에 필요한 지원(이하 "보조·지원"이라 한다)을 할 수 있다. 이 경우 고용노동부장관은 보조·지원이 산업재해 예방사업의 목적에 맞게 효율적으로 사용되도록 관리·감독하여야 한다.

② 고용노동부장관은 보조·지원을 받은 자가 다음 각 호의 어느 하나에 해당하는 경우 보조·지원의 전부 또는 일부를 취소하여야 한다. 다만, 제1호 및 제2호의 경우에는 보조·지원의 전부를 취소하여야 한다.
1. 거짓이나 그 밖의 부정한 방법으로 보조·지원을 받은 경우
2. 보조·지원 대상자가 폐업하거나 파산한 경우
3. 보조·지원 대상을 임의매각·훼손·분실하는 등 지원 목적에 적합하게 유지·관리·사용하지 아니한 경우
4. 제1항에 따른 산업재해 예방사업의 목적에 맞게 사용되지 아니한 경우
5. 보조·지원 대상 기간이 끝나기 전에 보조·지원 대상 시설 및 장비를 국외로 이전한 경우
6. 보조·지원을 받은 사업주가 필요한 안전조치 및 보건조치 의무를 위반하여 산업재해를 발생시킨 경우로서 고용노동부령으로 정하는 경우

③ 고용노동부장관은 제2항에 따라 보조·지원의 전부 또는 일부를 취소한 경우, 같은 항 제1호 또는 제3호부터 제5호까지의 어느 하나에 해당하는 경우에는 해당 금액 또는 지원에 상응하는 금액을 환수하되 대통령령으로 정하는 바에 따라 지급받은 금액의 5배 이하의 금액을 추가로 환수할 수 있고, 같은 항 제2호(파산한 경우에는 환수하지 아니한다) 또는 제6호에 해당하는 경우에는 해당 금액 또는 지원에 상응하는 금액을 환수한다.

④ 제2항에 따라 보조·지원의 전부 또는 일부가 취소된 자에 대해서는 고용노동부령으로 정하는 바에 따라 취소된 날부터 5년 이내의 기간을 정하여 보조·지원을 하지 아니할 수 있다.

⑤ 보조·지원의 대상·방법·절차, 관리 및 감독, 제2항 및 제3항에 따른 취소 및 환수 방법, 그 밖에 필요한 사항은 고용노동부장관이 정하여 고시한다.

제164조(서류의 보존) ① 사업주는 다음 각 호의 서류를 3년(제2호의 경우 2년을 말한다) 동안 보존하여야 한다. 다만, 고용노동부령으로 정하는 바에 따라 보존기간을 연장할 수 있다.

1. 안전보건관리책임자·안전관리자·보건관리자·안전보건관리담당자 및 산업보건의의 선임에 관한 서류
2. 제24조제3항 및 제75조제4항에 따른 회의록
3. 안전조치 및 보건조치에 관한 사항으로서 고용노동부령으로 정하는 사항을 적은 서류
4. 제57조제2항에 따른 산업재해의 발생 원인 등 기록
5. 제108조제1항 본문 및 제109조제1항에 따른 화학물질의 유해성·위험성 조사에 관한 서류
6. 제125조에 따른 작업환경측정에 관한 서류
7. 제129조부터 제131조까지의 규정에 따른 건강진단에 관한 서류

② 안전인증 또는 안전검사의 업무를 위탁받은 안전인증기관 또는 안전검사기관은 안전인증·안전검사에 관한 사항으로서 고용노동부령으로 정하는 서류를 3년 동안 보존하여야 하고, 안전인증을 받은 자는 제84조제5항에 따라 안전인증대상기계 등에 대하여 기록한 서류를 3년 동안 보존하여야 하며, 자율안전확인대상기계 등을 제조하거나 수입하는 자는 자율안전기준에 맞는 것임을 증명하는 서류를 2년 동안 보존하여야 하고, 제98조제1항에 따라 자율안전검사를 받은 자는 자율검사프로그램에 따라 실시한 검사 결과에 대한 서류를 2년 동안 보존하여야 한다.

③ 일반석면조사를 한 건축물·설비소유주 등은 그 결과에 관한 서류를 그 건축물이나 설비에 대한 해체·제거작업이 종료될 때까지 보존하여야 하고, 기관석면조사를 한 건축물·설비소유주 등과 석면조사기관은 그 결과에 관한 서류를 3년 동안 보존하여야 한다.

④ 작업환경측정기관은 작업환경측정에 관한 사항으로서 고용노동부령으로 정하는 사항을 적은 서류를 3년 동안 보존하여야 한다.
⑤ 지도사는 그 업무에 관한 사항으로서 고용노동부령으로 정하는 사항을 적은 서류를 5년 동안 보존하여야 한다.
⑥ 석면해체·제거업자는 제122조제3항에 따른 석면해체·제거작업에 관한 서류 중 고용노동부령으로 정하는 서류를 30년 동안 보존하여야 한다.
⑦ 제1항부터 제6항까지의 경우 전산입력자료가 있을 때에는 그 서류를 대신하여 전산입력자료를 보존할 수 있다.

제12장 벌칙

제167조(벌칙) ① 제38조제1항부터 제3항까지(제166조의2에서 준용하는 경우를 포함한다), 제39조제1항(제166조의2에서 준용하는 경우를 포함한다) 또는 제63조(제166조의2에서 준용하는 경우를 포함한다)를 위반하여 근로자를 사망에 이르게 한 자는 7년 이하의 징역 또는 1억원 이하의 벌금에 처한다.
② 제1항의 죄로 형을 선고받고 그 형이 확정된 후 5년 이내에 다시 제1항의 죄를 저지른 자는 그 형의 2분의 1까지 가중한다.

제175조(과태료) ① 다음 각 호의 어느 하나에 해당하는 자에게는 5천만원 이하의 과태료를 부과한다.
  1. 제119조제2항에 따라 기관석면조사를 하지 아니하고 건축물 또는 설비를 철거하거나 해체한 자
  2. 제124조제3항을 위반하여 건축물 또는 설비를 철거하거나 해체한 자

산업안전보건법 시행령

[시행 2025. 1. 31.] [대통령령 제35240호, 2025. 1. 31., 일부개정]

제1장 총칙

제1조(목적) 이 영은 「산업안전보건법」에서 위임된 사항과 그 시행에 필요한 사항을 규정함을 목적으로 한다.

제5조(산업 안전 및 보건 의식을 북돋우기 위한 시책 마련) 고용노동부장관은 법 제4조제1항제5호에 따라 산업 안전 및 보건에 관한 의식을 북돋우기 위하여 다음 각 호와 관련된 시책을 마련해야 한다.
1. 산업 안전 및 보건 교육의 진흥 및 홍보의 활성화
2. 산업 안전 및 보건과 관련된 국민의 건전하고 자주적인 활동의 촉진
3. 산업 안전 및 보건 강조 기간의 설정 및 그 시행

제10조(공표대상 사업장) ① 법 제10조제1항에서 "대통령령으로 정하는 사업장"이란 다음 각 호의 어느 하나에 해당하는 사업장을 말한다.
1. 산업재해로 인한 사망자(이하 "사망재해자"라 한다)가 연간 2명 이상 발생한 사업장
2. 사망만인율(死亡萬人率 : 연간 상시근로자 1만명당 발생하는 사망재해자 수의 비율을 말한다)이 규모별 같은 업종의 평균 사망만인율 이상인 사업장
3. 법 제44조제1항 전단에 따른 중대산업사고가 발생한 사업장
4. 법 제57조제1항을 위반하여 산업재해 발생 사실을 은폐한 사업장
5. 법 제57조제3항에 따른 산업재해의 발생에 관한 보고를 최근 3년 이내 2회 이상 하지 않은 사업장

② 제1항제1호부터 제3호까지의 규정에 해당하는 사업장은 해당 사업장이 관계수급인의 사업장으로서 법 제63조에 따른 도급인이 관계수급인 근로자의 산업재해 예방을 위한 조치의무를 위반하여 관계수급인 근로자가 산업재해를 입은 경우에는 도급인의 사업장(도급인이 제공하거나 지정한 경우로서 도급인이 지배·관리하는 제11조 각 호에 해당하는 장소를 포함한다. 이하 같다)의 법 제10조제1항에 따른 산업재해발생건수 등을 함께 공표한다.

제2장 안전보건관리체제 등

제14조(안전보건관리책임자의 선임 등) ① 법 제15조제2항에 따른 안전보건관리책임자(이하 "안전보건관리책임자"라 한다)를 두어야 하는 사업의 종류 및 사업장의 상시근로자 수(건설공사의 경우에는 건설공사 금액을 말한다. 이하 같다)는 별표 2와 같다.
② 사업주는 안전보건관리책임자가 법 제15조제1항에 따른 업무를 원활하게 수행할 수 있도록 권한·시설·장비·예산, 그 밖에 필요한 지원을 해야 한다.
③ 사업주는 안전보건관리책임자를 선임했을 때에는 그 선임 사실 및 법 제15조제1항 각 호에 따른 업무의 수행내용을 증명할 수 있는 서류를 갖추어 두어야 한다.

제15조(관리감독자의 업무 등) ① 법 제16조제1항에서 "대통령령으로 정하는 업무"란 다음 각 호의 업무를 말한다.
1. 사업장 내 법 제16조제1항에 따른 관리감독자(이하 "관리감독자"라 한다)가 지휘·감독하는 작업(이하 이 조에서 "해당작업"이라 한다)과 관련된 기계·기구 또는 설비의 안전·보건 점검 및 이상 유무의 확인
2. 관리감독자에게 소속된 근로자의 작업복·보호구 및 방호장치의 점검과 그 착용·사용에 관한 교육·지도
3. 해당작업에서 발생한 산업재해에 관한 보고 및 이에 대한 응급조치
4. 해당작업의 작업장 정리·정돈 및 통로 확보에 대한 확인·감독
5. 사업장의 다음 각 목의 어느 하나에 해당하는 사람의 지도·조언에 대한 협조
   가. 법 제17조제1항에 따른 안전관리자(이하 "안전관리자"라 한다) 또는 같은 조 제5항에 따라 안전관리자의 업무를 같은 항에 따른 안전관리전문기관(이하 "안전관리전문기관"이라 한다)에 위탁한 사업장의 경우에는 그 안전관리전문기관의 해당 사업장 담당자
   나. 법 제18조제1항에 따른 보건관리자(이하 "보건관리자"라 한다) 또는 같은 조 제5항에 따라 보건관리자의 업무를 같은 항에 따른 보건관리전문기관(이하 "보건관리전문기관"이라 한다)에 위탁한 사업장의 경우에는 그 보건관리전문기관의 해당 사업장 담당자
   다. 법 제19조제1항에 따른 안전보건관리담당자(이하 "안전보건관리담당자"라 한다) 또는 같은 조 제4항에 따라 안전보건관리담당자의 업무를 안전관리전문기관 또는 보건관리전문기관에 위탁한 사업장의 경우에는 그 안전관리전문기관 또는 보건관리전문기관의 해당 사업장 담당자
   라. 법 제22조제1항에 따른 산업보건의(이하 "산업보건의"라 한다)
6. 법 제36조에 따라 실시되는 위험성평가에 관한 다음 각 목의 업무
   가. 유해·위험요인의 파악에 대한 참여
   나. 개선조치의 시행에 대한 참여
7. 그 밖에 해당작업의 안전 및 보건에 관한 사항으로서 고용노동부령으로 정하는 사항
② 관리감독자에 대한 지원에 관하여는 제14조제2항을 준용한다. 이 경우 "안전보건관리책임자"는 "관리감독자"로, "법 제15조제1항"은 "제1항"으로 본다.

제16조(안전관리자의 선임 등) ① 법 제17조제1항에 따라 안전관리자를 두어야 하는 사업의 종류와 사업장의 상시근로자 수, 안전관리자의 수 및 선임방법은 별표 3과 같다.
② 법 제17조제3항에서 "대통령령으로 정하는 사업의 종류 및 사업장의 상시근로자 수에 해당하는 사업장"이란 제1항에 따른 사업 중 상시근로자 300명 이상을 사용하는 사업장[건설업의 경우에는 공사금액이 120억원(「건설산업기본법 시행령」 별표 1의 종합공사를 시공하는 업종의 건설업종란 제1호에 따른 토목공사업의 경우에는 150억원) 이상인 사업장]을 말한다.

③ 제1항 및 제2항을 적용할 경우 제52조에 따른 사업으로서 도급인의 사업장에서 이루어지는 도급사업의 공사금액 또는 관계수급인의 상시근로자는 각각 해당 사업의 공사금액 또는 상시근로자로 본다. 다만, 별표 3의 기준에 해당하는 도급사업의 공사금액 또는 관계수급인의 상시근로자의 경우에는 그렇지 않다.

④ 제1항에도 불구하고 같은 사업주가 경영하는 둘 이상의 사업장이 다음 각 호의 어느 하나에 해당하는 경우에는 그 둘 이상의 사업장에 1명의 안전관리자를 공동으로 둘 수 있다. 이 경우 해당 사업장의 상시근로자 수의 합계는 300명 이내[건설업의 경우에는 공사금액의 합계가 120억원(「건설산업기본법 시행령」 별표 1의 종합공사를 시공하는 업종의 건설업종란 제1호에 따른 토목공사업의 경우에는 150억원) 이내]이어야 한다.

1. 같은 시·군·구(자치구를 말한다) 지역에 소재하는 경우
2. 사업장 간의 경계를 기준으로 15킬로미터 이내에 소재하는 경우

⑤ 제1항부터 제3항까지의 규정에도 불구하고 도급인의 사업장에서 이루어지는 도급사업에서 도급인이 고용노동부령으로 정하는 바에 따라 그 사업의 관계수급인 근로자에 대한 안전관리를 전담하는 안전관리자를 선임한 경우에는 그 사업의 관계수급인은 해당 도급사업에 대한 안전관리자를 선임하지 않을 수 있다.

⑥ 사업주는 안전관리자를 선임하거나 법 제17조제5항에 따라 안전관리자의 업무를 안전관리전문기관에 위탁한 경우에는 고용노동부령으로 정하는 바에 따라 선임하거나 위탁한 날부터 14일 이내에 고용노동부장관에게 그 사실을 증명할 수 있는 서류를 제출해야 한다. 법 제17조제4항에 따라 안전관리자를 늘리거나 교체한 경우에도 또한 같다.

제18조(안전관리자의 업무 등) ① 안전관리자의 업무는 다음 각 호와 같다.

1. 법 제24조제1항에 따른 산업안전보건위원회(이하 "산업안전보건위원회"라 한다) 또는 법 제75조제1항에 따른 안전 및 보건에 관한 노사협의체(이하 "노사협의체"라 한다)에서 심의·의결한 업무와 해당 사업장의 법 제25조제1항에 따른 안전보건관리규정(이하 "안전보건관리규정"이라 한다) 및 취업규칙에서 정한 업무
2. 법 제36조에 따른 위험성평가에 관한 보좌 및 지도·조언
3. 법 제84조제1항에 따른 안전인증대상기계 등(이하 "안전인증대상기계 등"이라 한다)과 법 제89조제1항 각 호 외의 부분 본문에 따른 자율안전확인대상기계 등(이하 "자율안전확인대상기계 등"이라 한다) 구입 시 적격품의 선정에 관한 보좌 및 지도·조언
4. 해당 사업장 안전교육계획의 수립 및 안전교육 실시에 관한 보좌 및 지도·조언
5. 사업장 순회점검, 지도 및 조치 건의
6. 산업재해 발생의 원인 조사·분석 및 재발 방지를 위한 기술적 보좌 및 지도·조언
7. 산업재해에 관한 통계의 유지·관리·분석을 위한 보좌 및 지도·조언

8. 법 또는 법에 따른 명령으로 정한 안전에 관한 사항의 이행에 관한 보좌 및 지도·조언
9. 업무 수행 내용의 기록·유지
10. 그 밖에 안전에 관한 사항으로서 고용노동부장관이 정하는 사항

② 사업주가 안전관리자를 배치할 때에는 연장근로·야간근로 또는 휴일근로 등 해당 사업장의 작업 형태를 고려해야 한다.

③ 사업주는 안전관리 업무의 원활한 수행을 위하여 외부전문가의 평가·지도를 받을 수 있다.

④ 안전관리자는 제1항 각 호에 따른 업무를 수행할 때에는 보건관리자와 협력해야 한다.

⑤ 안전관리자에 대한 지원에 관하여는 제14조제2항을 준용한다. 이 경우 "안전보건관리책임자"는 "안전관리자"로, "법 제15조제1항"은 "제1항"으로 본다.

제19조(안전관리자 업무의 위탁 등) ① 법 제17조제5항에서 "대통령령으로 정하는 사업의 종류 및 사업장의 상시근로자 수에 해당하는 사업장"이란 건설업을 제외한 사업으로서 상시근로자 300명 미만을 사용하는 사업장을 말한다.

② 사업주가 법 제17조제5항 및 이 조 제1항에 따라 안전관리자의 업무를 안전관리전문기관에 위탁한 경우에는 그 안전관리전문기관을 안전관리자로 본다.

제24조(안전보건관리담당자의 선임 등) ① 다음 각 호의 어느 하나에 해당하는 사업의 사업주는 법 제19조제1항에 따라 상시근로자 20명 이상 50명 미만인 사업장에 안전보건관리담당자를 1명 이상 선임해야 한다.
1. 제조업
2. 임업
3. 하수, 폐수 및 분뇨 처리업
4. 폐기물 수집, 운반, 처리 및 원료 재생업
5. 환경 정화 및 복원업

② 안전보건관리담당자는 해당 사업장 소속 근로자로서 다음 각 호의 어느 하나에 해당하는 요건을 갖추어야 한다.
1. 제17조에 따른 안전관리자의 자격을 갖추었을 것
2. 제21조에 따른 보건관리자의 자격을 갖추었을 것
3. 고용노동부장관이 정하여 고시하는 안전보건교육을 이수했을 것

③ 안전보건관리담당자는 제25조 각 호에 따른 업무에 지장이 없는 범위에서 다른 업무를 겸할 수 있다.

④ 사업주는 제1항에 따라 안전보건관리담당자를 선임한 경우에는 그 선임 사실 및 제25조 각 호에 따른 업무를 수행했음을 증명할 수 있는 서류를 갖추어 두어야 한다.

제25조(안전보건관리담당자의 업무) 안전보건관리담당자의 업무는 다음 각 호와 같다.
1. 법 제29조에 따른 안전보건교육 실시에 관한 보좌 및 지도·조언
2. 법 제36조에 따른 위험성평가에 관한 보좌 및 지도·조언
3. 법 제125조에 따른 작업환경측정 및 개선에 관한 보좌 및 지도·조언
4. 법 제129조부터 제131조까지의 규정에 따른 각종 건강진단에 관한 보좌 및 지도·조언
5. 산업재해 발생의 원인 조사, 산업재해 통계의 기록 및 유지를 위한 보좌 및 지도·조언
6. 산업 안전·보건과 관련된 안전장치 및 보호구 구입 시 적격품 선정에 관한 보좌 및 지도·조언

제26조(안전보건관리담당자 업무의 위탁 등) ① 법 제19조제4항에서 "대통령령으로 정하는 사업의 종류 및 사업장의 상시근로자 수에 해당하는 사업장"이란 제24조제1항에 따라 안전보건관리담당자를 선임해야 하는 사업장을 말한다.

② 안전보건관리담당자 업무의 위탁에 관하여는 제19조제2항을 준용한다. 이 경우 "법 제17조제5항 및 이 조 제1항"은 "법 제19조제4항 및 이 조 제1항"으로, "안전관리자"는 "안전보건관리담당자"로, "안전관리전문기관"은 "안전관리전문기관 또는 보건관리전문기관"으로 본다.

제27조(안전관리전문기관 등의 지정 요건) ① 법 제21조제1항에 따라 안전관리전문기관으로 지정받을 수 있는 자는 다음 각 호의 어느 하나에 해당하는 자로서 별표 7에 따른 인력·시설 및 장비를 갖춘 자로 한다.
1. 법 제145조제1항에 따라 등록한 산업안전지도사(건설안전 분야의 산업안전지도사는 제외한다)
2. 안전관리 업무를 하려는 법인

② 법 제21조제1항에 따라 보건관리전문기관으로 지정받을 수 있는 자는 다음 각 호의 어느 하나에 해당하는 자로서 별표 8에 따른 인력·시설 및 장비를 갖춘 자로 한다.
1. 법 제145조제1항에 따라 등록한 산업보건지도사
2. 국가 또는 지방자치단체의 소속기관
3. 「의료법」에 따른 종합병원 또는 병원
4. 「고등교육법」 제2조제1호부터 제6호까지의 규정에 따른 대학 또는 그 부속기관
5. 보건관리 업무를 하려는 법인

제32조(명예산업안전감독관 위촉 등) ① 고용노동부장관은 다음 각 호의 어느 하나에 해당하는 사람 중에서 법 제23조제1항에 따른 명예산업안전감독관(이하 "명예산업안전감독관"이라 한다)을 위촉할 수 있다.

1. 산업안전보건위원회 구성 대상 사업의 근로자 또는 노사협의체 구성·운영 대상 건설공사의 근로자 중에서 근로자대표(해당 사업장에 단위 노동조합의 산하 노동단체가 그 사업장 근로자의 과반수로 조직되어 있는 경우에는 지부·분회 등 명칭이 무엇이든 관계없이 해당 노동단체의 대표자를 말한다. 이하 같다)가 사업주의 의견을 들어 추천하는 사람
2. 「노동조합 및 노동관계조정법」 제10조에 따른 연합단체인 노동조합 또는 그 지역 대표기구에 소속된 임직원 중에서 해당 연합단체인 노동조합 또는 그 지역 대표기구가 추천하는 사람
3. 전국 규모의 사업주단체 또는 그 산하조직에 소속된 임직원 중에서 해당 단체 또는 그 산하조직이 추천하는 사람
4. 산업재해 예방 관련 업무를 하는 단체 또는 그 산하조직에 소속된 임직원 중에서 해당 단체 또는 그 산하조직이 추천하는 사람

② 명예산업안전감독관의 업무는 다음 각 호와 같다. 이 경우 제1항제1호에 따라 위촉된 명예산업안전감독관의 업무 범위는 해당 사업장에서의 업무(제8호는 제외한다)로 한정하며, 제1항제2호부터 제4호까지의 규정에 따라 위촉된 명예산업안전감독관의 업무 범위는 제8호부터 제10호까지의 규정에 따른 업무로 한정한다.

1. 사업장에서 하는 자체점검 참여 및 「근로기준법」 제101조에 따른 근로감독관(이하 "근로감독관"이라 한다)이 하는 사업장 감독 참여
2. 사업장 산업재해 예방계획 수립 참여 및 사업장에서 하는 기계·기구 자체검사 참석
3. 법령을 위반한 사실이 있는 경우 사업주에 대한 개선 요청 및 감독기관에의 신고
4. 산업재해 발생의 급박한 위험이 있는 경우 사업주에 대한 작업중지 요청
5. 작업환경측정, 근로자 건강진단 시의 참석 및 그 결과에 대한 설명회 참여
6. 직업성 질환의 증상이 있거나 질병에 걸린 근로자가 여러 명 발생한 경우 사업주에 대한 임시건강진단 실시 요청
7. 근로자에 대한 안전수칙 준수 지도
8. 법령 및 산업재해 예방정책 개선 건의
9. 안전·보건 의식을 북돋우기 위한 활동 등에 대한 참여와 지원
10. 그 밖에 산업재해 예방에 대한 홍보 등 산업재해 예방업무와 관련하여 고용노동부장관이 정하는 업무

③ 명예산업안전감독관의 임기는 2년으로 하되, 연임할 수 있다.

④ 고용노동부장관은 명예산업안전감독관의 활동을 지원하기 위하여 수당 등을 지급할 수 있다.

⑤ 제1항부터 제4항까지에서 규정한 사항 외에 명예산업안전감독관의 위촉 및 운영 등에 필요한 사항은 고용노동부장관이 정한다.

제35조(산업안전보건위원회의 구성) ① 산업안전보건위원회의 근로자위원은 다음 각 호의 사람으로 구성한다.
1. 근로자대표
2. 명예산업안전감독관이 위촉되어 있는 사업장의 경우 근로자대표가 지명하는 1명 이상의 명예산업안전감독관
3. 근로자대표가 지명하는 9명(근로자인 제2호의 위원이 있는 경우에는 9명에서 그 위원의 수를 제외한 수를 말한다) 이내의 해당 사업장의 근로자

② 산업안전보건위원회의 사용자위원은 다음 각 호의 사람으로 구성한다. 다만, 상시근로자 50명 이상 100명 미만을 사용하는 사업장에서는 제5호에 해당하는 사람을 제외하고 구성할 수 있다.
1. 해당 사업의 대표자(같은 사업으로서 다른 지역에 사업장이 있는 경우에는 그 사업장의 안전보건관리책임자를 말한다. 이하 같다)
2. 안전관리자(제16조제1항에 따라 안전관리자를 두어야 하는 사업장으로 한정하되, 안전관리자의 업무를 안전관리전문기관에 위탁한 사업장의 경우에는 그 안전관리전문기관의 해당 사업장 담당자를 말한다) 1명
3. 보건관리자(제20조제1항에 따라 보건관리자를 두어야 하는 사업장으로 한정하되, 보건관리자의 업무를 보건관리전문기관에 위탁한 사업장의 경우에는 그 보건관리전문기관의 해당 사업장 담당자를 말한다) 1명
4. 산업보건의(해당 사업장에 선임되어 있는 경우로 한정한다)
5. 해당 사업의 대표자가 지명하는 9명 이내의 해당 사업장 부서의 장

③ 제1항 및 제2항에도 불구하고 법 제69조제1항에 따른 건설공사도급인(이하 "건설공사도급인"이라 한다)이 법 제64조제1항제1호에 따른 안전 및 보건에 관한 협의체를 구성한 경우에는 산업안전보건위원회의 위원을 다음 각 호의 사람을 포함하여 구성할 수 있다.
1. 근로자위원 : 도급 또는 하도급 사업을 포함한 전체 사업의 근로자대표, 명예산업안전감독관 및 근로자대표가 지명하는 해당 사업장의 근로자
2. 사용자위원 : 도급인 대표자, 관계수급인의 각 대표자 및 안전관리자

제36조(산업안전보건위원회의 위원장) 산업안전보건위원회의 위원장은 위원 중에서 호선(互選)한다. 이 경우 근로자위원과 사용자위원 중 각 1명을 공동위원장으로 선출할 수 있다.

제37조(산업안전보건위원회의 회의 등) ① 법 제24조제3항에 따라 산업안전보건위원회의 회의는 정기회의와 임시회의로 구분하되, 정기회의는 분기마다 산업안전보건위원회의 위원장이 소집하며, 임시회의는 위원장이 필요하다고 인정할 때에 소집한다.
② 회의는 근로자위원 및 사용자위원 각 과반수의 출석으로 개의(開議)하고 출석위원 과반수의 찬성으로 의결한다.

③ 근로자대표, 명예산업안전감독관, 해당 사업의 대표자, 안전관리자 또는 보건관리자는 회의에 출석할 수 없는 경우에는 해당 사업에 종사하는 사람 중에서 1명을 지정하여 위원으로서의 직무를 대리하게 할 수 있다.
④ 산업안전보건위원회는 다음 각 호의 사항을 기록한 회의록을 작성하여 갖추어 두어야 한다.
1. 개최 일시 및 장소
2. 출석위원
3. 심의 내용 및 의결·결정 사항
4. 그 밖의 토의사항

제39조(회의 결과 등의 공지) 산업안전보건위원회의 위원장은 산업안전보건위원회에서 심의·의결된 내용 등 회의 결과와 중재 결정된 내용 등을 사내방송이나 사내보(社內報), 게시 또는 자체 정례조회, 그 밖의 적절한 방법으로 근로자에게 신속히 알려야 한다.

제3장 안전보건교육

제40조(안전보건교육기관의 등록 및 취소) ① 법 제33조제1항 전단에 따라 법 제29조제1항부터 제3항까지의 규정에 따른 안전보건교육에 대한 안전보건교육기관(이하 "근로자안전보건교육기관"이라 한다)으로 등록하려는 자는 법인 또는 산업 안전·보건 관련 학과가 있는 「고등교육법」 제2조에 따른 학교로서 별표 10에 따른 인력·시설 및 장비 등을 갖추어야 한다.
② 법 제33조제1항 전단에 따라 법 제31조제1항 본문에 따른 안전보건교육에 대한 안전보건교육기관으로 등록하려는 자는 법인 또는 산업 안전·보건 관련 학과가 있는 「고등교육법」 제2조에 따른 학교로서 별표 11에 따른 인력·시설 및 장비를 갖추어야 한다.
③ 법 제33조제1항 전단에 따라 법 제32조제1항 각 호 외의 부분 본문에 따른 안전보건교육에 대한 안전보건교육기관(이하 "직무교육기관"이라 한다)으로 등록할 수 있는 자는 다음 각 호의 어느 하나에 해당하는 자로 한다.
1. 「한국산업안전보건공단법」에 따른 한국산업안전보건공단(이하 "공단"이라 한다)
2. 다음 각 목의 어느 하나에 해당하는 기관으로서 별표 12에 따른 인력·시설 및 장비를 갖춘 기관
   가. 산업 안전·보건 관련 학과가 있는 「고등교육법」 제2조에 따른 학교
   나. 비영리법인
④ 법 제33조제1항 후단에서 "대통령령으로 정하는 중요한 사항"이란 다음 각 호의 사항을 말한다.
1. 교육기관의 명칭(상호)
2. 교육기관의 소재지

3. 대표자의 성명

⑤ 제1항부터 제3항까지의 규정에 따른 안전보건교육기관에 관하여 법 제33조제4항에 따라 준용되는 법 제21조제4항제5호에서 "대통령령으로 정하는 사유에 해당하는 경우"란 다음 각 호의 경우를 말한다.
1. 교육 관련 서류를 거짓으로 작성한 경우
2. 정당한 사유 없이 교육 실시를 거부한 경우
3. 교육을 실시하지 않고 수수료를 받은 경우
4. 법 제29조제1항부터 제3항까지, 제31조제1항 본문 또는 제32조제1항 각 호 외의 부분 본문에 따른 교육의 내용 및 방법을 위반한 경우

제4장 유해·위험 방지 조치

제41조(제3자의 폭언 등으로 인한 건강장해 발생 등에 대한 조치) 법 제41조제2항에서 "업무의 일시적 중단 또는 전환 등 대통령령으로 정하는 필요한 조치"란 다음 각 호의 조치 중 필요한 조치를 말한다.
1. 업무의 일시적 중단 또는 전환
2. 「근로기준법」 제54조제1항에 따른 휴게시간의 연장
3. 법 제41조제2항에 따른 폭언 등으로 인한 건강장해 관련 치료 및 상담 지원
4. 관할 수사기관 또는 법원에 증거물·증거서류를 제출하는 등 법 제41조제2항에 따른 폭언 등으로 인한 고소, 고발 또는 손해배상 청구 등을 하는 데 필요한 지원

제42조(유해위험방지계획서 제출 대상) ① 법 제42조제1항제1호에서 "대통령령으로 정하는 사업의 종류 및 규모에 해당하는 사업"이란 다음 각 호의 어느 하나에 해당하는 사업으로서 전기 계약용량이 300킬로와트 이상인 경우를 말한다.
1. 금속가공제품 제조업 : 기계 및 가구 제외
2. 비금속 광물제품 제조업
3. 기타 기계 및 장비 제조업
4. 자동차 및 트레일러 제조업
5. 식료품 제조업
6. 고무제품 및 플라스틱제품 제조업
7. 목재 및 나무제품 제조업
8. 기타 제품 제조업
9. 1차 금속 제조업
10. 가구 제조업
11. 화학물질 및 화학제품 제조업

12. 반도체 제조업
13. 전자부품 제조업

② 법 제42조제1항제2호에서 "대통령령으로 정하는 기계·기구 및 설비"란 다음 각 호의 어느 하나에 해당하는 기계·기구 및 설비를 말한다. 이 경우 다음 각 호에 해당하는 기계·기구 및 설비의 구체적인 범위는 고용노동부장관이 정하여 고시한다.
1. 금속이나 그 밖의 광물의 용해로
2. 화학설비
3. 건조설비
4. 가스집합 용접장치
5. 근로자의 건강에 상당한 장해를 일으킬 우려가 있는 물질로서 고용노동부령으로 정하는 물질의 밀폐·환기·배기를 위한 설비

③ 법 제42조제1항제3호에서 "대통령령으로 정하는 크기 높이 등에 해당하는 건설공사"란 다음 각 호의 어느 하나에 해당하는 공사를 말한다.
1. 다음 각 목의 어느 하나에 해당하는 건축물 또는 시설 등의 건설·개조 또는 해체(이하 "건설 등"이라 한다) 공사
   가. 지상높이가 31미터 이상인 건축물 또는 인공구조물
   나. 연면적 3만제곱미터 이상인 건축물
   다. 연면적 5천제곱미터 이상인 시설로서 다음의 어느 하나에 해당하는 시설
      1) 문화 및 집회시설(전시장 및 동물원·식물원은 제외한다)
      2) 판매시설, 운수시설(고속철도의 역사 및 집배송시설은 제외한다)
      3) 종교시설
      4) 의료시설 중 종합병원
      5) 숙박시설 중 관광숙박시설
      6) 지하도상가
      7) 냉동·냉장 창고시설
2. 연면적 5천제곱미터 이상인 냉동·냉장 창고시설의 설비공사 및 단열공사
3. 최대 지간(支間)길이(다리의 기둥과 기둥의 중심사이의 거리)가 50미터 이상인 다리의 건설 등 공사
4. 터널의 건설 등 공사
5. 다목적댐, 발전용댐, 저수용량 2천만톤 이상의 용수 전용 댐 및 지방상수도 전용 댐의 건설 등 공사
6. 깊이 10미터 이상인 굴착공사

제43조(공정안전보고서의 제출 대상) ① 법 제44조제1항 전단에서 "대통령령으로 정하는 유해하거나 위험한 설비"란 다음 각 호의 어느 하나에 해당하는 사업을 하는 사업장의 경우에는 그 보유설비를 말하고, 그 외의 사업을 하는 사업장의 경우에는 별표 13에 따른 유해·위험물질 중 하나 이상의 물질을 같은 표에 따른 규정량 이상 제조·취급·저장하는 설비 및 그 설비의 운영과 관련된 모든 공정설비를 말한다.

1. 원유 정제처리업
2. 기타 석유정제물 재처리업
3. 석유화학계 기초화학물질 제조업 또는 합성수지 및 기타 플라스틱물질 제조업. 다만, 합성수지 및 기타 플라스틱물질 제조업은 별표 13 제1호 또는 제2호에 해당하는 경우로 한정한다.
4. 질소 화합물, 질소·인산 및 칼리질 화학비료 제조업 중 질소질 비료 제조
5. 복합비료 및 기타 화학비료 제조업 중 복합비료 제조(단순혼합 또는 배합에 의한 경우는 제외한다)
6. 화학 살균·살충제 및 농업용 약제 제조업[농약 원제(原劑) 제조만 해당한다]
7. 화약 및 불꽃제품 제조업

② 제1항에도 불구하고 다음 각 호의 설비는 유해하거나 위험한 설비로 보지 않는다.
1. 원자력 설비
2. 군사시설
3. 사업주가 해당 사업장 내에서 직접 사용하기 위한 난방용 연료의 저장설비 및 사용설비
4. 도매·소매시설
5. 차량 등의 운송설비
6. 「액화석유가스의 안전관리 및 사업법」에 따른 액화석유가스의 충전·저장시설
7. 「도시가스사업법」에 따른 가스공급시설
8. 그 밖에 고용노동부장관이 누출·화재·폭발 등의 사고가 있더라도 그에 따른 피해의 정도가 크지 않다고 인정하여 고시하는 설비

③ 법 제44조제1항 전단에서 "대통령령으로 정하는 사고"란 다음 각 호의 어느 하나에 해당하는 사고를 말한다.
1. 근로자가 사망하거나 부상을 입을 수 있는 제1항에 따른 설비(제2항에 따른 설비는 제외한다. 이하 제2호에서 같다)에서의 누출·화재·폭발 사고
2. 인근 지역의 주민이 인적 피해를 입을 수 있는 제1항에 따른 설비에서의 누출·화재·폭발 사고

제44조(공정안전보고서의 내용) ① 법 제44조제1항 전단에 따른 공정안전보고서에는 다음 각 호의 사항이 포함되어야 한다.
1. 공정안전자료
2. 공정위험성 평가서
3. 안전운전계획
4. 비상조치계획
5. 그 밖에 공정상의 안전과 관련하여 고용노동부장관이 필요하다고 인정하여 고시하는 사항

② 제1항제1호부터 제4호까지의 규정에 따른 사항에 관한 세부 내용은 고용노동부령으로 정한다.

제49조(안전보건진단을 받아 안전보건개선계획을 수립할 대상) 법 제49조제1항 각 호 외의 부분 후단에서 "대통령령으로 정하는 사업장"이란 다음 각 호의 사업장을 말한다.
1. 산업재해율이 같은 업종 평균 산업재해율의 2배 이상인 사업장
2. 법 제49조제1항제2호에 해당하는 사업장
3. 직업성 질병자가 연간 2명 이상(상시근로자 1천명 이상 사업장의 경우 3명 이상) 발생한 사업장
4. 그 밖에 작업환경 불량, 화재·폭발 또는 누출 사고 등으로 사업장 주변까지 피해가 확산된 사업장으로서 고용노동부령으로 정하는 사업장

제5장 도급 시 산업재해 예방

제51조(도급승인 대상 작업) 법 제59조제1항 전단에서 "급성 독성, 피부 부식성 등이 있는 물질의 취급 등 대통령령으로 정하는 작업"이란 다음 각 호의 어느 하나에 해당하는 작업을 말한다.
1. 중량비율 1퍼센트 이상의 황산, 불화수소, 질산 또는 염화수소를 취급하는 설비를 개조·분해·해체·철거하는 작업 또는 해당 설비의 내부에서 이루어지는 작업. 다만, 도급인이 해당 화학물질을 모두 제거한 후 증명자료를 첨부하여 고용노동부장관에게 신고한 경우는 제외한다.
2. 그 밖에 「산업재해보상보험법」 제8조제1항에 따른 산업재해보상보험 및 예방심의위원회(이하 "산업재해보상보험 및 예방심의위원회"라 한다)의 심의를 거쳐 고용노동부장관이 정하는 작업

제52조(안전보건총괄책임자 지정 대상사업) 법 제62조제1항에 따른 안전보건총괄책임자(이하 "안전보건총괄책임자"라 한다)를 지정해야 하는 사업의 종류 및 사업장의 상시근로자 수는 관계수급인에게 고용된 근로자를 포함한 상시근로자가 100명(선박 및 보트 건조업, 1차 금속 제조업 및 토사석 광업의 경우에는 50명) 이상인 사업이나 관계수급인의 공사금액을 포함한 해당 공사의 총공사금액이 20억원 이상인 건설업으로 한다.

제53조(안전보건총괄책임자의 직무 등) ① 안전보건총괄책임자의 직무는 다음 각 호와 같다.
1. 법 제36조에 따른 위험성평가의 실시에 관한 사항
2. 법 제51조 및 제54조에 따른 작업의 중지
3. 법 제64조에 따른 도급 시 산업재해 예방조치

4. 법 제72조제1항에 따른 산업안전보건관리비의 관계수급인 간의 사용에 관한 협의·조정 및 그 집행의 감독
5. 안전인증대상기계 등과 자율안전확인대상기계 등의 사용 여부 확인

② 안전보건총괄책임자에 대한 지원에 관하여는 제14조제2항을 준용한다. 이 경우 "안전보건관리책임자"는 "안전보건총괄책임자"로, "법 제15조제1항"은 "제1항"으로 본다.

③ 사업주는 안전보건총괄책임자를 선임했을 때에는 그 선임 사실 및 제1항 각 호의 직무의 수행내용을 증명할 수 있는 서류를 갖추어 두어야 한다.

제56조(안전보건조정자의 선임 등) ① 법 제68조제1항에 따른 안전보건조정자(이하 "안전보건조정자"라 한다)를 두어야 하는 건설공사는 각 건설공사의 금액의 합이 50억 원 이상인 경우를 말한다.

② 제1항에 따라 안전보건조정자를 두어야 하는 건설공사발주자는 제1호 또는 제4호부터 제7호까지에 해당하는 사람 중에서 안전보건조정자를 선임하거나 제2호 또는 제3호에 해당하는 사람 중에서 안전보건조정자를 지정해야 한다.

1. 법 제143조제1항에 따른 산업안전지도사 자격을 가진 사람
2. 「건설기술 진흥법」 제2조제6호에 따른 발주청이 발주하는 건설공사인 경우 발주청이 같은 법 제49조제1항에 따라 선임한 공사감독자
3. 다음 각 목의 어느 하나에 해당하는 사람으로서 해당 건설공사 중 주된 공사의 책임감리자
    가. 「건축법」 제25조에 따라 지정된 공사감리자
    나. 「건설기술 진흥법」 제2조제5호에 따른 감리업무를 수행하는 사람
    다. 「주택법」 제44조 제1항에 따라 배치된 감리원
    라. 「전력기술관리법」 제12조의2에 따라 배치된 감리원
    마. 「정보통신공사업법」 제8조제2항에 따라 해당 건설공사에 대하여 감리업무를 수행하는 사람
4. 「건설산업기본법」 제8조에 따른 종합공사에 해당하는 건설현장에서 안전보건관리책임자로서 3년 이상 재직한 사람
5. 「국가기술자격법」에 따른 건설안전기술사
6. 「국가기술자격법」에 따른 건설안전기사 또는 산업안전기사자격을 취득한 후 건설안전 분야에서 5년 이상의 실무경력이 있는 사람
7. 「국가기술자격법」에 따른 건설안전산업기사 또는 산업안전산업기사 자격을 취득한 후 건설안전 분야에서 7년 이상의 실무경력이 있는 사람

③ 제1항에 따라 안전보건조정자를 두어야 하는 건설공사발주자는 분리하여 발주되는 공사의 착공일 전날까지 제2항에 따라 안전보건조정자를 선임하거나 지정하여 각각의 공사 도급인에게 그 사실을 알려야 한다.

제57조(안전보건조정자의 업무) ① 안전보건조정자의 업무는 다음 각 호와 같다.
1. 법 제68조제1항에 따라 같은 장소에서 이루어지는 각각의 공사 간에 혼재된 작업의 파악
2. 제1호에 따른 혼재된 작업으로 인한 산업재해 발생의 위험성 파악
3. 제1호에 따른 혼재된 작업으로 인한 산업재해를 예방하기 위한 작업의 시기·내용 및 안전보건 조치 등의 조정
4. 각각의 공사 도급인의 안전보건관리책임자 간 작업 내용에 관한 정보 공유 여부의 확인

② 안전보건조정자는 제1항의 업무를 수행하기 위하여 필요한 경우 해당 공사의 도급인과 관계수급인에게 자료의 제출을 요구할 수 있다.

제58조(설계변경 요청 대상 및 전문가의 범위) ① 법 제71조제1항 본문에서 "대통령령으로 정하는 가설구조물"이란 다음 각 호의 어느 하나에 해당하는 것을 말한다.
1. 높이 31미터 이상인 비계
2. 작업발판 일체형 거푸집 또는 높이 5미터 이상인 거푸집 동바리[타설(打設)된 콘크리트가 일정 강도에 이르기까지 하중 등을 지지하기 위하여 설치하는 부재(部材)]
3. 터널의 지보공(支保工 : 무너지지 않도록 지지하는 구조물) 또는 높이 2미터 이상인 흙막이 지보공
4. 동력을 이용하여 움직이는 가설구조물

② 법 제71조제1항 본문에서 "건축·토목 분야의 전문가 등 대통령령으로 정하는 전문가"란 공단 또는 다음 각 호의 어느 하나에 해당하는 사람으로서 해당 건설공사도급인 또는 관계수급인에게 고용되지 않은 사람을 말한다.
1. 「국가기술자격법」에 따른 건축구조기술사(토목공사 및 제1항제3호의 구조물의 경우는 제외한다)
2. 「국가기술자격법」에 따른 토목구조기술사(토목공사로 한정한다)
3. 「국가기술자격법」에 따른 토질 및 기초기술사(제1항제3호의 구조물의 경우로 한정한다)
4. 「국가기술자격법」에 따른 건설기계기술사(제1항제4호의 구조물의 경우로 한정한다)

제59조(기술지도계약 체결 대상 건설공사 및 체결 시기) ① 법 제73조제1항에서 "대통령령으로 정하는 건설공사"란 공사금액 1억원 이상 120억원(「건설산업기본법 시행령」 별표 1의 종합공사를 시공하는 업종의 건설업종란 제1호에 따른 토목공사업에 속하는 공사는 150억원) 미만인 공사와 「건축법」 제11조에 따른 건축허가의 대상이 되는 공사를 말한다. 다만, 다음 각 호의 어느 하나에 해당하는 공사는 제외한다.
1. 공사기간이 1개월 미만인 공사
2. 육지와 연결되지 않은 섬 지역(제주특별자치도는 제외한다)에서 이루어지는 공사

3. 사업주가 별표 4에 따른 안전관리자의 자격을 가진 사람을 선임(같은 광역지방자치단체의 구역 내에서 같은 사업주가 시공하는 셋 이하의 공사에 대하여 공동으로 안전관리자의 자격을 가진 사람 1명을 선임한 경우를 포함한다)하여 제18조제1항 각 호에 따른 안전관리자의 업무만을 전담하도록 하는 공사
4. 법 제42조제1항에 따라 유해위험방지계획서를 제출해야 하는 공사

② 제1항에 따른 건설공사의 건설공사 발주자 또는 건설공사도급인(건설공사도급인은 건설공사 발주자로부터 건설공사를 최초로 도급받은 수급인은 제외한다)은 법 제73조제1항의 건설 산업재해 예방을 위한 지도계약(이하 "기술지도계약"이라 한다)을 해당 건설공사 착공일의 전날까지 체결해야 한다.

제63조(노사협의체의 설치 대상) 법 제75조제1항에서 "대통령령으로 정하는 규모의 건설공사"란 공사금액이 120억원(「건설산업기본법 시행령」 별표 1의 종합공사를 시공하는 업종의 건설업종란 제1호에 따른 토목공사업은 150억원) 이상인 건설공사를 말한다.

제64조(노사협의체의 구성) ① 노사협의체는 다음 각 호에 따라 근로자위원과 사용자위원으로 구성한다.

1. 근로자위원
    가. 도급 또는 하도급 사업을 포함한 전체 사업의 근로자대표
    나. 근로자대표가 지명하는 명예산업안전감독관 1명. 다만, 명예산업안전감독관이 위촉되어 있지 않은 경우에는 근로자대표가 지명하는 해당 사업장 근로자 1명
    다. 공사금액이 20억원 이상인 공사의 관계수급인의 각 근로자대표
2. 사용자위원
    가. 도급 또는 하도급 사업을 포함한 전체 사업의 대표자
    나. 안전관리자 1명
    다. 보건관리자 1명(별표 5 제44호에 따른 보건관리자 선임대상 건설업으로 한정한다)
    라. 공사금액이 20억원 이상인 공사의 관계수급인의 각 대표자

② 노사협의체의 근로자위원과 사용자위원은 합의하여 노사협의체에 공사금액이 20억원 미만인 공사의 관계수급인 및 관계수급인 근로자대표를 위원으로 위촉할 수 있다.
③ 노사협의체의 근로자위원과 사용자위원은 합의하여 제67조제2호에 따른 사람을 노사협의체에 참여하도록 할 수 있다.

제65조(노사협의체의 운영 등) ① 노사협의체의 회의는 정기회의와 임시회의로 구분하여 개최하되, 정기회의는 2개월마다 노사협의체의 위원장이 소집하며, 임시회의는 위원장이 필요하다고 인정할 때에 소집한다.
② 노사협의체 위원장의 선출, 노사협의체의 회의, 노사협의체에서 의결되지 않은 사항에 대한 처리방법 및 회의 결과 등의 공지에 관하여는 각각 제36조, 제37조제2항부터 제4항까지, 제38조 및 제39조를 준용한다. 이 경우 "산업안전보건위원회"는 "노사협의체"로 본다.

제66조(기계·기구 등) 법 제76조에서 "타워크레인 등 대통령령으로 정하는 기계·기구 또는 설비 등"이란 다음 각 호의 어느 하나에 해당하는 기계·기구 또는 설비를 말한다.
 1. 타워크레인
 2. 건설용 리프트
 3. 항타기(해머나 동력을 사용하여 말뚝을 박는 기계) 및 항발기(박힌 말뚝을 빼내는 기계)

제67조(특수형태근로종사자의 범위 등) 법 제77조제1항제1호에 따른 요건을 충족하는 사람은 다음 각 호의 어느 하나에 해당하는 사람으로 한다.
 1. 보험을 모집하는 사람으로서 다음 각 목의 어느 하나에 해당하는 사람
    가. 「보험업법」 제83조제1항제1호에 따른 보험설계사
    나. 「우체국예금·보험에 관한 법률」에 따른 우체국보험의 모집을 전업(專業)으로 하는 사람
 2. 「건설기계관리법」 제3조제1항에 따라 등록된 건설기계를 직접 운전하는 사람
 3. 「통계법」 제22조에 따라 통계청장이 고시하는 직업에 관한 표준분류(이하 "한국표준직업분류표"라 한다)의 세세분류에 따른 학습지 방문강사, 교육 교구 방문강사, 그 밖에 회원의 가정 등을 직접 방문하여 아동이나 학생 등을 가르치는 사람
 4. 「체육시설의 설치·이용에 관한 법률」 제7조에 따라 직장체육시설로 설치된 골프장 또는 같은 법 제19조에 따라 체육시설업의 등록을 한 골프장에서 골프경기를 보조하는 골프장 캐디
 5. 한국표준직업분류표의 세분류에 따른 택배원으로서 택배사업(소화물을 집화·수송 과정을 거쳐 배송하는 사업을 말한다)에서 집화 또는 배송 업무를 하는 사람
 6. 한국표준직업분류표의 세분류에 따른 택배원으로서 고용노동부장관이 정하는 기준에 따라 주로 하나의 퀵서비스업자로부터 업무를 의뢰받아 배송 업무를 하는 사람
 7. 「대부업 등의 등록 및 금융이용자 보호에 관한 법률」 제3조제1항 단서에 따른 대출모집인
 8. 「여신전문금융업법」 제14조의2제1항제2호에 따른 신용카드회원 모집인
 9. 고용노동부장관이 정하는 기준에 따라 주로 하나의 대리운전업자로부터 업무를 의뢰받아 대리운전 업무를 하는 사람
 10. 「방문판매 등에 관한 법률」 제2조제2호 또는 제8호의 방문판매원이나 후원방문판매원으로서 고용노동부장관이 정하는 기준에 따라 상시적으로 방문판매업무를 하는 사람
 11. 한국표준직업분류표의 세세분류에 따른 대여 제품 방문점검원
 12. 한국표준직업분류표의 세분류에 따른 가전제품 설치 및 수리원으로서 가전제품을 배송, 설치 및 시운전하여 작동상태를 확인하는 사람

13. 「화물자동차 운수사업법」에 따른 화물차주로서 다음 각 목의 어느 하나에 해당하는 사람
    가. 「자동차관리법」 제3조제1항제4호의 특수자동차로 수출입 컨테이너를 운송하는 사람
    나. 「자동차관리법」 제3조제1항제4호의 특수자동차로 시멘트를 운송하는 사람
    다. 「자동차관리법」 제2조제1호 본문의 피견인자동차나 「자동차관리법」 제3조제1항제3호의 일반형 화물자동차로 철강재를 운송하는 사람
    라. 「자동차관리법」 제3조제1항제3호의 일반형 화물자동차나 특수용도형 화물자동차로 「물류정책기본법」 제29조제1항 각 호의 위험물질을 운송하는 사람
14. 「소프트웨어 진흥법」에 따른 소프트웨어사업에서 노무를 제공하는 소프트웨어기술자

제6장 유해·위험 기계 등에 대한 조치

제70조(방호조치를 해야 하는 유해하거나 위험한 기계·기구) 법 제80조제1항에서 "대통령령으로 정하는 것"이란 별표 20에 따른 기계·기구를 말한다.

제74조(안전인증대상기계 등) ① 법 제84조제1항에서 "대통령령으로 정하는 것"이란 다음 각 호의 어느 하나에 해당하는 것을 말한다.
  1. 다음 각 목의 어느 하나에 해당하는 기계 또는 설비
     가. 프레스
     나. 전단기 및 절곡기(折曲機)
     다. 크레인
     라. 리프트
     마. 압력용기
     바. 롤러기
     사. 사출성형기(射出成形機)
     아. 고소(高所) 작업대
     자. 곤돌라
  2. 다음 각 목의 어느 하나에 해당하는 방호장치
     가. 프레스 및 전단기 방호장치
     나. 양중기용(揚重機用) 과부하 방지장치
     다. 보일러 압력방출용 안전밸브
     라. 압력용기 압력방출용 안전밸브
     마. 압력용기 압력방출용 파열판

바. 절연용 방호구 및 활선작업용(活線作業用) 기구
사. 방폭구조(防爆構造) 전기기계·기구 및 부품
아. 추락·낙하 및 붕괴 등의 위험 방지 및 보호에 필요한 가설기자재로서 고용노동부장관이 정하여 고시하는 것
자. 충돌·협착 등의 위험 방지에 필요한 산업용 로봇 방호장치로서 고용노동부장관이 정하여 고시하는 것
3. 다음 각 목의 어느 하나에 해당하는 보호구
  가. 추락 및 감전 위험방지용 안전모
  나. 안전화
  다. 안전장갑
  라. 방진마스크
  마. 방독마스크
  바. 송기(送氣)마스크
  사. 전동식 호흡보호구
  아. 보호복
  자. 안전대
  차. 차광(遮光) 및 비산물(飛散物) 위험방지용 보안경
  카. 용접용 보안면
  타. 방음용 귀마개 또는 귀덮개
② 안전인증대상기계 등의 세부적인 종류, 규격 및 형식은 고용노동부장관이 정하여 고시한다.

제77조(자율안전확인대상기계 등) ① 법 제89조제1항 각 호 외의 부분 본문에서 "대통령령으로 정하는 것"이란 다음 각 호의 어느 하나에 해당하는 것을 말한다.
1. 다음 각 목의 어느 하나에 해당하는 기계 또는 설비
  가. 연삭기(硏削機) 또는 연마기. 이 경우 휴대형은 제외한다.
  나. 산업용 로봇
  다. 혼합기
  라. 파쇄기 또는 분쇄기
  마. 식품가공용 기계(파쇄·절단·혼합·제면기만 해당한다)
  바. 컨베이어
  사. 자동차정비용 리프트
  아. 공작기계(선반, 드릴기, 평삭·형삭기, 밀링만 해당한다)
  자. 고정형 목재가공용 기계(둥근톱, 대패, 루타기, 띠톱, 모떼기 기계만 해당한다)
  차. 인쇄기

2. 다음 각 목의 어느 하나에 해당하는 방호장치
   가. 아세틸렌 용접장치용 또는 가스집합 용접장치용 안전기
   나. 교류 아크용접기용 자동전격방지기
   다. 롤러기 급정지장치
   라. 연삭기 덮개
   마. 목재 가공용 둥근톱 반발 예방장치와 날 접촉 예방장치
   바. 동력식 수동대패용 칼날 접촉 방지장치
   사. 추락·낙하 및 붕괴 등의 위험 방지 및 보호에 필요한 가설기자재(제74조제1항제2호아목의 가설기자재는 제외한다)로서 고용노동부장관이 정하여 고시하는 것
3. 다음 각 목의 어느 하나에 해당하는 보호구
   가. 안전모(제74조제1항제3호가목의 안전모는 제외한다)
   나. 보안경(제74조제1항제3호차목의 보안경은 제외한다)
   다. 보안면(제74조제1항제3호카목의 보안면은 제외한다)
② 자율안전확인대상기계 등의 세부적인 종류, 규격 및 형식은 고용노동부장관이 정하여 고시한다.

제78조(안전검사대상기계 등) ① 법 제93조제1항 전단에서 "대통령령으로 정하는 것"이란 다음 각 호의 어느 하나에 해당하는 것을 말한다.
1. 프레스
2. 전단기
3. 크레인(정격 하중이 2톤 미만인 것은 제외한다)
4. 리프트
5. 압력용기
6. 곤돌라
7. 국소 배기장치(이동식은 제외한다)
8. 원심기(산업용만 해당한다)
9. 롤러기(밀폐형 구조는 제외한다)
10. 사출성형기[형 체결력(型 締結力) 294킬로뉴턴(KN) 미만은 제외한다]
11. 고소작업대(「자동차관리법」 제3조제3호 또는 제4호에 따른 화물자동차 또는 특수자동차에 탑재한 고소작업대로 한정한다)
12. 컨베이어
13. 산업용 로봇
② 법 제93조제1항에 따른 안전검사대상기계 등의 세부적인 종류, 규격 및 형식은 고용노동부장관이 정하여 고시한다.
14. 혼합기(25. 6. 26 부터 적용)
15. 파쇄기 또는 혼합기(25. 6. 26 부터 적용)

제7장 유해·위험물질에 대한 조치

제84조(유해인자 허용기준 이하 유지 대상 유해인자) 법 제107조제1항 각 호 외의 부분 본문에서 "대통령령으로 정하는 유해인자"란 별표 26 각 호에 따른 유해인자를 말한다.

제89조(기관석면조사 대상) ① 법 제119조제2항 각 호 외의 부분 본문에서 "대통령령으로 정하는 규모 이상"란 다음 각 호의 어느 하나에 해당하는 경우를 말한다.
  1. 건축물(제2호에 따른 주택은 제외한다. 이하 이 호에서 같다)의 연면적 합계가 50제곱미터 이상이면서, 그 건축물의 철거·해체하려는 부분의 면적 합계가 50제곱미터 이상인 경우
  2. 주택(「건축법 시행령」 제2조제12호에 따른 부속건축물을 포함한다. 이하 이 호에서 같다)의 연면적 합계가 200제곱미터 이상이면서, 그 주택의 철거·해체하려는 부분의 면적 합계가 200제곱미터 이상인 경우
  3. 설비의 철거·해체하려는 부분에 다음 각 목의 어느 하나에 해당하는 자재(물질을 포함한다. 이하 같다)를 사용한 면적의 합이 15제곱미터 이상 또는 그 부피의 합이 1세제곱미터 이상인 경우
      가. 단열재
      나. 보온재
      다. 분무재
      라. 내화피복재(耐火被覆材)
      마. 개스킷(Gasket : 누설방지재)
      바. 패킹재(Packing material : 틈박이재)
      사. 실링재(Sealing material : 액상 메움재)
      아. 그 밖에 가목부터 사목까지의 자재와 유사한 용도로 사용되는 자재로서 고용노동부장관이 정하여 고시하는 자재
  4. 파이프 길이의 합이 80미터 이상이면서, 그 파이프의 철거·해체하려는 부분의 보온재로 사용된 길이의 합이 80미터 이상인 경우

② 법 제119조제2항 각 호 외의 부분 단서에서 "석면함유 여부가 명백한 경우 등 대통령령으로 정하는 사유"란 다음 각 호의 어느 하나에 해당하는 경우를 말한다.
  1. 건축물이나 설비의 철거·해체 부분에 사용된 자재가 설계도서, 자재 이력 등 관련 자료를 통해 석면을 포함하고 있지 않음이 명백하다고 인정되는 경우
  2. 건축물이나 설비의 철거·해체 부분에 석면이 중량비율 1퍼센트가 넘게 포함된 자재를 사용하였음이 명백하다고 인정되는 경우

제8장 근로자 보건관리

제95조(작업환경측정기관의 지정 요건) 법 제126조제1항에 따라 작업환경측정기관으로 지정받을 수 있는 자는 다음 각 호의 어느 하나에 해당하는 자로서 작업환경측정기관의 유형별로 별표 29에 따른 인력·시설 및 장비를 갖추고 법 제126조제2항에 따라 고용노동부장관이 실시하는 작업환경측정기관의 측정·분석능력 확인에서 적합 판정을 받은 자로 한다.
1. 국가 또는 지방자치단체의 소속기관
2. 「의료법」에 따른 종합병원 또는 병원
3. 「고등교육법」 제2조제1호부터 제6호까지의 규정에 따른 대학 또는 그 부속기관
4. 작업환경측정 업무를 하려는 법인
5. 작업환경측정 대상 사업장의 부속기관(해당 부속기관이 소속된 사업장 등 고용노동부령으로 정하는 범위로 한정하여 지정받으려는 경우로 한정한다)

제99조(유해·위험작업에 대한 근로시간 제한 등) ① 법 제139조제1항에서 "높은 기압에서 하는 작업 등 대통령령으로 정하는 작업"이란 잠함(潛函) 또는 잠수 작업 등 높은 기압에서 하는 작업을 말한다.
② 제1항에 따른 작업에서 잠함·잠수 작업시간, 가압·감압방법 등 해당 근로자의 안전과 보건을 유지하기 위하여 필요한 사항은 고용노동부령으로 정한다.
③ 법 제139조제2항에서 "대통령령으로 정하는 유해하거나 위험한 작업"이란 다음 각 호의 어느 하나에 해당하는 작업을 말한다.
1. 갱(坑) 내에서 하는 작업
2. 다량의 고열물체를 취급하는 작업과 현저히 덥고 뜨거운 장소에서 하는 작업
3. 다량의 저온물체를 취급하는 작업과 현저히 춥고 차가운 장소에서 하는 작업
4. 라듐방사선이나 엑스선, 그 밖의 유해 방사선을 취급하는 작업
5. 유리·흙·돌·광물의 먼지가 심하게 날리는 장소에서 하는 작업
6. 강렬한 소음이 발생하는 장소에서 하는 작업
7. 착암기(바위에 구멍을 뚫는 기계) 등에 의하여 신체에 강렬한 진동을 주는 작업
8. 인력(人力)으로 중량물을 취급하는 작업
9. 납·수은·크롬·망간·카드뮴 등의 중금속 또는 이황화탄소·유기용제, 그 밖에 고용노동부령으로 정하는 특정 화학물질의 먼지·증기 또는 가스가 많이 발생하는 장소에서 하는 작업

제9장 산업안전지도사 및 산업보건지도사

제101조(산업안전지도사 등의 직무) ① 법 제142조제1항제4호에서 "대통령령으로 정하는 사항"이란 다음 각 호의 사항을 말한다.
  1. 법 제36조에 따른 위험성평가의 지도
  2. 법 제49조에 따른 안전보건개선계획서의 작성
  3. 그 밖에 산업안전에 관한 사항의 자문에 대한 응답 및 조언
② 법 제142조제2항제6호에서 "대통령령으로 정하는 사항"이란 다음 각 호의 사항을 말한다.
  1. 법 제36조에 따른 위험성평가의 지도
  2. 법 제49조에 따른 안전보건개선계획서의 작성
  3. 그 밖에 산업보건에 관한 사항의 자문에 대한 응답 및 조언

제10장 보칙

제109조(산업재해 예방사업의 지원) 법 제158조제1항 전단에서 "대통령령으로 정하는 사업"이란 다음 각 호의 어느 하나에 해당하는 업무와 관련된 사업을 말한다.
  1. 산업재해 예방을 위한 방호장치, 보호구, 안전설비 및 작업환경개선 시설·장비 등의 제작, 구입, 보수, 시험, 연구, 홍보 및 정보제공 등의 업무
  2. 사업장 안전·보건관리에 대한 기술지원 업무
  3. 산업 안전·보건 관련 교육 및 전문인력 양성 업무
  4. 산업재해예방을 위한 연구 및 기술개발 업무
  5. 법 제11조제3호에 따른 노무를 제공하는 사람의 건강을 유지·증진하기 위한 시설의 운영에 관한 지원 업무
  6. 안전·보건의식의 고취 업무
  7. 법 제36조에 따른 위험성평가에 관한 지원 업무
  8. 안전검사 지원 업무
  9. 유해인자의 노출 기준 및 유해성·위험성 조사·평가 등에 관한 업무
  10. 직업성 질환의 발생 원인을 규명하기 위한 역학조사·연구 또는 직업성 질환 예방에 필요하다고 인정되는 시설·장비 등의 구입 업무
  11. 작업환경측정 및 건강진단 지원 업무

12. 법 제126조제2항에 따른 작업환경측정기관의 측정·분석 능력의 확인 및 법 제135조제3항에 따른 특수건강진단기관의 진단·분석 능력의 확인에 필요한 시설·장비 등의 구입 업무
13. 산업의학 분야의 학술활동 및 인력 양성 지원에 관한 업무
14. 그 밖에 산업재해 예방을 위한 업무로서 산업재해보상보험 및 예방심의위원회의 심의를 거쳐 고용노동부장관이 정하는 업무

제11장 벌칙

제119조(과태료의 부과기준) 법 제175조제1항부터 제6항까지의 규정에 따른 과태료의 부과기준은 별표 35와 같다.

3 산업안전보건법 시행규칙

[시행 2025. 1. 1.] [고용노동부령 제419호, 2024. 6. 28., 일부개정]

제1장 총칙

제1조(목적) 이 규칙은 「산업안전보건법」 및 같은 법 시행령에서 위임된 사항과 그 시행에 필요한 사항을 규정함을 목적으로 한다.

제3조(중대재해의 범위) 법 제2조제2호에서 "고용노동부령으로 정하는 재해"란 다음 각 호의 어느 하나에 해당하는 재해를 말한다.
1. 사망자가 1명 이상 발생한 재해
2. 3개월 이상의 요양이 필요한 부상자가 동시에 2명 이상 발생한 재해
3. 부상자 또는 직업성 질병자가 동시에 10명 이상 발생한 재해

제2장 안전보건관리체제 등

제1절 안전보건관리체제

제9조(안전보건관리책임자의 업무) 법 제15조제1항제9호에서 "고용노동부령으로 정하는 사항"이란 법 제36조에 따른 위험성평가의 실시에 관한 사항과 안전보건규칙에서 정하는 근로자의 위험 또는 건강장해의 방지에 관한 사항을 말한다.

제10조(도급사업의 안전관리자 등의 선임) 안전관리자 및 보건관리자를 두어야 할 수급인인 사업주는 영 제16조제5항 및 제20조제3항에 따라 도급인인 사업주가 다음 각 호의 요건을 모두 갖춘 경우에는 안전관리자 및 보건관리자를 선임하지 않을 수 있다.
1. 도급인인 사업주 자신이 선임해야 할 안전관리자 및 보건관리자를 둔 경우
2. 안전관리자 및 보건관리자를 두어야 할 수급인인 사업주의 사업의 종류별로 상시근로자 수(건설공사의 경우에는 건설공사 금액을 말한다. 이하 같다)를 합계하여 그 상시근로자 수에 해당하는 안전관리자 및 보건관리자를 추가로 선임한 경우

제11조(안전관리자 등의 선임 등 보고) 사업주는 영 제16조제6항 및 제20조제3항에 따라 안전관리자 및 보건관리자를 선임(다시 선임한 경우를 포함한다)하거나 안전관리 업무 및 보건관리 업무를 위탁(위탁 후 수탁기관을 변경한 경우를 포함한다)한 경우에는 별지 제2호서식의 안전관리자·보건관리자·산업보건의 선임 등 보고서 또는 별지 제3호서식의 안전관리자·보건관리자·산업보건의 선임 등 보고서(건설업)를 관할 지방고용노동관서의 장에게 제출해야 한다.

제12조(안전관리자 등의 증원·교체임명 명령) ① 지방고용노동관서의 장은 다음 각 호의 어느 하나에 해당하는 사유가 발생한 경우에는 법 제17조제4항·제18조제4항 또는 제19조제3항에 따라 사업주에게 안전관리자·보건관리자 또는 안전보건관리담당자(이하 이 조에서 "관리자"라 한다)를 정수 이상으로 증원하게 하거나 교체하여 임명할 것을 명할 수 있다. 다만, 제4호에 해당하는 경우로서 직업성 질병자 발생 당시 사업장에서 해당 화학적 인자(因子)를 사용하지 않은 경우에는 그렇지 않다.
1. 해당 사업장의 연간재해율이 같은 업종의 평균재해율의 2배 이상인 경우
2. 중대재해가 연간 2건 이상 발생한 경우. 다만, 해당 사업장의 전년도 사망만인율이 같은 업종의 평균 사망만인율 이하인 경우는 제외한다.
3. 관리자가 질병이나 그 밖의 사유로 3개월 이상 직무를 수행할 수 없게 된 경우
4. 별표 22 제1호에 따른 화학적 인자로 인한 직업성 질병자가 연간 3명 이상 발생한 경우. 이 경우 직업성 질병자의 발생일은 「산업재해보상보험법 시행규칙」 제21조제1항에 따른 요양급여의 결정일로 한다.

② 제1항에 따라 관리자를 정수 이상으로 증원하게 하거나 교체하여 임명할 것을 명하는 경우에는 미리 사업주 및 해당 관리자의 의견을 듣거나 소명자료를 제출받아야 한다. 다만, 정당한 사유 없이 의견진술 또는 소명자료의 제출을 게을리한 경우에는 그렇지 않다.

③ 제1항에 따른 관리자의 정수 이상 증원 및 교체임명 명령은 별지 제4호서식에 따른다.

제15조(업종별·유해인자별 보건관리전문기관) ① 영 제23조제2항제1호에 따라 업종별 보건관리전문기관에 보건관리 업무를 위탁할 수 있는 사업은 광업으로 한다.

② 영 제23조제2항제1호에 따라 유해인자별 보건관리전문기관에 보건관리 업무를 위탁할 수 있는 사업은 다음 각 호와 같다.
1. 납 취급 사업
2. 수은 취급 사업
3. 크롬 취급 사업
4. 석면 취급 사업
5. 법 제118조에 따라 제조·사용허가를 받아야 할 물질을 취급하는 사업
6. 근골격계 질환의 원인이 되는 단순반복작업, 영상표시단말기 취급작업, 중량물 취급작업 등을 하는 사업

제21조(안전관리·보건관리전문기관의 비치서류) 법 제21조제3항에 따라 안전관리전문기관 또는 보건관리전문기관은 다음 각 호의 서류를 갖추어 두고 3년간 보존해야 한다.
1. 안전관리 또는 보건관리 업무 수탁에 관한 서류
2. 그 밖에 안전관리전문기관 또는 보건관리전문기관의 직무수행과 관련되는 서류

제2절 안전보건관리규정

제25조(안전보건관리규정의 작성) ① 법 제25조제3항에 따라 안전보건관리규정을 작성해야 할 사업의 종류 및 상시근로자 수는 별표 2와 같다.
② 제1항에 따른 사업의 사업주는 안전보건관리규정을 작성해야 할 사유가 발생한 날부터 30일 이내에 별표 3의 내용을 포함한 안전보건관리규정을 작성해야 한다. 이를 변경할 사유가 발생한 경우에도 또한 같다.
③ 사업주가 제2항에 따라 안전보건관리규정을 작성할 때에는 소방·가스·전기·교통 분야 등의 다른 법령에서 정하는 안전관리에 관한 규정과 통합하여 작성할 수 있다.

제3장 안전보건교육

제26조(교육시간 및 교육내용 등) ① 법 제29조제1항부터 제3항까지의 규정에 따라 사업주가 근로자에게 실시해야 하는 안전보건교육의 교육시간은 별표 4와 같고, 교육내용은 별표 5와 같다. 이 경우 사업주가 법 제29조제3항에 따른 유해하거나 위험한 작업에 필요한 안전보건교육(이하 "특별교육"이라 한다)을 실시한 때에는 해당 근로자에 대하여 법 제29조제2항에 따라 채용할 때 해야 하는 교육(이하 "채용 시 교육"이라 한다) 및 작업내용을 변경할 때 해야 하는 교육(이하 "작업내용 변경 시 교육"이라 한다)을 실시한 것으로 본다.
② 제1항에 따른 교육을 실시하기 위한 교육방법과 그 밖에 교육에 필요한 사항은 고용노동부장관이 정하여 고시한다.
③ 사업주가 법 제29조제1항부터 제3항까지의 규정에 따른 안전보건교육을 자체적으로 실시하는 경우에 교육을 할 수 있는 사람은 다음 각 호의 어느 하나에 해당하는 사람으로 한다.
1. 다음 각 목의 어느 하나에 해당하는 사람
   가. 법 제15조제1항에 따른 안전보건관리책임자
   나. 법 제16조제1항에 따른 관리감독자
   다. 법 제17조제1항에 따른 안전관리자(안전관리전문기관에서 안전관리자의 위탁업무를 수행하는 사람을 포함한다)
   라. 법 제18조제1항에 따른 보건관리자(보건관리전문기관에서 보건관리자의 위탁업무를 수행하는 사람을 포함한다)
   마. 법 제19조제1항에 따른 안전보건관리담당자(안전관리전문기관 및 보건관리전문기관에서 안전보건관리담당자의 위탁업무를 수행하는 사람을 포함한다)
   바. 법 제22조제1항에 따른 산업보건의

2. 공단에서 실시하는 해당 분야의 강사요원 교육과정을 이수한 사람
3. 법 제142조에 따른 산업안전지도사 또는 산업보건지도사(이하 "지도사"라 한다)
4. 산업안전보건에 관하여 학식과 경험이 있는 사람으로서 고용노동부장관이 정하는 기준에 해당하는 사람

제27조(안전보건교육의 면제) ① 전년도에 산업재해가 발생하지 않은 사업장의 사업주의 경우 법 제29조제1항에 따른 근로자 정기교육(이하 "근로자 정기교육"이라 한다)을 그 다음 연도에 한정하여 별표 4에서 정한 실시기준 시간의 100분의 50 범위에서 면제할 수 있다.

② 영 제16조 및 제20조에 따른 안전관리자 및 보건관리자를 선임할 의무가 없는 사업장의 사업주가 법 제11조제3호에 따라 노무를 제공하는 자의 건강 유지·증진을 위하여 설치된 근로자건강센터(이하 "근로자건강센터"라 한다)에서 실시하는 안전보건교육, 건강상담, 건강관리프로그램 등 근로자 건강관리 활동에 해당 사업장의 근로자를 참여하게 한 경우에는 해당 시간을 제26조제1항에 따른 교육 중 해당 반기(관리감독자의 지위에 있는 사람의 경우 해당 연도)의 근로자 정기교육 시간에서 면제할 수 있다. 이 경우 사업주는 해당 사업장의 근로자가 근로자건강센터에서 실시하는 건강관리 활동에 참여한 사실을 입증할 수 있는 서류를 갖춰 두어야 한다.

③ 법 제30조제1항제3호에 따라 관리감독자가 다음 각 호의 어느 하나에 해당하는 교육을 이수한 경우 별표 4에서 정한 근로자 정기교육시간을 면제할 수 있다.

1. 법 제32조제1항 각 호 외의 부분 본문에 따라 영 제40조제3항에 따른 직무교육기관(이하 "직무교육기관"이라 한다)에서 실시한 전문화교육
2. 법 제32조제1항 각 호 외의 부분 본문에 따라 직무교육기관에서 실시한 인터넷 원격교육
3. 법 제32조제1항 각 호 외의 부분 본문에 따라 공단에서 실시한 안전보건관리담당자 양성교육
4. 법 제98조제1항제2호에 따른 검사원 성능검사 교육
5. 그 밖에 고용노동부장관이 근로자 정기교육 면제대상으로 인정하는 교육

④ 사업주는 법 제30조제2항에 따라 해당 근로자가 채용되거나 변경된 작업에 경험이 있을 경우 채용 시 교육 또는 특별교육 시간을 다음 각 호의 기준에 따라 실시할 수 있다.

1. 「통계법」 제22조에 따라 통계청장이 고시한 한국표준산업분류의 세분류 중 같은 종류의 업종에 6개월 이상 근무한 경험이 있는 근로자를 이직 후 1년 이내에 채용하는 경우 : 별표 4에서 정한 채용 시 교육시간의 100분의 50 이상
2. 별표 5의 특별교육 대상작업에 6개월 이상 근무한 경험이 있는 근로자가 다음 각 목의 어느 하나에 해당하는 경우 : 별표 4에서 정한 특별교육 시간의 100분의 50 이상

가. 근로자가 이직 후 1년 이내에 채용되어 이직 전과 동일한 특별교육 대상작업에 종사하는 경우
나. 근로자가 같은 사업장 내 다른 작업에 배치된 후 1년 이내에 배치 전과 동일한 특별교육 대상작업에 종사하는 경우
3. 채용 시 교육 또는 특별교육을 이수한 근로자가 같은 도급인의 사업장 내에서 이전에 하던 업무와 동일한 업무에 종사하는 경우 : 소속 사업장의 변경에도 불구하고 해당 근로자에 대한 채용 시 교육 또는 특별교육 면제
4. 그 밖에 고용노동부장관이 채용 시 교육 또는 특별교육 면제 대상으로 인정하는 교육

제28조(건설업 기초안전보건교육의 시간ㆍ내용 및 방법 등) ① 법 제31조제1항에 따라 건설 일용근로자를 채용할 때 실시하는 안전보건교육(이하 "건설업 기초안전보건교육"이라 한다)의 교육시간은 별표 4에 따르고, 교육내용은 별표 5에 따른다.
② 건설업 기초안전보건교육을 하기 위하여 등록한 기관(이하 "건설업 기초안전ㆍ보건교육기관"이라 한다)이 건설업 기초안전보건교육을 할 때에는 별표 5의 교육내용에 적합한 교육교재를 사용해야 하고, 영 별표 11의 인력기준에 적합한 사람을 배치해야 한다.
③ 제1항 및 제2항에서 정한 사항 외에 교육생 관리, 교육과정 편성, 교육방법 등 교육에 필요한 사항은 고용노동부장관이 정하여 고시한다.

제29조(안전보건관리책임자 등에 대한 직무교육) ① 법 제32조제1항 각 호 외의 부분 본문에 따라 다음 각 호의 어느 하나에 해당하는 사람은 해당 직위에 선임(위촉의 경우를 포함한다. 이하 같다)되거나 채용된 후 3개월(보건관리자가 의사인 경우는 1년을 말한다) 이내에 직무를 수행하는 데 필요한 신규교육을 받아야 하며, 신규교육을 이수한 후 매 2년이 되는 날을 기준으로 전후 6개월 사이에 고용노동부장관이 실시하는 안전보건에 관한 보수교육을 받아야 한다.
1. 법 제15조제1항에 따른 안전보건관리책임자
2. 법 제17조제1항에 따른 안전관리자(「기업활동 규제완화에 관한 특별조치법」 제30조제3항에 따라 안전관리자로 채용된 것으로 보는 사람을 포함한다)
3. 법 제18조제1항에 따른 보건관리자
4. 법 제19조제1항에 따른 안전보건관리담당자
5. 법 제21조제1항에 따른 안전관리전문기관 또는 보건관리전문기관에서 안전관리자 또는 보건관리자의 위탁 업무를 수행하는 사람
6. 법 제74조제1항에 따른 건설재해예방전문지도기관에서 지도업무를 수행하는 사람
7. 법 제96조제1항에 따라 지정받은 안전검사기관에서 검사업무를 수행하는 사람
8. 법 제100조제1항에 따라 지정받은 자율안전검사기관에서 검사업무를 수행하는 사람
9. 법 제120조제1항에 따른 석면조사기관에서 석면조사 업무를 수행하는 사람

② 제1항에 따른 신규교육 및 보수교육(이하 "직무교육"이라 한다)의 교육시간은 별표 4와 같고, 교육내용은 별표 5와 같다.
③ 직무교육을 실시하기 위한 집체교육, 현장교육, 인터넷원격교육 등의 교육 방법, 직무교육 기관의 관리, 그 밖에 교육에 필요한 사항은 고용노동부장관이 정하여 고시한다.

제30조(직무교육의 면제) ① 법 제32조제1항 각 호 외의 부분 단서에 따라 다음 각 호의 어느 하나에 해당하는 사람에 대해서는 직무교육 중 신규교육을 면제한다.
1. 법 제19조제1항에 따른 안전보건관리담당자
2. 영 별표 4 제6호에 해당하는 사람
3. 영 별표 4 제7호에 해당하는 사람

② 영 별표 4 제8호 각 목의 어느 하나에 해당하는 사람, 「기업활동 규제완화에 관한 특별조치법」 제30조제3항제4호 또는 제5호에 따라 안전관리자로 채용된 것으로 보는 사람, 보건관리자로서 영 별표 6 제2호 또는 제3호에 해당하는 사람이 해당 법령에 따른 교육기관에서 제29조제2항의 교육내용 중 고용노동부장관이 정하는 내용이 포함된 교육을 이수하고 해당 교육기관에서 발행하는 확인서를 제출하는 경우에는 직무교육 중 보수교육을 면제한다.
③ 제29조제1항 각 호의 어느 하나에 해당하는 사람이 고용노동부장관이 정하여 고시하는 안전·보건에 관한 교육을 이수한 경우에는 직무교육 중 보수교육을 면제한다.

제4장 유해·위험 방지 조치

제37조(위험성평가 실시내용 및 결과의 기록·보존) ① 사업주가 법 제36조제3항에 따라 위험성평가의 결과와 조치사항을 기록·보존할 때에는 다음 각 호의 사항이 포함되어야 한다.
1. 위험성평가 대상의 유해·위험요인
2. 위험성 결정의 내용
3. 위험성 결정에 따른 조치의 내용
4. 그 밖에 위험성평가의 실시내용을 확인하기 위하여 필요한 사항으로서 고용노동부장관이 정하여 고시하는 사항

② 사업주는 제1항에 따른 자료를 3년간 보존해야 한다.

제42조(제출서류 등) ① 법 제42조제1항제1호에 해당하는 사업주가 유해위험방지계획서를 제출할 때에는 사업장별로 별지 제16호서식의 제조업 등 유해위험방지계획서에 다음 각 호의 서류를 첨부하여 해당 작업 시작 15일 전까지 공단에 2부를 제출해야 한다. 이 경우 유해위험방지계획서의 작성기준, 작성자, 심사기준, 그 밖에 심사에 필요한 사항은 고용노동부장관이 정하여 고시한다.

1. 건축물 각 층의 평면도
2. 기계·설비의 개요를 나타내는 서류
3. 기계·설비의 배치도면
4. 원재료 및 제품의 취급, 제조 등의 작업방법의 개요
5. 그 밖에 고용노동부장관이 정하는 도면 및 서류

② 법 제42조제1항제2호에 해당하는 사업주가 유해위험방지계획서를 제출할 때에는 사업장별로 별지 제16호서식의 제조업 등 유해위험방지계획서에 다음 각 호의 서류를 첨부하여 해당 작업 시작 15일 전까지 공단에 2부를 제출해야 한다.
1. 설치장소의 개요를 나타내는 서류
2. 설비의 도면
3. 그 밖에 고용노동부장관이 정하는 도면 및 서류

③ 법 제42조제1항제3호에 해당하는 사업주가 유해위험방지계획서를 제출할 때에는 별지 제17호서식의 건설공사 유해위험방지계획서에 별표 10의 서류를 첨부하여 해당 공사의 착공(유해위험방지계획서 작성 대상 시설물 또는 구조물의 공사를 시작하는 것을 말하며, 대지 정리 및 가설사무소 설치 등의 공사 준비기간은 착공으로 보지 않는다) 전날까지 공단에 2부를 제출해야 한다. 이 경우 해당 공사가 「건설기술 진흥법」 제62조에 따른 안전관리계획을 수립해야 하는 건설공사에 해당하는 경우에는 유해위험방지계획서와 안전관리계획서를 통합하여 작성한 서류를 제출할 수 있다.

④ 같은 사업장 내에서 영 제42조제3항 각 호에 따른 공사의 착공시기를 달리하는 사업의 사업주는 해당 공사별 또는 해당 공사의 단위작업공사 종류별로 유해위험방지계획서를 분리하여 각각 제출할 수 있다. 이 경우 이미 제출한 유해위험방지계획서의 첨부서류와 중복되는 서류는 제출하지 않을 수 있다.

⑤ 법 제42조제1항 단서에서 "산업재해발생률 등을 고려하여 고용노동부령으로 정하는 기준에 해당하는 사업주"란 별표 11의 기준에 적합한 건설업체(이하 "자체심사 및 확인업체"라 한다)의 사업주를 말한다.

⑥ 자체심사 및 확인업체는 별표 11의 자체심사 및 확인방법에 따라 유해위험방지계획서를 스스로 심사하여 해당 공사의 착공 전날까지 별지 제18호서식의 유해위험방지계획서 자체심사서를 공단에 제출해야 한다. 이 경우 공단은 필요한 경우 자체심사 및 확인업체의 자체심사에 관하여 지도·조언할 수 있다.

제43조(유해위험방지계획서의 건설안전 분야 자격 등) 법 제42조제2항에서 "건설안전 분야의 자격 등 고용노동부령으로 정하는 자격을 갖춘 자"란 다음 각 호의 어느 하나에 해당하는 사람을 말한다.
1. 건설안전 분야 산업안전지도사
2. 건설안전기술사 또는 토목·건축 분야 기술사
3. 건설안전산업기사 이상의 자격을 취득한 후 건설안전 관련 실무경력이 건설안전기사 이상의 자격은 5년, 건설안전산업기사 자격은 7년 이상인 사람

제45조(심사 결과의 구분) ① 공단은 유해위험방지계획서의 심사 결과를 다음 각 호와 같이 구분·판정한다.
1. 적정 : 근로자의 안전과 보건을 위하여 필요한 조치가 구체적으로 확보되었다고 인정되는 경우
2. 조건부 적정 : 근로자의 안전과 보건을 확보하기 위하여 일부 개선이 필요하다고 인정되는 경우
3. 부적정 : 건설물·기계·기구 및 설비 또는 건설공사가 심사기준에 위반되어 공사 착공 시 중대한 위험이 발생할 우려가 있거나 해당 계획에 근본적 결함이 있다고 인정되는 경우

② 공단은 심사 결과 적정판정 또는 조건부 적정판정을 한 경우에는 별지 제20호서식의 유해위험방지계획서 심사 결과 통지서에 보완사항을 포함(조건부 적정판정을 한 경우만 해당한다)하여 해당 사업주에게 발급하고 지방고용노동관서의 장에게 보고해야 한다.

③ 공단은 심사 결과 부적정판정을 한 경우에는 지체 없이 별지 제21호서식의 유해위험방지계획서 심사 결과(부적정) 통지서에 그 이유를 기재하여 지방고용노동관서의 장에게 통보하고 사업장 소재지 특별자치시장·특별자치도지사·시장·군수·구청장(구청장은 자치구의 구청장을 말한다. 이하 같다)에게 그 사실을 통보해야 한다.

④ 제3항에 따른 통보를 받은 지방고용노동관서의 장은 사실 여부를 확인한 후 공사착공중지명령, 계획변경명령 등 필요한 조치를 해야 한다.

⑤ 사업주는 지방고용노동관서의 장으로부터 공사착공중지명령 또는 계획변경명령을 받은 경우에는 유해위험방지계획서를 보완하거나 변경하여 공단에 제출해야 한다.

제50조(공정안전보고서의 세부 내용 등) ① 영 제44조에 따라 공정안전보고서에 포함해야 할 세부내용은 다음 각 호와 같다.
1. 공정안전자료
   가. 취급·저장하고 있거나 취급·저장하려는 유해·위험물질의 종류 및 수량
   나. 유해·위험물질에 대한 물질안전보건자료
   다. 유해하거나 위험한 설비의 목록 및 사양
   라. 유해하거나 위험한 설비의 운전방법을 알 수 있는 공정도면
   마. 각종 건물·설비의 배치도
   바. 폭발위험장소 구분도 및 전기단선도
   사. 위험설비의 안전설계·제작 및 설치 관련 지침서
2. 공정위험성평가서 및 잠재위험에 대한 사고예방·피해 최소화 대책(공정위험성평가서는 공정의 특성 등을 고려하여 다음 각 목의 위험성평가 기법 중 한 가지 이상을 선정하여 위험성평가를 한 후 그 결과에 따라 작성해야 하며, 사고예방·피해최소화 대책은 위험성평가 결과 잠재위험이 있다고 인정되는 경우에만 작성한다)

가. 체크리스트(Check List)
　　　나. 상대위험순위 결정(Dow and Mond Indices)
　　　다. 작업자 실수 분석(HEA)
　　　라. 사고 예상 질문 분석(What-if)
　　　마. 위험과 운전 분석(HAZOP)
　　　바. 이상위험도 분석(FMECA)
　　　사. 결함수 분석(FTA)
　　　아. 사건수 분석(ETA)
　　　자. 원인결과 분석(CCA)
　　　차. 가목부터 자목까지의 규정과 같은 수준 이상의 기술적 평가기법
　3. 안전운전계획
　　　가. 안전운전지침서
　　　나. 설비점검·검사 및 보수계획, 유지계획 및 지침서
　　　다. 안전작업허가
　　　라. 도급업체 안전관리계획
　　　마. 근로자 등 교육계획
　　　바. 가동 전 점검지침
　　　사. 변경요소 관리계획
　　　아. 자체감사 및 사고조사계획
　　　자. 그 밖에 안전운전에 필요한 사항
　4. 비상조치계획
　　　가. 비상조치를 위한 장비·인력 보유현황
　　　나. 사고발생 시 각 부서·관련 기관과의 비상연락체계
　　　다. 사고발생 시 비상조치를 위한 조직의 임무 및 수행 절차
　　　라. 비상조치계획에 따른 교육계획
　　　마. 주민홍보계획
　　　바. 그 밖에 비상조치 관련 사항
② 공정안전보고서의 세부내용별 작성기준, 작성자 및 심사기준, 그 밖에 심사에 필요한 사항은 고용노동부장관이 정하여 고시한다.

제51조(공정안전보고서의 제출 시기) 사업주는 영 제45조제1항에 따라 유해하거나 위험한 설비의 설치·이전 또는 주요 구조부분의 변경공사의 착공일(기존 설비의 제조·취급·저장 물질이 변경되거나 제조량·취급량·저장량이 증가하여 영 별표 13에 따른 유해·위험물질 규정량에 해당하게 된 경우에는 그 해당일을 말한다) 30일 전까지 공정안전보고서를 2부 작성하여 공단에 제출해야 한다.

제67조(중대재해 발생 시 보고) 사업주는 중대재해가 발생한 사실을 알게 된 경우에는 법 제54조제2항에 따라 지체 없이 다음 각 호의 사항을 사업장 소재지를 관할하는 지방고용노동관서의 장에게 전화·팩스 또는 그 밖의 적절한 방법으로 보고해야 한다.
1. 발생 개요 및 피해 상황
2. 조치 및 전망
3. 그 밖의 중요한 사항

제72조(산업재해 기록 등) 사업주는 산업재해가 발생한 때에는 법 제57조제2항에 따라 다음 각 호의 사항을 기록·보존해야 한다. 다만, 제73조제1항에 따른 산업재해조사표의 사본을 보존하거나 제73조제5항에 따른 요양신청서의 사본에 재해 재발방지 계획을 첨부하여 보존한 경우에는 그렇지 않다.
1. 사업장의 개요 및 근로자의 인적사항
2. 재해 발생의 일시 및 장소
3. 재해 발생의 원인 및 과정
4. 재해 재발방지 계획

제73조(산업재해 발생 보고 등) ① 사업주는 산업재해로 사망자가 발생하거나 3일 이상의 휴업이 필요한 부상을 입거나 질병에 걸린 사람이 발생한 경우에는 법 제57조제3항에 따라 해당 산업재해가 발생한 날부터 1개월 이내에 별지 제30호서식의 산업재해조사표를 작성하여 관할 지방고용노동관서의 장에게 제출(전자문서로 제출하는 것을 포함한다)해야 한다.

② 제1항에도 불구하고 다음 각 호의 모두에 해당하지 않는 사업주가 법률 제11882호 산업안전보건법 일부개정법률 제10조제2항의 개정규정의 시행일인 2014년 7월 1일 이후 해당 사업장에서 처음 발생한 산업재해에 대하여 지방고용노동관서의 장으로부터 별지 제30호서식의 산업재해조사표를 작성하여 제출하도록 명령을 받은 경우 그 명령을 받은 날부터 15일 이내에 이를 이행한 때에는 제1항에 따른 보고를 한 것으로 본다. 제1항에 따른 보고기한이 지난 후에 자진하여 별지 제30호서식의 산업재해조사표를 작성·제출한 경우에도 또한 같다.〈개정 2022. 8. 18〉
1. 안전관리자 또는 보건관리자를 두어야 하는 사업주
2. 법 제62조제1항에 따라 안전보건총괄책임자를 지정해야 하는 도급인
3. 법 제73조제2항에 따라 건설재해예방전문지도기관의 지도를 받아야 하는 건설공사도급인(법 제69조제1항의 건설공사도급인을 말한다. 이하 같다)
4. 산업재해 발생사실을 은폐하려고 한 사업주

③ 사업주는 제1항에 따른 산업재해조사표에 근로자대표의 확인을 받아야 하며, 그 기재 내용에 대하여 근로자대표의 이견이 있는 경우에는 그 내용을 첨부해야 한다. 다만, 근로자대표가 없는 경우에는 재해자 본인의 확인을 받아 산업재해조사표를 제출할 수 있다.

④ 제1항부터 제3항까지의 규정에서 정한 사항 외에 산업재해발생 보고에 필요한 사항은 고용노동부장관이 정한다.
⑤ 「산업재해보상보험법」 제41조에 따라 요양급여의 신청을 받은 근로복지공단은 지방고용노동관서의 장 또는 공단으로부터 요양신청서 사본, 요양업무 관련 전산입력자료, 그 밖에 산업재해예방업무 수행을 위하여 필요한 자료의 송부를 요청받은 경우에는 이에 협조해야 한다.

제5장 도급 시 산업재해 예방

제1절 도급의 제한

제74조(안전 및 보건에 관한 평가의 내용 등) ① 사업주는 법 제58조제2항제2호에 따른 승인 및 같은 조 제5항에 따른 연장승인을 받으려는 경우 법 제165조제2항, 영 제116조제2항에 따라 고용노동부장관이 고시하는 기관을 통하여 안전 및 보건에 관한 평가를 받아야 한다.
② 제1항의 안전 및 보건에 관한 평가에 대한 내용은 별표 12와 같다.

제2절 도급인의 안전조치 및 보건조치

제79조(협의체의 구성 및 운영) ① 법 제64조제1항제1호에 따른 안전 및 보건에 관한 협의체(이하 이 조에서 "협의체"라 한다)는 도급인 및 그의 수급인 전원으로 구성해야 한다.
② 협의체는 다음 각 호의 사항을 협의해야 한다.
1. 작업의 시작 시간
2. 작업 또는 작업장 간의 연락방법
3. 재해발생 위험이 있는 경우 대피방법
4. 작업장에서의 법 제36조에 따른 위험성평가의 실시에 관한 사항
5. 사업주와 수급인 또는 수급인 상호 간의 연락 방법 및 작업공정의 조정
③ 협의체는 매월 1회 이상 정기적으로 회의를 개최하고 그 결과를 기록·보존해야 한다.

제80조(도급사업 시의 안전·보건조치 등) ① 도급인은 법 제64조제1항제2호에 따른 작업장 순회점검을 다음 각 호의 구분에 따라 실시해야 한다.
1. 다음 각 목의 사업 : 2일에 1회 이상
   가. 건설업
   나. 제조업
   다. 토사석 광업
   라. 서적, 잡지 및 기타 인쇄물 출판업
   마. 음악 및 기타 오디오물 출판업
   바. 금속 및 비금속 원료 재생업
2. 제1호 각 목의 사업을 제외한 사업 : 1주일에 1회 이상

② 관계수급인은 제1항에 따라 도급인이 실시하는 순회점검을 거부·방해 또는 기피해서는 안 되며 점검 결과 도급인의 시정요구가 있으면 이에 따라야 한다.
③ 도급인은 법 제64조제1항제3호에 따라 관계수급인이 실시하는 근로자의 안전·보건교육에 필요한 장소 및 자료의 제공 등을 요청받은 경우 협조해야 한다.

제81조(위생시설의 설치 등 협조) ① 법 제64조제1항제6호에서 "위생시설 등 고용노동부령으로 정하는 시설"이란 다음 각 호의 시설을 말한다.
1. 휴게시설
2. 세면·목욕시설
3. 세탁시설
4. 탈의시설
5. 수면시설

② 도급인이 제1항에 따른 시설을 설치할 때에는 해당 시설에 대해 안전보건규칙에서 정하고 있는 기준을 준수해야 한다.

제3절 건설업 등의 산업재해 예방

제86조(기본안전보건대장 등) ① 법 제67조제1항제1호에 따른 기본안전보건대장에는 다음 각 호의 사항이 포함되어야 한다.
1. 건설공사 계획단계에서 예상되는 공사내용, 공사규모 등 공사 개요
2. 공사현장 제반 정보
3. 건설공사에 설치·사용 예정인 구조물, 기계·기구 등 고용노동부장관이 정하여 고시하는 유해·위험요인과 그에 대한 안전조치 및 위험성 감소방안
4. 산업재해 예방을 위한 건설공사발주자의 법령상 주요 의무사항 및 이에 대한 확인

② 법 제67조제1항제2호에 따른 설계안전보건대장에는 다음 각 호의 사항이 포함되어야 한다. 다만, 건설공사발주자가 「건설기술 진흥법」 제39조제3항 및 제4항에 따라 설계용역에 대하여 건설엔지니어링사업자로 하여금 건설사업관리를 하게 하고 해당 설계용역에 대하여 같은 법 시행령 제59조제4항제8호에 따른 공사기간 및 공사비의 적정성 검토가 포함된 건설사업관리 결과보고서를 작성·제출받은 경우에는 제1호를 포함하지 않을 수 있다.
1. 안전한 작업을 위한 적정 공사기간 및 공사금액 산출서
2. 건설공사 중 발생할 수 있는 유해·위험요인 및 시공단계에서 고려해야 할 유해·위험요인 감소방안
3. 삭제 〈2024. 6. 28.〉
4. 삭제 〈2024. 6. 28.〉
5. 법 제72조제1항에 따른 산업안전보건관리비(이하 "산업안전보건관리비"라 한다)의 산출내역서
6. 삭제 〈2024. 6. 28.〉
③ 법 제67조제1항제3호에 따른 공사안전보건대장에 포함하여 이행여부를 확인해야 할 사항은 다음 각 호와 같다.
1. 설계안전보건대장의 유해·위험요인 감소방안을 반영한 건설공사 중 안전보건 조치 이행계획
2. 법 제42조제1항에 따른 유해위험방지계획서의 심사 및 확인결과에 대한 조치내용
3. 고용노동부장관이 정하여 고시하는 건설공사용 기계·기구의 안전성 확보를 위한 배치 및 이동계획
4. 법 제73조제1항에 따른 건설공사의 산업재해 예방 지도를 위한 계약 여부, 지도결과 및 조치내용
④ 제1항부터 제3항까지의 규정에 따른 기본안전보건대장, 설계안전보건대장 및 공사안전보건대장의 작성과 공사안전보건대장의 이행여부 확인 방법 및 절차 등에 관하여 필요한 사항은 고용노동부장관이 정하여 고시한다.

제4절 그 밖의 고용형태에서의 산업재해 예방

제95조(교육시간 및 교육내용 등) ① 특수형태근로종사자로부터 노무를 제공받는 자가 법 제77조제2항에 따라 특수형태근로종사자에 대하여 실시해야 하는 안전 및 보건에 관한 교육시간은 별표 4와 같고, 교육내용은 별표 5와 같다.
② 특수형태근로종사자로부터 노무를 제공받는 자가 제1항에 따른 교육을 자체적으로 실시하는 경우 교육을 할 수 있는 사람은 제26조제3항 각 호의 어느 하나에 해당하는 사람으로 한다.

③ 특수형태근로종사자로부터 노무를 제공받는 자는 제1항에 따른 교육을 안전보건 교육기관에 위탁할 수 있다.
④ 제1항에 따른 교육을 실시하기 위한 교육방법과 그 밖에 교육에 필요한 사항은 고용노동부장관이 정하여 고시한다.
⑤ 특수형태근로종사자의 교육면제에 대해서는 제27조제4항을 준용한다. 이 경우 "사업주"는 "특수형태근로종사자로부터 노무를 제공받는 자"로, "근로자"는 "특수형태근로종사자"로, "채용"은 "최초 노무제공"으로 본다.

제6장 유해·위험 기계 등에 대한 조치

제1절 유해하거나 위험한 기계 등에 대한 방호조치 등

제98조(방호조치) ① 법 제80조제1항에 따라 영 제70조 및 영 별표 20의 기계·기구에 설치해야 할 방호장치는 다음 각 호와 같다.
1. 영 별표 20 제1호에 따른 예초기 : 날접촉 예방장치
2. 영 별표 20 제2호에 따른 원심기 : 회전체 접촉 예방장치
3. 영 별표 20 제3호에 따른 공기압축기 : 압력방출장치
4. 영 별표 20 제4호에 따른 금속절단기 : 날접촉 예방장치
5. 영 별표 20 제5호에 따른 지게차 : 헤드 가드, 백레스트(backrest), 전조등, 후미등, 안전벨트
6. 영 별표 20 제6호에 따른 포장기계 : 구동부 방호 연동장치

② 법 제80조제2항에서 "고용노동부령으로 정하는 방호조치"란 다음 각 호의 방호조치를 말한다.
1. 작동 부분의 돌기부분은 묻힘형으로 하거나 덮개를 부착할 것
2. 동력전달부분 및 속도조절부분에는 덮개를 부착하거나 방호망을 설치할 것
3. 회전기계의 물림점(롤러나 톱니바퀴 등 반대방향의 두 회전체에 물려 들어가는 위험점)에는 덮개 또는 울을 설치할 것

③ 제1항 및 제2항에 따른 방호조치에 필요한 사항은 고용노동부장관이 정하여 고시한다.

제104조(대여 공장건축물에 대한 조치) 공용으로 사용하는 공장건축물로서 다음 각 호의 어느 하나의 장치가 설치된 것을 대여하는 자는 해당 건축물을 대여받은 자가 2명 이상인 경우로서 다음 각 호의 어느 하나의 장치의 전부 또는 일부를 공용으로 사용하는 경우에는 그 공용부분의 기능이 유효하게 작동되도록 하기 위하여 점검·보수 등 필요한 조치를 해야 한다.

1. 국소 배기장치
2. 전체 환기장치
3. 배기처리장치

제2절 안전인증

제107조(안전인증대상기계 등) 법 제84조제1항에서 "고용노동부령으로 정하는 안전인증대상기계 등"이란 다음 각 호의 기계 및 설비를 말한다.
1. 설치·이전하는 경우 안전인증을 받아야 하는 기계
   가. 크레인
   나. 리프트
   다. 곤돌라
2. 주요 구조 부분을 변경하는 경우 안전인증을 받아야 하는 기계 및 설비
   가. 프레스
   나. 전단기 및 절곡기(折曲機)
   다. 크레인
   라. 리프트
   마. 압력용기
   바. 롤러기
   사. 사출성형기(射出成形機)
   아. 고소(高所)작업대
   자. 곤돌라

제110조(안전인증 심사의 종류 및 방법) ① 유해·위험기계 등이 안전인증기준에 적합한지를 확인하기 위하여 안전인증기관이 하는 심사는 다음 각 호와 같다.
1. 예비심사 : 기계 및 방호장치·보호구가 유해·위험기계 등 인지를 확인하는 심사(법 제84조제3항에 따라 안전인증을 신청한 경우만 해당한다)
2. 서면심사 : 유해·위험기계 등의 종류별 또는 형식별로 설계도면 등 유해·위험기계 등의 제품기술과 관련된 문서가 안전인증기준에 적합한지에 대한 심사
3. 기술능력 및 생산체계 심사 : 유해·위험기계 등의 안전성능을 지속적으로 유지·보증하기 위하여 사업장에서 갖추어야 할 기술능력과 생산체계가 안전인증기준에 적합한지에 대한 심사. 다만, 다음 각 목의 어느 하나에 해당하는 경우에는 기술능력 및 생산체계 심사를 생략한다.
   가. 영 제74조제1항제2호 및 제3호에 따른 방호장치 및 보호구를 고용노동부장관이 정하여 고시하는 수량 이하로 수입하는 경우
   나. 제4호가목의 개별 제품심사를 하는 경우

다. 안전인증(제4호나목의 형식별 제품심사를 하여 안전인증을 받은 경우로 한정한다)을 받은 후 같은 공정에서 제조되는 같은 종류의 안전인증대상기계 등에 대하여 안전인증을 하는 경우
4. 제품심사 : 유해·위험기계 등이 서면심사 내용과 일치하는지와 유해·위험기계 등의 안전에 관한 성능이 안전인증기준에 적합한지에 대한 심사. 다만, 다음 각 목의 심사는 유해·위험기계 등별로 고용노동부장관이 정하여 고시하는 기준에 따라 어느 하나만을 받는다.
　　가. 개별 제품심사 : 서면심사 결과가 안전인증기준에 적합할 경우에 유해·위험기계 등 모두에 대하여 하는 심사(안전인증을 받으려는 자가 서면심사와 개별 제품심사를 동시에 할 것을 요청하는 경우 병행할 수 있다)
　　나. 형식별 제품심사 : 서면심사와 기술능력 및 생산체계 심사 결과가 안전인증기준에 적합할 경우에 유해·위험기계 등의 형식별로 표본을 추출하여 하는 심사(안전인증을 받으려는 자가 서면심사, 기술능력 및 생산체계 심사와 형식별 제품심사를 동시에 할 것을 요청하는 경우 병행할 수 있다)

② 제1항에 따른 유해·위험기계 등의 종류별 또는 형식별 심사의 절차 및 방법은 고용노동부장관이 정하여 고시한다.

③ 안전인증기관은 제108조제1항에 따라 안전인증 신청서를 제출받으면 다음 각 호의 구분에 따른 심사 종류별 기간 내에 심사해야 한다. 다만, 제품심사의 경우 처리기간 내에 심사를 끝낼 수 없는 부득이한 사유가 있을 때에는 15일의 범위에서 심사기간을 연장할 수 있다.

1. 예비심사 : 7일
2. 서면심사 : 15일(외국에서 제조한 경우는 30일)
3. 기술능력 및 생산체계 심사 : 30일(외국에서 제조한 경우는 45일)
4. 제품심사
　　가. 개별 제품심사 : 15일
　　나. 형식별 제품심사 : 30일(영 제74조제1항제2호사목의 방호장치와 같은 항 제3호가목부터 아목까지의 보호구는 60일)

④ 안전인증기관은 제3항에 따른 심사가 끝나면 안전인증을 신청한 자에게 별지 제45호서식의 심사결과 통지서를 발급해야 한다. 이 경우 해당 심사 결과가 모두 적합한 경우에는 별지 제46호서식의 안전인증서를 함께 발급해야 한다.

⑤ 안전인증기관은 안전인증대상기계 등이 특수한 구조 또는 재료로 제조되어 안전인증기준의 일부를 적용하기 곤란할 경우 해당 제품이 안전인증기준과 같은 수준 이상의 안전에 관한 성능을 보유한 것으로 인정(안전인증을 신청한 자의 요청이 있거나 필요하다고 판단되는 경우를 포함한다)되면 「산업표준화법」 제12조에 따른 한국산업표준 또는 관련 국제규격 등을 참고하여 안전인증기준의 일부를 생략하거나 추가하여 제1항제2호 또는 제4호에 따른 심사를 할 수 있다.

⑥ 안전인증기관은 제5항에 따라 안전인증대상기계 등이 안전인증기준과 같은 수준 이상의 안전에 관한 성능을 보유한 것으로 인정되는지와 해당 안전인증대상기계 등에 생략하거나 추가하여 적용할 안전인증기준을 심의·의결하기 위하여 안전인증심의위원회를 설치·운영해야 한다. 이 경우 안전인증심의위원회의 구성·개최에 걸리는 기간은 제3항에 따른 심사기간에 산입하지 않는다.
⑦ 제6항에 따른 안전인증심의위원회의 구성·기능 및 운영 등에 필요한 사항은 고용노동부장관이 정하여 고시한다.

제3절 자율안전확인의 신고

제119조(신고의 면제) 법 제89조제1항제3호에서 "고용노동부령으로 정하는 경우"란 다음 각 호의 어느 하나에 해당하는 경우를 말한다.
1. 「농업기계화촉진법」 제9조에 따른 검정을 받은 경우
2. 「산업표준화법」 제15조에 따른 인증을 받은 경우
3. 「전기용품 및 생활용품 안전관리법」 제5조 및 제8조에 따른 안전인증 및 안전검사를 받은 경우
4. 국제전기기술위원회의 국제방폭전기기계·기구 상호인정제도에 따라 인증을 받은 경우

제4절 안전검사

제124조(안전검사의 신청 등) ① 법 제93조제1항에 따라 안전검사를 받아야 하는 자는 별지 제50호서식의 안전검사 신청서를 제126조에 따른 검사 주기 만료일 30일 전에 영 제116조제2항에 따라 안전검사 업무를 위탁받은 기관(이하 "안전검사기관"이라 한다)에 제출(전자문서로 제출하는 것을 포함한다)해야 한다.
② 제1항에 따른 안전검사 신청을 받은 안전검사기관은 검사 주기 만료일 전후 각각 30일 이내에 해당 기계·기구 및 설비별로 안전검사를 해야 한다. 이 경우 해당 검사기간 이내에 검사에 합격한 경우에는 검사 주기 만료일에 안전검사를 받은 것으로 본다.
제126조(안전검사의 주기와 합격표시 및 표시방법) ① 법 제93조제3항에 따른 안전검사대상기계 등의 안전검사 주기는 다음 각 호와 같다.
1. 크레인(이동식 크레인은 제외한다), 리프트(이삿짐운반용 리프트는 제외한다) 및 곤돌라 : 사업장에 설치가 끝난 날부터 3년 이내에 최초 안전검사를 실시하되, 그 이후부터 2년마다(건설현장에서 사용하는 것은 최초로 설치한 날부터 6개월마다)

2. 이동식 크레인, 이삿짐운반용 리프트 및 고소작업대 : 「자동차관리법」 제8조에 따른 신규등록 이후 3년 이내에 최초 안전검사를 실시하되, 그 이후부터 2년마다
3. 프레스, 전단기, 압력용기, 국소 배기장치, 원심기, 롤러기, 사출성형기, 컨베이어 및 산업용 로봇, 혼합기, 파쇄기 또는 분쇄기 : 사업장에 설치가 끝난 날부터 3년 이내에 최초 안전검사를 실시하되, 그 이후부터 2년마다(공정안전보고서를 제출하여 확인을 받은 압력용기는 4년마다)
② 법 제93조제3항에 따른 안전검사의 합격표시 및 표시방법은 별표 16과 같다.

제5절 유해 · 위험기계 등의 조사 및 지원 등

제136조(제조 과정 조사 등) 영 제83조에 따른 제조 과정 조사 및 성능시험의 절차 및 방법은 제110조, 제111조제1항 및 제120조의 규정을 준용한다.

제7장 유해 · 위험물질에 대한 조치

제1절 유해 · 위험물질의 분류 및 관리

제141조(유해인자의 분류기준) 법 제104조에 따른 근로자에게 건강장해를 일으키는 화학물질 및 물리적 인자 등(이하 "유해인자"라 한다)의 유해성 · 위험성 분류기준은 별표 18과 같다.

제156조(물질안전보건자료의 작성방법 및 기재사항) ① 법 제110조제1항에 따른 물질안전보건자료 대상물질(이하 "물질안전보건자료 대상물질"이라 한다)을 제조 · 수입하려는 자가 물질안전보건자료를 작성하는 경우에는 그 물질안전보건자료의 신뢰성이 확보될 수 있도록 인용된 자료의 출처를 함께 적어야 한다.
② 법 제110조제1항제5호에서 "물리 · 화학적 특성 등 고용노동부령으로 정하는 사항"이란 다음 각 호의 사항을 말한다.
1. 물리 · 화학적 특성
2. 독성에 관한 정보
3. 폭발 · 화재 시의 대처방법
4. 응급조치 요령
5. 그 밖에 고용노동부장관이 정하는 사항
③ 그 밖에 물질안전보건자료의 세부 작성방법, 용어 등 필요한 사항은 고용노동부장관이 정하여 고시한다.

제168조(물질안전보건자료 대상물질의 관리 요령 게시) ① 법 제114조제2항에 따른 작업공정별 관리 요령에 포함되어야 할 사항은 다음 각 호와 같다.
1. 제품명
2. 건강 및 환경에 대한 유해성, 물리적 위험성
3. 안전 및 보건상의 취급주의 사항
4. 적절한 보호구
5. 응급조치 요령 및 사고 시 대처방법

② 작업공정별 관리 요령을 작성할 때에는 법 제114조제1항에 따른 물질안전보건자료에 적힌 내용을 참고해야 한다.
③ 작업공정별 관리 요령은 유해성·위험성이 유사한 물질안전보건자료 대상물질의 그룹별로 작성하여 게시할 수 있다.

제2절 석면에 대한 조치

제175조(석면조사의 생략 등 확인 절차) ① 법 제119조제2항 각 호 외의 부분 단서에 따라 건축물이나 설비의 소유주 또는 임차인 등(이하 이 조에서 "건축물·설비소유주등"이라 한다)이 영 제89조제2항 각 호에 따른 석면조사의 생략 대상 건축물이나 설비에 대하여 확인을 받으려는 경우에는 별지 제74호서식의 석면조사의 생략 등 확인신청서에 다음 각 호의 구분에 따른 서류를 첨부하여 관할 지방고용노동관서의 장에게 제출해야 한다. 이 경우 제2호에 따른 건축물대장 사본을 제출한 경우에는 제3항에 따른 확인 통지가 된 것으로 본다.
1. 건축물이나 설비에 석면이 함유되어 있지 않은 경우 : 이를 증명할 수 있는 설계도서 사본, 건축자재의 목록·사진·성분분석표, 건축물 안팎의 사진 등의 서류. 이 경우 성분분석표는 건축자재 생산회사가 발급한 것으로 한다.
2. 건축물이 2017년 7월 1일 이후「건축법」제21조에 따른 착공신고를 한 신축 건축물인 경우 : 건축물대장 사본
3. 건축물이나 설비에 석면이 1퍼센트(무게 퍼센트) 초과하여 함유되어 있는 경우 : 공사계약서 사본(자체공사인 경우에는 공사계획서).

② 법 제119조제3항에 따라 건축물·설비소유주 등이「석면안전관리법」에 따른 석면조사를 실시한 경우에는 별지 제74호서식의 석면조사의 생략 등 확인신청서에「석면안전관리법」에 따른 석면조사를 하였음을 표시하고 그 석면조사 결과서를 첨부하여 관할 지방고용노동관서의 장에게 제출해야 한다. 다만,「석면안전관리법 시행규칙」제26조에 따라 건축물석면조사 결과를 관계 행정기관의 장에게 제출한 경우에는 석면조사의 생략 등 확인신청서를 제출하지 않을 수 있다.

③ 지방고용노동관서의 장은 제1항 및 제2항에 따른 신청서가 제출되면 이를 확인한 후 접수된 날부터 20일 이내에 그 결과를 해당 신청인에게 통지해야 한다.
④ 지방고용노동관서의 장은 제3항에 따른 신청서의 내용을 확인하기 위하여 기술적인 사항에 대하여 공단에 검토를 요청할 수 있다.

제8장 근로자 보건관리

제1절 근로환경의 개선

제186조(작업환경측정 대상 작업장 등) ① 법 제125조제1항에서 "고용노동부령으로 정하는 작업장"이란 별표 21의 작업환경측정 대상 유해인자에 노출되는 근로자가 있는 작업장을 말한다. 다만, 다음 각 호의 어느 하나에 해당하는 경우에는 작업환경측정을 하지 않을 수 있다.
1. 안전보건규칙 제420조제1호에 따른 관리대상 유해물질의 허용소비량을 초과하지 않는 작업장(그 관리대상 유해물질에 관한 작업환경측정만 해당한다)
2. 안전보건규칙 제420조제8호에 따른 임시 작업 및 같은 조 제9호에 따른 단시간 작업을 하는 작업장(고용노동부장관이 정하여 고시하는 물질을 취급하는 작업을 하는 경우는 제외한다)
3. 안전보건규칙 제605조제2호에 따른 분진작업의 적용 제외 작업장(분진에 관한 작업환경측정만 해당한다)
4. 그 밖에 작업환경측정 대상 유해인자의 노출 수준이 노출기준에 비하여 현저히 낮은 경우로서 고용노동부장관이 정하여 고시하는 작업장

② 안전보건진단기관이 안전보건진단을 실시하는 경우에 제1항에 따른 작업장의 유해인자 전체에 대하여 고용노동부장관이 정하는 방법에 따라 작업환경을 측정하였을 때에는 사업주는 법 제125조에 따라 해당 측정주기에 실시해야 할 해당 작업장의 작업환경측정을 하지 않을 수 있다.

제2절 건강진단 및 건강관리

제195조(근로자 건강진단 실시에 대한 협력 등) ① 사업주는 법 제135조제1항에 따른 특수건강진단기관 또는 「건강검진기본법」 제3조제2호에 따른 건강검진기관(이하 "건강진단기관"이라 한다)이 근로자의 건강진단을 위하여 다음 각 호의 정보를 요청하는 경우 해당 정보를 제공하는 등 근로자의 건강진단이 원활히 실시될 수 있도록 적극 협조해야 한다.

1. 근로자의 작업장소, 근로시간, 작업내용, 작업방식 등 근무환경에 관한 정보
2. 건강진단 결과, 작업환경측정 결과, 화학물질 사용 실태, 물질안전보건자료 등 건강진단에 필요한 정보

② 근로자는 사업주가 실시하는 건강진단 및 의학적 조치에 적극 협조해야 한다.

③ 건강진단기관은 사업주가 법 제129조부터 제131조까지의 규정에 따라 건강진단을 실시하기 위하여 출장검진을 요청하는 경우에는 출장검진을 할 수 있다.

제196조(일반건강진단 실시의 인정) 법 제129조제1항 단서에서 "고용노동부령으로 정하는 건강진단"이란 다음 각 호 어느 하나에 해당하는 건강진단을 말한다.
1. 「국민건강보험법」에 따른 건강검진
2. 「선원법」에 따른 건강진단
3. 「진폐의 예방과 진폐근로자의 보호 등에 관한 법률」에 따른 정기 건강진단
4. 「학교보건법」에 따른 건강검사
5. 「항공안전법」에 따른 신체검사
6. 그 밖에 제198조제1항에서 정한 법 제129조제1항에 따른 일반건강진단(이하 "일반건강진단"이라 한다)의 검사항목을 모두 포함하여 실시한 건강진단

제197조(일반건강진단의 주기 등) ① 사업주는 상시 사용하는 근로자 중 사무직에 종사하는 근로자(공장 또는 공사현장과 같은 구역에 있지 않은 사무실에서 서무·인사·경리·판매·설계 등의 사무업무에 종사하는 근로자를 말하며, 판매업무 등에 직접 종사하는 근로자는 제외한다)에 대해서는 2년에 1회 이상, 그 밖의 근로자에 대해서는 1년에 1회 이상 일반건강진단을 실시해야 한다.

② 법 제129조에 따라 일반건강진단을 실시해야 할 사업주는 일반건강진단 실시 시기를 안전보건관리규정 또는 취업규칙에 규정하는 등 일반건강진단이 정기적으로 실시되도록 노력해야 한다.

제9장 산업안전지도사 및 산업보건지도사

제225조(자격시험의 공고) 「한국산업인력공단법」에 따른 한국산업인력공단(이하 "한국산업인력공단"이라 한다)이 지도사 자격시험을 시행하려는 경우에는 시험 응시자격, 시험과목, 일시, 장소, 응시 절차, 그 밖에 자격시험 응시에 필요한 사항을 시험 실시 90일 전까지 일간신문 등에 공고해야 한다.

제10장 근로감독관 등

제235조(감독기준) 근로감독관은 다음 각 호의 어느 하나에 해당하는 경우 법 제155조제1항에 따라 질문·검사·점검하거나 관계 서류의 제출을 요구할 수 있다.
1. 산업재해가 발생하거나 산업재해 발생의 급박한 위험이 있는 경우
2. 근로자의 신고 또는 고소·고발 등에 대한 조사가 필요한 경우
3. 법 또는 법에 따른 명령을 위반한 범죄의 수사 등 사법경찰관리의 직무를 수행하기 위하여 필요한 경우
4. 그 밖에 고용노동부장관 또는 지방고용노동관서의 장이 법 또는 법에 따른 명령의 위반 여부를 조사하기 위하여 필요하다고 인정하는 경우

제11장 보칙

제237조(보조·지원의 환수와 제한) ① 법 제158조제2항제6호에서 "고용노동부령으로 정하는 경우"란 보조·지원을 받은 후 3년 이내에 해당 시설 및 장비의 중대한 결함이나 관리상 중대한 과실로 인하여 근로자가 사망한 경우를 말한다.
② 법 제158조제4항에 따라 보조·지원을 제한할 수 있는 기간은 다음 각 호와 같다.
1. 법 제158조제2항제1호의 경우 : 5년
2. 법 제158조제2항제2호부터 제6호까지의 어느 하나의 경우 : 3년
3. 법 제158조제2항제2호부터 제6호까지의 어느 하나를 위반한 후 5년 이내에 같은 항 제2호부터 제6호까지의 어느 하나를 위반한 경우 : 5년

제243조(규제의 재검토) ① 고용노동부장관은 별표 21의 2에 따른 휴게시설 설치·관리 기준에 대하여 2022년 8월 18일을 기준으로 4년마다(매 4년이 되는 해의 기준일과 같은 날 전까지를 말한다) 그 타당성을 검토하여 개선 등의 조치를 해야 한다.
② 고용노동부장관은 다음 각 호의 사항에 대하여 다음 각 호의 기준일을 기준으로 3년마다(매 3년이 되는 해의 기준일과 같은 날 전날까지를 말한다) 그 타당성을 검토하여 개선 등의 조치를 해야 한다.
1. 제12조에 따른 안전관리자 등의 증원·교체임명 명령 : 2020년 1월 1일
2. 제220조에 따른 질병자의 근로금지 : 2020년 1월 1일
3. 제221조에 따른 질병자의 근로제한 : 2020년 1월 1일
4. 제229조에 따른 등록신청 등 : 2020년 1월 1일
5. 제241조제2항에 따른 건강진단 결과의 보존 : 2020년 1월 1일

4 산업안전보건기준에 관한 규칙(약칭 : 안전보건규칙)

[시행 2025. 6. 29.] [고용노동부령 제417호, 2024. 6. 28., 일부개정]

제1편 총칙

제1장 통칙

제1조(목적) 이 규칙은「산업안전보건법」제5조, 제16조, 제37조부터 제40조까지, 제63조부터 제66조까지, 제76조부터 제78조까지, 제80조, 제81조, 제83조, 제84조, 제89조, 제93조, 제117조부터 제119조까지 및 제123조 등에서 위임한 산업안전보건기준에 관한 사항과 그 시행에 필요한 사항을 규정함을 목적으로 한다.

제2장 작업장

제3조(전도의 방지) ① 사업주는 근로자가 작업장에서 넘어지거나 미끄러지는 등의 위험이 없도록 작업장 바닥 등을 안전하고 청결한 상태로 유지하여야 한다.
② 사업주는 제품, 자재, 부재(部材) 등이 넘어지지 않도록 붙들어 지탱하게 하는 등 안전 조치를 하여야 한다. 다만, 근로자가 접근하지 못하도록 조치한 경우에는 그러하지 아니하다.

제5조(오염된 바닥의 세척 등) ① 사업주는 인체에 해로운 물질, 부패하기 쉬운 물질 또는 악취가 나는 물질 등에 의하여 오염될 우려가 있는 작업장의 바닥이나 벽을 수시로 세척하고 소독하여야 한다.
② 사업주는 제1항에 따른 세척 및 소독을 하는 경우에 물이나 그 밖의 액체를 다량으로 사용함으로써 습기가 찰 우려가 있는 작업장의 바닥이나 벽은 불침투성(不浸透性) 재료로 칠하고 배수(排水)에 편리한 구조로 하여야 한다.

제6조(오물의 처리 등) ① 사업주는 해당 작업장에서 배출하거나 폐기하는 오물을 일정한 장소에서 노출되지 않도록 처리하고, 병원체(病原體)로 인하여 오염될 우려가 있는 바닥·벽 및 용기 등을 수시로 소독하여야 한다.
② 사업주는 폐기물을 소각 등의 방법으로 처리하려는 경우 해당 근로자가 다이옥신 등 유해물질에 노출되지 않도록 작업공정 개선, 개인보호구(個人保護具) 지급·착용 등 적절한 조치를 하여야 한다.
③ 근로자는 제2항에 따라 지급된 개인보호구를 사업주의 지시에 따라 착용하여야 한다.

제8조(조도) 사업주는 근로자가 상시 작업하는 장소의 작업면 조도(照度)를 다음 각 호의 기준에 맞도록 하여야 한다. 다만, 갱내(坑內) 작업장과 감광재료(感光材料)를 취급하는 작업장은 그러하지 아니하다.
1. 초정밀작업 : 750럭스(lux) 이상
2. 정밀작업 : 300럭스 이상
3. 보통작업 : 150럭스 이상
4. 그 밖의 작업 : 75럭스 이상

제11조(작업장의 출입구) 사업주는 작업장에 출입구(비상구는 제외한다. 이하 같다)를 설치하는 경우 다음 각 호의 사항을 준수하여야 한다.
1. 출입구의 위치, 수 및 크기가 작업장의 용도와 특성에 맞도록 할 것
2. 출입구에 문을 설치하는 경우에는 근로자가 쉽게 열고 닫을 수 있도록 할 것
3. 주된 목적이 하역운반기계용인 출입구에는 인접하여 보행자용 출입구를 따로 설치할 것
4. 하역운반기계의 통로와 인접하여 있는 출입구에서 접촉에 의하여 근로자에게 위험을 미칠 우려가 있는 경우에는 비상등·비상벨 등 경보장치를 할 것
5. 계단이 출입구와 바로 연결된 경우에는 작업자의 안전한 통행을 위하여 그 사이에 1.2미터 이상 거리를 두거나 안내표지 또는 비상벨 등을 설치할 것. 다만, 출입구에 문을 설치하지 아니한 경우에는 그러하지 아니하다.

제12조(동력으로 작동되는 문의 설치 조건) 사업주는 동력으로 작동되는 문을 설치하는 경우 다음 각 호의 기준에 맞는 구조로 설치하여야 한다.
1. 동력으로 작동되는 문에 근로자가 끼일 위험이 있는 2.5미터 높이까지는 위급하거나 위험한 사태가 발생한 경우에 문의 작동을 정지시킬 수 있도록 비상정지장치 설치 등 필요한 조치를 할 것. 다만, 위험구역에 사람이 없어야만 문이 작동되도록 안전장치가 설치되어 있거나 운전자가 특별히 지정되어 상시 조작하는 경우에는 그러하지 아니하다.
2. 동력으로 작동되는 문의 비상정지장치는 근로자가 잘 알아볼 수 있고 쉽게 조작할 수 있을 것
3. 동력으로 작동되는 문의 동력이 끊어진 경우에는 즉시 정지되도록 할 것. 다만, 방화문의 경우에는 그러하지 아니하다.
4. 수동으로 열고 닫을 수 있도록 할 것. 다만, 동력으로 작동되는 문에 수동으로 열고 닫을 수 있는 문을 별도로 설치하여 근로자가 통행할 수 있도록 한 경우에는 그러하지 아니하다.
5. 동력으로 작동되는 문을 수동으로 조작하는 경우에는 제어장치에 의하여 즉시 정지시킬 수 있는 구조일 것

제13조(안전난간의 구조 및 설치요건) 사업주는 근로자의 추락 등의 위험을 방지하기 위하여 안전난간을 설치하는 경우 다음 각 호의 기준에 맞는 구조로 설치하여야 한다.
1. 상부 난간대, 중간 난간대, 발끝막이판 및 난간기둥으로 구성할 것. 다만, 중간 난간대, 발끝막이판 및 난간기둥은 이와 비슷한 구조와 성능을 가진 것으로 대체할 수 있다.
2. 상부 난간대는 바닥면·발판 또는 경사로의 표면(이하 "바닥면 등"이라 한다)으로부터 90센티미터 이상 지점에 설치하고, 상부 난간대를 120센티미터 이하에 설치하는 경우에는 중간 난간대는 상부 난간대와 바닥면 등의 중간에 설치해야 하며, 120센티미터 이상 지점에 설치하는 경우에는 중간 난간대를 2단 이상으로 균등하게 설치하고 난간의 상하 간격은 60센티미터 이하가 되도록 할 것. 다만, 난간기둥 간의 간격이 25센티미터 이하인 경우에는 중간 난간대를 설치하지 않을 수 있다.
3. 발끝막이판은 바닥면 등으로부터 10센티미터 이상의 높이를 유지할 것. 다만, 물체가 떨어지거나 날아올 위험이 없거나 그 위험을 방지할 수 있는 망을 설치하는 등 필요한 예방 조치를 한 장소는 제외한다.
4. 난간기둥은 상부 난간대와 중간 난간대를 견고하게 떠받칠 수 있도록 적정한 간격을 유지할 것
5. 상부 난간대와 중간 난간대는 난간 길이 전체에 걸쳐 바닥면 등과 평행을 유지할 것
6. 난간대는 지름 2.7센티미터 이상의 금속제 파이프나 그 이상의 강도가 있는 재료일 것
7. 안전난간은 구조적으로 가장 취약한 지점에서 가장 취약한 방향으로 작용하는 100킬로그램 이상의 하중에 견딜 수 있는 튼튼한 구조일 것

제14조(낙하물에 의한 위험의 방지) ① 사업주는 작업장의 바닥, 도로 및 통로 등에서 낙하물이 근로자에게 위험을 미칠 우려가 있는 경우 보호망을 설치하는 등 필요한 조치를 하여야 한다.
② 사업주는 작업으로 인하여 물체가 떨어지거나 날아올 위험이 있는 경우 낙하물 방지망, 수직보호망 또는 방호선반의 설치, 출입금지구역의 설정, 보호구의 착용 등 위험을 방지하기 위하여 필요한 조치를 하여야 한다. 이 경우 낙하물 방지망 및 수직보호망은 「산업표준화법」 제12조에 따른 한국산업표준(이하 "한국산업표준"이라 한다)에서 정하는 성능기준에 적합한 것을 사용하여야 한다. 〈개정 2017. 12. 28., 2022. 10. 18.〉
③ 제2항에 따라 낙하물 방지망 또는 방호선반을 설치하는 경우에는 다음 각 호의 사항을 준수하여야 한다.
1. 높이 10미터 이내마다 설치하고, 내민 길이는 벽면으로부터 2미터 이상으로 할 것
2. 수평면과의 각도는 20도 이상 30도 이하를 유지할 것

제15조(투하설비 등) 사업주는 높이가 3미터 이상인 장소로부터 물체를 투하하는 경우 적당한 투하설비를 설치하거나 감시인을 배치하는 등 위험을 방지하기 위하여 필요한 조치를 하여야 한다.

제17조(비상구의 설치) ① 사업주는 별표 1에 규정된 위험물질을 제조·취급하는 작업장(이하 이 항에서 "작업장"이라 한다)과 그 작업장이 있는 건축물에 제11조에 따른 출입구 외에 안전한 장소로 대피할 수 있는 비상구 1개 이상을 다음 각 호의 기준을 모두 충족하는 구조로 설치해야 한다. 다만, 작업장 바닥면의 가로 및 세로가 각 3미터 미만인 경우에는 그렇지 않다.
1. 출입구와 같은 방향에 있지 아니하고, 출입구로부터 3미터 이상 떨어져 있을 것
2. 작업장의 각 부분으로부터 하나의 비상구 또는 출입구까지의 수평거리가 50미터 이하가 되도록 할 것. 다만, 작업장이 있는 층에 「건축법 시행령」 제34조제1항에 따라 피난층(직접 지상으로 통하는 출입구가 있는 층과 「건축법 시행령」 제34조제3항 및 제4항에 따른 피난안전구역을 말한다) 또는 지상으로 통하는 직통계단(경사로를 포함한다)을 설치한 경우에는 그 부분에 한정하여 본문에 따른 기준을 충족한 것으로 본다.
3. 비상구의 너비는 0.75미터 이상으로 하고, 높이는 1.5미터 이상으로 할 것
4. 비상구의 문은 피난 방향으로 열리도록 하고, 실내에서 항상 열 수 있는 구조로 할 것

② 사업주는 제1항에 따른 비상구에 문을 설치하는 경우 항상 사용할 수 있는 상태로 유지하여야 한다.

제20조(출입의 금지 등) 사업주는 다음 각 호의 작업 또는 장소에 울타리를 설치하는 등 관계 근로자가 아닌 사람의 출입을 금지해야 한다. 다만, 제2호 및 제7호의 장소에서 수리 또는 점검 등을 위하여 그 암(arm) 등의 움직임에 의한 하중을 충분히 견딜 수 있는 안전지지대 또는 안전블록 등을 사용하도록 한 경우에는 그렇지 않다.
1. 추락에 의하여 근로자에게 위험을 미칠 우려가 있는 장소
2. 유압(流壓), 체인 또는 로프 등에 의하여 지탱되어 있는 기계·기구의 덤프, 램(ram), 리프트, 포크(fork) 및 암 등이 갑자기 작동함으로써 근로자에게 위험을 미칠 우려가 있는 장소
3. 케이블 크레인을 사용하여 작업을 하는 경우에는 권상용(卷上用) 와이어로프 또는 횡행용(橫行用) 와이어로프가 통하고 있는 도르래 또는 그 부착부의 파손에 의하여 위험을 발생시킬 우려가 있는 그 와이어로프의 내각측(內角側)에 속하는 장소
4. 인양전자석(引揚電磁石) 부착 크레인을 사용하여 작업을 하는 경우에는 달아 올려진 화물의 아래쪽 장소
5. 인양전자석 부착 이동식 크레인을 사용하여 작업을 하는 경우에는 달아 올려진 화물의 아래쪽 장소
6. 리프트를 사용하여 작업을 하는 다음 각 목의 장소
    가. 리프트 운반구가 오르내리다가 근로자에게 위험을 미칠 우려가 있는 장소
    나. 리프트의 권상용 와이어로프 내각측에 그 와이어로프가 통하고 있는 도르래 또는 그 부착부가 떨어져 나감으로써 근로자에게 위험을 미칠 우려가 있는 장소

7. 지게차·구내운반차·화물자동차 등의 차량계 하역운반기계 및 고소(高所)작업대(이하 "차량계 하역운반기계 등"이라 한다)의 포크·버킷(bucket)·암 또는 이들에 의하여 지탱되어 있는 화물의 밑에 있는 장소. 다만, 구조상 갑작스러운 하강을 방지하는 장치가 있는 것은 제외한다.
8. 운전 중인 항타기(杭打機) 또는 항발기(杭拔機)의 권상용 와이어로프 등의 부착 부분의 파손에 의하여 와이어로프가 벗겨지거나 드럼(drum), 도르래 뭉치 등이 떨어져 근로자에게 위험을 미칠 우려가 있는 장소
9. 화재 또는 폭발의 위험이 있는 장소
10. 낙반(落磐) 등의 위험이 있는 다음 각 목의 장소
   가. 부석의 낙하에 의하여 근로자에게 위험을 미칠 우려가 있는 장소
   나. 터널 지보공(支保工)의 보강작업 또는 보수작업을 하고 있는 장소로서 낙반 또는 낙석 등에 의하여 근로자에게 위험을 미칠 우려가 있는 장소
11. 토사·암석 등(이하 "토사등"이라 한다)의 붕괴 또는 낙하로 인하여 근로자에게 위험을 미칠 우려가 있는 토사등의 굴착작업 또는 채석작업을 하는 장소 및 그 아래 장소
12. 암석 채취를 위한 굴착작업, 채석에서 암석을 분할가공하거나 운반하는 작업, 그 밖에 이러한 작업에 수반(隨伴)한 작업(이하 "채석작업"이라 한다)을 하는 경우에는 운전 중인 굴착기계·분할기계·적재기계 또는 운반기계(이하 "굴착기계 등"이라 한다)에 접촉함으로써 근로자에게 위험을 미칠 우려가 있는 장소
13. 해체작업을 하는 장소
14. 하역작업을 하는 경우에는 쌓아놓은 화물이 무너지거나 화물이 떨어져 근로자에게 위험을 미칠 우려가 있는 장소
15. 다음 각 목의 항만하역작업 장소
   가. 해치커버[해치보드(hatch board) 및 해치빔(hatch beam)을 포함한다]의 개폐·설치 또는 해체작업을 하고 있어 해치 보드 또는 해치빔 등이 떨어져 근로자에게 위험을 미칠 우려가 있는 장소
   나. 양화장치(揚貨裝置) 붐(boom)이 넘어짐으로써 근로자에게 위험을 미칠 우려가 있는 장소
   다. 양화장치, 데릭(derrick), 크레인, 이동식 크레인(이하 "양화장치 등"이라 한다)에 매달린 화물이 떨어져 근로자에게 위험을 미칠 우려가 있는 장소
16. 벌목, 목재의 집하 또는 운반 등의 작업을 하는 경우에는 벌목한 목재 등이 아래 방향으로 굴러 떨어지는 등의 위험이 발생할 우려가 있는 장소

17. 양화장치 등을 사용하여 화물의 적하[부두 위의 화물에 훅(hook)을 걸어 선(船) 내에 적재하기까지의 작업을 말한다] 또는 양하(선 내의 화물을 부두 위에 내려놓고 훅을 풀기까지의 작업을 말한다)를 하는 경우에는 통행하는 근로자에게 화물이 떨어지거나 충돌할 우려가 있는 장소
18. 굴착기 붐·암·버킷 등의 선회(旋回)에 의하여 근로자에게 위험을 미칠 우려가 있는 장소

제3장 통로

제21조(통로의 조명) 사업주는 근로자가 안전하게 통행할 수 있도록 통로에 75럭스 이상의 채광 또는 조명시설을 하여야 한다. 다만, 갱도 또는 상시 통행을 하지 아니하는 지하실 등을 통행하는 근로자에게 휴대용 조명기구를 사용하도록 한 경우에는 그러하지 아니하다.

제22조(통로의 설치) ① 사업주는 작업장으로 통하는 장소 또는 작업장 내에 근로자가 사용할 안전한 통로를 설치하고 항상 사용할 수 있는 상태로 유지하여야 한다.
② 사업주는 통로의 주요 부분에 통로표시를 하고, 근로자가 안전하게 통행할 수 있도록 하여야 한다.
③ 사업주는 통로면으로부터 높이 2미터 이내에는 장애물이 없도록 하여야 한다. 다만, 부득이하게 통로면으로부터 높이 2미터 이내에 장애물을 설치할 수밖에 없거나 통로면으로부터 높이 2미터 이내의 장애물을 제거하는 것이 곤란하다고 고용노동부장관이 인정하는 경우에는 근로자에게 발생할 수 있는 부상 등의 위험을 방지하기 위한 안전 조치를 하여야 한다.

제23조(가설통로의 구조) 사업주는 가설통로를 설치하는 경우 다음 각 호의 사항을 준수하여야 한다.
1. 견고한 구조로 할 것
2. 경사는 30도 이하로 할 것. 다만, 계단을 설치하거나 높이 2미터 미만의 가설통로로서 튼튼한 손잡이를 설치한 경우에는 그러하지 아니하다.
3. 경사가 15도를 초과하는 경우에는 미끄러지지 아니하는 구조로 할 것
4. 추락할 위험이 있는 장소에는 안전난간을 설치할 것. 다만, 작업상 부득이한 경우에는 필요한 부분만 임시로 해체할 수 있다.
5. 수직갱에 가설된 통로의 길이가 15미터 이상인 경우에는 10미터 이내마다 계단참을 설치할 것
6. 건설공사에 사용하는 높이 8미터 이상인 비계다리에는 7미터 이내마다 계단참을 설치할 것

제24조(사다리식 통로 등의 구조) ① 사업주는 사다리식 통로 등을 설치하는 경우 다음 각 호의 사항을 준수하여야 한다.
 1. 견고한 구조로 할 것
 2. 심한 손상·부식 등이 없는 재료를 사용할 것
 3. 발판의 간격은 일정하게 할 것
 4. 발판과 벽과의 사이는 15센티미터 이상의 간격을 유지할 것
 5. 폭은 30센티미터 이상으로 할 것
 6. 사다리가 넘어지거나 미끄러지는 것을 방지하기 위한 조치를 할 것
 7. 사다리의 상단은 걸쳐놓은 지점으로부터 60센티미터 이상 올라가도록 할 것
 8. 사다리식 통로의 길이가 10미터 이상인 경우에는 5미터 이내마다 계단참을 설치할 것
 9. 사다리식 통로의 기울기는 75도 이하로 할 것. 다만, 고정식 사다리식 통로의 기울기는 90도 이하로 하고, 그 높이가 7미터 이상인 경우에는 다음 각 목의 구분에 따른 조치를 할 것
  가. 등받이울이 있어도 근로자 이동에 지장이 없는 경우: 바닥으로부터 높이가 2.5미터 되는 지점부터 등받이울을 설치할 것
  나. 등받이울이 있으면 근로자가 이동이 곤란한 경우: 한국산업표준에서 정하는 기준에 적합한 개인용 추락 방지 시스템을 설치하고 근로자로 하여금 한국산업표준에서 정하는 기준에 적합한 전신안전대를 사용하도록 할 것
 10. 접이식 사다리 기둥은 사용 시 접혀지거나 펼쳐지지 않도록 철물 등을 사용하여 견고하게 조치할 것
② 잠함(潛函) 내 사다리식 통로와 건조·수리 중인 선박의 구명줄이 설치된 사다리식 통로(건조·수리작업을 위하여 임시로 설치한 사다리식 통로는 제외한다)에 대해서는 제1항제5호부터 제10호까지의 규정을 적용하지 아니한다.

제26조(계단의 강도) ① 사업주는 계단 및 계단참을 설치하는 경우 매제곱미터당 500킬로그램 이상의 하중에 견딜 수 있는 강도를 가진 구조로 설치하여야 하며, 안전율[안전의 정도를 표시하는 것으로서 재료의 파괴응력도(破壞應力度)와 허용응력도(許容應力度)의 비율을 말한다]은 4 이상으로 하여야 한다.
② 사업주는 계단 및 승강구 바닥을 구멍이 있는 재료로 만드는 경우 렌치나 그 밖의 공구 등이 낙하할 위험이 없는 구조로 하여야 한다.

제27조(계단의 폭) ① 사업주는 계단을 설치하는 경우 그 폭을 1미터 이상으로 하여야 한다. 다만, 급유용·보수용·비상용 계단 및 나선형 계단이거나 높이 1미터 미만의 이동식 계단인 경우에는 그러하지 아니하다.
② 사업주는 계단에 손잡이 외의 다른 물건 등을 설치하거나 쌓아 두어서는 아니 된다.

제4장 보호구

제31조(보호구의 제한적 사용) ① 사업주는 보호구를 사용하지 아니하더라도 근로자가 유해·위험작업으로부터 보호를 받을 수 있도록 설비개선 등 필요한 조치를 하여야 한다.

② 사업주는 제1항의 조치를 하기 어려운 경우에만 제한적으로 해당 작업에 맞는 보호구를 사용하도록 하여야 한다.

제32조(보호구의 지급 등) ① 사업주는 다음 각 호의 어느 하나에 해당하는 작업을 하는 근로자에 대해서는 다음 각 호의 구분에 따라 그 작업조건에 맞는 보호구를 작업하는 근로자 수 이상으로 지급하고 착용하도록 하여야 한다.

1. 물체가 떨어지거나 날아올 위험 또는 근로자가 추락할 위험이 있는 작업 : 안전모
2. 높이 또는 깊이 2미터 이상의 추락할 위험이 있는 장소에서 하는 작업 : 안전대(安全帶)
3. 물체의 낙하·충격, 물체에의 끼임, 감전 또는 정전기의 대전(帶電)에 의한 위험이 있는 작업 : 안전화
4. 물체가 흩날릴 위험이 있는 작업 : 보안경
5. 용접 시 불꽃이나 물체가 흩날릴 위험이 있는 작업 : 보안면
6. 감전의 위험이 있는 작업 : 절연용 보호구
7. 고열에 의한 화상 등의 위험이 있는 작업 : 방열복
8. 선창 등에서 분진(粉塵)이 심하게 발생하는 하역작업 : 방진마스크
9. 섭씨 영하 18도 이하인 급냉동어창에서 하는 하역작업 : 방한모·방한복·방한화·방한장갑
10. 물건을 운반하거나 수거·배달하기 위하여 「도로교통법」 제2조제18호가목5)에 따른 이륜자동차 또는 같은 법 제2조제19호에 따른 원동기장치자전거를 운행하는 작업 : 「도로교통법 시행규칙」 제32조제1항 각 호의 기준에 적합한 승차용 안전모
11. 물건을 운반하거나 수거·배달하기 위해 「도로교통법」 제2조제21호의2에 따른 자전거등을 운행하는 작업: 「도로교통법 시행규칙」 제32조제2항의 기준에 적합한 안전모

② 사업주로부터 제1항에 따른 보호구를 받거나 착용지시를 받은 근로자는 그 보호구를 착용하여야 한다.

제5장 관리감독자의 직무, 사용의 제한 등

제35조(관리감독자의 유해·위험 방지 업무 등) ① 사업주는 법 제16조제1항에 따른 관리감독자(건설업의 경우 직장·조장 및 반장의 지위에서 그 작업을 직접 지휘·감독하는 관리감독자를 말하며, 이하 "관리감독자"라 한다)로 하여금 별표 2에서 정하는 바에 따라 유해·위험을 방지하기 위한 업무를 수행하도록 하여야 한다.
② 사업주는 별표 3에서 정하는 바에 따라 작업을 시작하기 전에 관리감독자로 하여금 필요한 사항을 점검하도록 하여야 한다.
③ 사업주는 제2항에 따른 점검 결과 이상이 발견되면 즉시 수리하거나 그 밖에 필요한 조치를 하여야 한다.

제37조(악천후 및 강풍 시 작업 중지) ① 사업주는 비·눈·바람 또는 그 밖의 기상상태의 불안정으로 인하여 근로자가 위험해질 우려가 있는 경우 작업을 중지하여야 한다. 다만, 태풍 등으로 위험이 예상되거나 발생되어 긴급 복구작업을 필요로 하는 경우에는 그러하지 아니하다.
② 사업주는 순간풍속이 초당 10미터를 초과하는 경우 타워크레인의 설치·수리·점검 또는 해체 작업을 중지하여야 하며, 순간풍속이 초당 15미터를 초과하는 경우에는 타워크레인의 운전작업을 중지하여야 한다.

제38조(사전조사 및 작업계획서의 작성 등) ① 사업주는 다음 각 호의 작업을 하는 경우 근로자의 위험을 방지하기 위하여 별표 4에 따라 해당 작업, 작업장의 지형·지반 및 지층 상태 등에 대한 사전조사를 하고 그 결과를 기록·보존해야 하며, 조사결과를 고려하여 별표 4의 구분에 따른 사항을 포함한 작업계획서를 작성하고 그 계획에 따라 작업을 하도록 해야 한다.
1. 타워크레인을 설치·조립·해체하는 작업
2. 차량계 하역운반기계 등을 사용하는 작업(화물자동차를 사용하는 도로상의 주행작업은 제외한다. 이하 같다)
3. 차량계 건설기계를 사용하는 작업
4. 화학설비와 그 부속설비를 사용하는 작업
5. 제318조에 따른 전기작업(해당 전압이 50볼트를 넘거나 전기에너지가 250볼트암페어를 넘는 경우로 한정한다)
6. 굴착면의 높이가 2미터 이상이 되는 지반의 굴착작업
7. 터널굴착작업
8. 교량(상부구조가 금속 또는 콘크리트로 구성되는 교량으로서 그 높이가 5미터 이상이거나 교량의 최대 지간 길이가 30미터 이상인 교량으로 한정한다)의 설치·해체 또는 변경 작업

9. 채석작업
10. 구축물, 건축물, 그 밖의 시설물 등(이하 "구축물등"이라 한다)의 해체작업
11. 중량물의 취급작업
12. 궤도나 그 밖의 관련 설비의 보수·점검작업
13. 열차의 교환·연결 또는 분리 작업(이하 "입환작업"이라 한다)
② 사업주는 제1항에 따라 작성한 작업계획서의 내용을 해당 근로자에게 알려야 한다.
③ 사업주는 항타기나 항발기를 조립·해체·변경 또는 이동하는 작업을 하는 경우 그 작업방법과 절차를 정하여 근로자에게 주지시켜야 한다.
④ 사업주는 제1항제12호의 작업에 모터카(motor car), 멀티플타이탬퍼(multiple tie tamper), 밸러스트 콤팩터(ballast compactor, 철도자갈다짐기), 궤도안정기 등의 작업차량(이하 "궤도작업차량"이라 한다)을 사용하는 경우 미리 그 구간을 운행하는 열차의 운행관계자와 협의하여야 한다.

제40조(신호) ① 사업주는 다음 각 호의 작업을 하는 경우 일정한 신호방법을 정하여 신호하도록 하여야 하며, 운전자는 그 신호에 따라야 한다.
1. 양중기(揚重機)를 사용하는 작업
2. 제171조 및 제172조제1항 단서에 따라 유도자를 배치하는 작업
3. 제200조제1항 단서에 따라 유도자를 배치하는 작업
4. 항타기 또는 항발기의 운전작업
5. 중량물을 2명 이상의 근로자가 취급하거나 운반하는 작업
6. 양화장치를 사용하는 작업
7. 제412조에 따라 유도자를 배치하는 작업
8. 입환작업(入換作業)
② 운전자나 근로자는 제1항에 따른 신호방법이 정해진 경우 이를 준수하여야 한다.

제41조(운전위치의 이탈금지) ① 사업주는 다음 각 호의 기계를 운전하는 경우 운전자가 운전위치를 이탈하게 해서는 아니 된다.
1. 양중기
2. 항타기 또는 항발기(권상장치에 하중을 건 상태)
3. 양화장치(화물을 적재한 상태)
② 제1항에 따른 운전자는 운전 중에 운전위치를 이탈해서는 아니 된다.

제6장 추락 또는 붕괴에 의한 위험 방지

제1절 추락에 의한 위험 방지

제42조(추락의 방지) ① 사업주는 근로자가 추락하거나 넘어질 위험이 있는 장소[작업발판의 끝·개구부(開口部) 등을 제외한다] 또는 기계·설비·선박블록 등에서 작업을 할 때에 근로자가 위험해질 우려가 있는 경우 비계(飛階)를 조립하는 등의 방법으로 작업발판을 설치하여야 한다.
② 사업주는 제1항에 따른 작업발판을 설치하기 곤란한 경우 다음 각 호의 기준에 맞는 추락방호망을 설치해야 한다. 다만, 추락방호망을 설치하기 곤란한 경우에는 근로자에게 안전대를 착용하도록 하는 등 추락위험을 방지하기 위해 필요한 조치를 해야 한다.
1. 추락방호망의 설치위치는 가능하면 작업면으로부터 가까운 지점에 설치하여야 하며, 작업면으로부터 망의 설치지점까지의 수직거리는 10미터를 초과하지 아니할 것
2. 추락방호망은 수평으로 설치하고, 망의 처짐은 짧은 변 길이의 12퍼센트 이상이 되도록 할 것
3. 건축물 등의 바깥쪽으로 설치하는 경우 추락방호망의 내민 길이는 벽면으로부터 3미터 이상 되도록 할 것. 다만, 그물코가 20밀리미터 이하인 추락방호망을 사용한 경우에는 제14조제3항에 따른 낙하물 방지망을 설치한 것으로 본다.
③ 사업주는 추락방호망을 설치하는 경우에는 한국산업표준에서 정하는 성능기준에 적합한 추락방호망을 사용하여야 한다.
④ 사업주는 제1항 및 제2항에도 불구하고 작업발판 및 추락방호망을 설치하기 곤란한 경우에는 근로자로 하여금 3개 이상의 버팀대를 가지고 지면으로부터 안정적으로 세울 수 있는 구조를 갖춘 이동식 사다리를 사용하여 작업을 하게 할 수 있다. 이 경우 사업주는 근로자가 다음 각 호의 사항을 준수하도록 조치해야 한다.
1. 평탄하고 견고하며 미끄럽지 않은 바닥에 이동식 사다리를 설치할 것
2. 이동식 사다리의 넘어짐을 방지하기 위해 다음 각 목의 어느 하나 이상에 해당하는 조치를 할 것
   가. 이동식 사다리를 견고한 시설물에 연결하여 고정할 것
   나. 아웃트리거(outrigger, 전도방지용 지지대)를 설치하거나 아웃트리거가 붙어 있는 이동식 사다리를 설치할 것
   다. 이동식 사다리를 다른 근로자가 지지하여 넘어지지 않도록 할 것
3. 이동식 사다리의 제조사가 정하여 표시한 이동식 사다리의 최대사용하중을 초과하지 않는 범위 내에서만 사용할 것
4. 이동식 사다리를 설치한 바닥면에서 높이 3.5미터 이하의 장소에서만 작업할 것

5. 이동식 사다리의 최상부 발판 및 그 하단 디딤대에 올라서서 작업하지 않을 것. 다만, 높이 1미터 이하의 사다리는 제외한다.
6. 안전모를 착용하되, 작업 높이가 2미터 이상인 경우에는 안전모와 안전대를 함께 착용할 것
7. 이동식 사다리 사용 전 변형 및 이상 유무 등을 점검하여 이상이 발견되면 즉시 수리하거나 그 밖에 필요한 조치를 할 것

제43조(개구부 등의 방호 조치) ① 사업주는 작업발판 및 통로의 끝이나 개구부로서 근로자가 추락할 위험이 있는 장소에는 안전난간, 울타리, 수직형 추락방망 또는 덮개 등(이하 이 조에서 "난간 등"이라 한다)의 방호 조치를 충분한 강도를 가진 구조로 튼튼하게 설치하여야 하며, 덮개를 설치하는 경우에는 뒤집히거나 떨어지지 않도록 설치하여야 한다. 이 경우 어두운 장소에서도 알아볼 수 있도록 개구부임을 표시해야 하며, 수직형 추락방망은 한국산업표준에서 정하는 성능기준에 적합한 것을 사용해야 한다.

② 사업주는 난간 등을 설치하는 것이 매우 곤란하거나 작업의 필요상 임시로 난간 등을 해체하여야 하는 경우 제42조제2항 각 호의 기준에 맞는 추락방호망을 설치하여야 한다. 다만, 추락방호망을 설치하기 곤란한 경우에는 근로자에게 안전대를 착용하도록 하는 등 추락할 위험을 방지하기 위하여 필요한 조치를 하여야 한다.

제45조(지붕 위에서의 위험 방지) ① 사업주는 근로자가 지붕 위에서 작업을 할 때에 추락하거나 넘어질 위험이 있는 경우에는 다음 각 호의 조치를 해야 한다.
1. 지붕의 가장자리에 제13조에 따른 안전난간을 설치할 것
2. 채광창(skylight)에는 견고한 구조의 덮개를 설치할 것
3. 슬레이트 등 강도가 약한 재료로 덮은 지붕에는 폭 30센티미터 이상의 발판을 설치할 것

② 사업주는 작업 환경 등을 고려할 때 제1항제1호에 따른 조치를 하기 곤란한 경우에는 제42조제2항 각 호의 기준을 갖춘 추락방호망을 설치해야 한다. 다만, 사업주는 작업 환경 등을 고려할 때 추락방호망을 설치하기 곤란한 경우에는 근로자에게 안전대를 착용하도록 하는 등 추락 위험을 방지하기 위하여 필요한 조치를 해야 한다.

제2절 붕괴 등에 의한 위험 방지

제50조(토사등에 의한 위험 방지) 사업주는 토사등 또는 구축물의 붕괴 또는 낙하 등에 의하여 근로자가 위험해질 우려가 있는 경우 그 위험을 방지하기 위하여 다음 각 호의 조치를 해야 한다.
1. 지반은 안전한 경사로 하고 낙하의 위험이 있는 토석을 제거하거나 옹벽, 흙막이 지보공 등을 설치할 것

2. 토사등의 붕괴 또는 낙하 원인이 되는 빗물이나 지하수 등을 배제할 것
3. 갱내의 낙반·측벽(側壁) 붕괴의 위험이 있는 경우에는 지보공을 설치하고 부석을 제거하는 등 필요한 조치를 할 것

제51조(구축물등의 안전 유지) 사업주는 구축물등이 고정하중, 적재하중, 시공·해체 작업 중 발생하는 하중, 적설, 풍압(風壓), 지진이나 진동 및 충격 등에 의하여 전도·폭발하거나 무너지는 등의 위험을 예방하기 위하여 설계도면, 시방서(示方書), 「건축물의 구조기준 등에 관한 규칙」 제2조제15호에 따른 구조설계도서, 해체계획서 등 설계도서를 준수하여 필요한 조치를 해야 한다.

제52조(구축물등의 안전성 평가) 사업주는 구축물등이 다음 각 호의 어느 하나에 해당하는 경우에는 구축물등에 대한 구조검토, 안전진단 등의 안전성 평가를 하여 근로자에게 미칠 위험성을 미리 제거해야 한다.
1. 구축물등의 인근에서 굴착·항타작업 등으로 침하·균열 등이 발생하여 붕괴의 위험이 예상될 경우
2. 구축물등에 지진, 동해(凍害), 부동침하(不同沈下) 등으로 균열·비틀림 등이 발생했을 경우
3. 구축물등이 그 자체의 무게·적설·풍압 또는 그 밖에 부가되는 하중 등으로 붕괴 등의 위험이 있을 경우
4. 화재 등으로 구축물등의 내력(耐力)이 심하게 저하됐을 경우
5. 오랜 기간 사용하지 않던 구축물등을 재사용하게 되어 안전성을 검토해야 하는 경우
6. 구축물등의 주요구조부(「건축법」 제2조제1항제7호에 따른 주요구조부를 말한다. 이하 같다)에 대한 설계 및 시공 방법의 전부 또는 일부를 변경하는 경우
7. 그 밖의 잠재위험이 예상될 경우

제7장 비계

제1절 재료 및 구조 등

제54조(비계의 재료) ① 사업주는 비계의 재료로 변형·부식 또는 심하게 손상된 것을 사용해서는 아니 된다.
② 사업주는 강관비계(鋼管飛階)의 재료로 한국산업표준에서 정하는 기준 이상의 것을 사용하여야 한다.

제55조(작업발판의 최대적재하중) ① 사업주는 비계의 구조 및 재료에 따라 작업발판의 최대적재하중을 정하고, 이를 초과하여 실어서는 아니 된다.

제56조(작업발판의 구조) 사업주는 비계(달비계, 달대비계 및 말비계는 제외한다)의 높이가 2미터 이상인 작업장소에 다음 각 호의 기준에 맞는 작업발판을 설치하여야 한다.
1. 발판재료는 작업할 때의 하중을 견딜 수 있도록 견고한 것으로 할 것
2. 작업발판의 폭은 40센티미터 이상으로 하고, 발판재료 간의 틈은 3센티미터 이하로 할 것. 다만, 외줄비계의 경우에는 고용노동부장관이 별도로 정하는 기준에 따른다.
3. 제2호에도 불구하고 선박 및 보트 건조작업의 경우 선박블록 또는 엔진실 등의 좁은 작업공간에 작업발판을 설치하기 위하여 필요하면 작업발판의 폭을 30센티미터 이상으로 할 수 있고, 걸침비계의 경우 강관기둥 때문에 발판재료 간의 틈을 3센티미터 이하로 유지하기 곤란하면 5센티미터 이하로 할 수 있다. 이 경우 그 틈 사이로 물체 등이 떨어질 우려가 있는 곳에는 출입금지 등의 조치를 하여야 한다.
4. 추락의 위험이 있는 장소에는 안전난간을 설치할 것. 다만, 작업의 성질상 안전난간을 설치하는 것이 곤란한 경우, 작업의 필요상 임시로 안전난간을 해체할 때에 추락방호망을 설치하거나 근로자로 하여금 안전대를 사용하도록 하는 등 추락위험 방지 조치를 한 경우에는 그러하지 아니하다.
5. 작업발판의 지지물은 하중에 의하여 파괴될 우려가 없는 것을 사용할 것
6. 작업발판재료는 뒤집히거나 떨어지지 않도록 둘 이상의 지지물에 연결하거나 고정시킬 것
7. 작업발판을 작업에 따라 이동시킬 경우에는 위험 방지에 필요한 조치를 할 것

제2절 조립·해체 및 점검 등

제57조(비계 등의 조립·해체 및 변경) ① 사업주는 달비계 또는 높이 5미터 이상의 비계를 조립·해체하거나 변경하는 작업을 하는 경우 다음 각 호의 사항을 준수하여야 한다.
1. 근로자가 관리감독자의 지휘에 따라 작업하도록 할 것
2. 조립·해체 또는 변경의 시기·범위 및 절차를 그 작업에 종사하는 근로자에게 주지시킬 것
3. 조립·해체 또는 변경 작업구역에는 해당 작업에 종사하는 근로자가 아닌 사람의 출입을 금지하고 그 내용을 보기 쉬운 장소에 게시할 것
4. 비, 눈, 그 밖의 기상상태의 불안정으로 날씨가 몹시 나쁜 경우에는 그 작업을 중지시킬 것

5. 비계재료의 연결·해체작업을 하는 경우에는 폭 20센티미터 이상의 발판을 설치하고 근로자로 하여금 안전대를 사용하도록 하는 등 추락을 방지하기 위한 조치를 할 것
6. 재료·기구 또는 공구 등을 올리거나 내리는 경우에는 근로자가 달줄 또는 달포대 등을 사용하게 할 것

② 사업주는 강관비계 또는 통나무비계를 조립하는 경우 쌍줄로 하여야 한다. 다만, 별도의 작업발판을 설치할 수 있는 시설을 갖춘 경우에는 외줄로 할 수 있다.

제58조(비계의 점검 및 보수) 사업주는 비, 눈, 그 밖의 기상상태의 악화로 작업을 중지시킨 후 또는 비계를 조립·해체하거나 변경한 후에 그 비계에서 작업을 하는 경우에는 해당 작업을 시작하기 전에 다음 각 호의 사항을 점검하고, 이상을 발견하면 즉시 보수하여야 한다.
1. 발판 재료의 손상 여부 및 부착 또는 걸림 상태
2. 해당 비계의 연결부 또는 접속부의 풀림 상태
3. 연결 재료 및 연결 철물의 손상 또는 부식 상태
4. 손잡이의 탈락 여부
5. 기둥의 침하, 변형, 변위(變位) 또는 흔들림 상태
6. 로프의 부착 상태 및 매단 장치의 흔들림 상태

제3절 강관비계 및 강관틀비계

제59조(강관비계 조립 시의 준수사항) 사업주는 강관비계를 조립하는 경우에 다음 각 호의 사항을 준수해야 한다.
1. 비계기둥에는 미끄러지거나 침하하는 것을 방지하기 위하여 밑받침철물을 사용하거나 깔판·받침목 등을 사용하여 밑둥잡이를 설치하는 등의 조치를 할 것
2. 강관의 접속부 또는 교차부(交叉部)는 적합한 부속철물을 사용하여 접속하거나 단단히 묶을 것
3. 교차 가새로 보강할 것
4. 외줄비계·쌍줄비계 또는 돌출비계에 대해서는 다음 각 목에서 정하는 바에 따라 벽이음 및 버팀을 설치할 것. 다만, 창틀의 부착 또는 벽면의 완성 등의 작업을 위하여 벽이음 또는 버팀을 제거하는 경우, 그 밖에 작업의 필요상 부득이한 경우로서 해당 벽이음 또는 버팀 대신 비계기둥 또는 띠장에 사재(斜材)를 설치하는 등 비계가 넘어지는 것을 방지하기 위한 조치를 한 경우에는 그러하지 아니하다.
   가. 강관비계의 조립 간격은 별표 5의 기준에 적합하도록 할 것
   나. 강관·통나무 등의 재료를 사용하여 견고한 것으로 할 것

다. 인장재(引張材)와 압축재로 구성된 경우에는 인장재와 압축재의 간격을 1미터 이내로 할 것
5. 가공전로(架空電路)에 근접하여 비계를 설치하는 경우에는 가공전로를 이설(移設)하거나 가공전로에 절연용 방호구를 장착하는 등 가공전로와의 접촉을 방지하기 위한 조치를 할 것

제60조(강관비계의 구조) 사업주는 강관을 사용하여 비계를 구성하는 경우 다음 각 호의 사항을 준수해야 한다.
1. 비계기둥의 간격은 띠장 방향에서는 1.85미터 이하, 장선(長線) 방향에서는 1.5미터 이하로 할 것. 다만, 선박 및 보트 건조작업의 경우 안전성에 대한 구조검토를 실시하고 조립도를 작성하면 띠장 방향 및 장선 방향으로 각각 2.7미터 이하로 할 수 있다.
2. 띠장 간격은 2.0미터 이하로 할 것. 다만, 작업의 성질상 이를 준수하기가 곤란하여 쌍기둥틀 등에 의하여 해당 부분을 보강한 경우에는 그러하지 아니하다.
3. 비계기둥의 제일 윗부분으로부터 31미터 되는 지점 밑부분의 비계기둥은 2개의 강관으로 묶어 세울 것. 다만, 브라켓(bracket, 까치발) 등으로 보강하여 2개의 강관으로 묶을 경우 이상의 강도가 유지되는 경우에는 그러하지 아니하다.
4. 비계기둥 간의 적재하중은 400킬로그램을 초과하지 않도록 할 것

제62조(강관틀비계) 사업주는 강관틀비계를 조립하여 사용하는 경우 다음 각 호의 사항을 준수하여야 한다.
1. 비계기둥의 밑둥에는 밑받침 철물을 사용하여야 하며 밑받침에 고저차(高低差)가 있는 경우에는 조절형 밑받침철물을 사용하여 각각의 강관틀비계가 항상 수평 및 수직을 유지하도록 할 것
2. 높이가 20미터를 초과하거나 중량물의 적재를 수반하는 작업을 할 경우에는 주틀 간의 간격을 1.8미터 이하로 할 것
3. 주틀 간에 교차 가새를 설치하고 최상층 및 5층 이내마다 수평재를 설치할 것
4. 수직 방향으로 6미터, 수평 방향으로 8미터 이내마다 벽이음을 할 것
5. 길이가 띠장 방향으로 4미터 이하이고 높이가 10미터를 초과하는 경우에는 10미터 이내마다 띠장 방향으로 버팀기둥을 설치할 것

제4절 달비계, 달대비계 및 걸침비계

제63조(달비계의 구조) ① 사업주는 곤돌라형 달비계를 설치하는 경우에는 다음 각 호의 사항을 준수해야 한다.
1. 다음 각 목의 어느 하나에 해당하는 와이어로프를 달비계에 사용해서는 아니 된다.
   가. 이음매가 있는 것

나. 와이어로프의 한 꼬임[스트랜드(strand)를 말한다. 이하 같다]에서 끊어진 소선(素線)[필러(pillar)선은 제외한다]의 수가 10퍼센트 이상(비자전로프의 경우에는 끊어진 소선의 수가 와이어로프 호칭지름의 6배 길이 이내에서 4개 이상이거나 호칭지름 30배 길이 이내에서 8개 이상)인 것

다. 지름의 감소가 공칭지름의 7퍼센트를 초과하는 것

라. 꼬인 것

마. 심하게 변형되거나 부식된 것

바. 열과 전기충격에 의해 손상된 것

2. 다음 각 목의 어느 하나에 해당하는 달기 체인을 달비계에 사용해서는 아니 된다.

   가. 달기 체인의 길이가 달기 체인이 제조된 때의 길이의 5퍼센트를 초과한 것

   나. 링의 단면지름이 달기 체인이 제조된 때의 해당 링의 지름의 10퍼센트를 초과하여 감소한 것

   다. 균열이 있거나 심하게 변형된 것

3. 삭제 〈2021. 11. 19.〉

4. 달기 강선 및 달기 강대는 심하게 손상·변형 또는 부식된 것을 사용하지 않도록 할 것

5. 달기 와이어로프, 달기 체인, 달기 강선, 달기 강대는 한쪽 끝을 비계의 보 등에, 다른 쪽 끝을 내민 보, 앵커볼트 또는 건축물의 보 등에 각각 풀리지 않도록 설치할 것

6. 작업발판은 폭을 40센티미터 이상으로 하고 틈새가 없도록 할 것

7. 작업발판의 재료는 뒤집히거나 떨어지지 않도록 비계의 보 등에 연결하거나 고정시킬 것

8. 비계가 흔들리거나 뒤집히는 것을 방지하기 위하여 비계의 보·작업발판 등에 버팀을 설치하는 등 필요한 조치를 할 것

9. 선반 비계에서는 보의 접속부 및 교차부를 철선·이음철물 등을 사용하여 확실하게 접속시키거나 단단하게 연결시킬 것

10. 근로자의 추락 위험을 방지하기 위하여 다음 각 목의 조치를 할 것

   가. 달비계에 구명줄을 설치할 것

   나. 근로자에게 안전대를 착용하도록 하고 근로자가 착용한 안전줄을 달비계의 구명줄에 체결(締結)하도록 할 것

   다. 달비계에 안전난간을 설치할 수 있는 구조인 경우에는 달비계에 안전난간을 설치할 것

② 사업주는 작업의자형 달비계를 설치하는 경우에는 다음 각 호의 사항을 준수해야 한다.

1. 달비계의 작업대는 나무 등 근로자의 하중을 견딜 수 있는 강도의 재료를 사용하여 견고한 구조로 제작할 것

2. 작업대의 4개 모서리에 로프를 매달아 작업대가 뒤집히거나 떨어지지 않도록 연결할 것
3. 작업용 섬유로프는 콘크리트에 매립된 고리, 건축물의 콘크리트 또는 철재 구조물 등 2개 이상의 견고한 고정점에 풀리지 않도록 결속(結束)할 것
4. 작업용 섬유로프와 구명줄은 다른 고정점에 결속되도록 할 것
5. 작업하는 근로자의 하중을 견딜 수 있을 정도의 강도를 가진 작업용 섬유로프, 구명줄 및 고정점을 사용할 것
6. 근로자가 작업용 섬유로프에 작업대를 연결하여 하강하는 방법으로 작업을 하는 경우 근로자의 조종 없이는 작업대가 하강하지 않도록 할 것
7. 작업용 섬유로프 또는 구명줄이 결속된 고정점의 로프는 다른 사람이 풀지 못하게 하고 작업 중임을 알리는 경고표지를 부착할 것
8. 작업용 섬유로프와 구명줄이 건물이나 구조물의 끝부분, 날카로운 물체 등에 의하여 절단되거나 마모(磨耗)될 우려가 있는 경우에는 로프에 이를 방지할 수 있는 보호 덮개를 씌우는 등의 조치를 할 것
9. 달비계에 다음 각 목의 작업용 섬유로프 또는 안전대의 섬유벨트를 사용하지 않을 것
   가. 꼬임이 끊어진 것
   나. 심하게 손상되거나 부식된 것
   다. 2개 이상의 작업용 섬유로프 또는 섬유벨트를 연결한 것
   라. 작업높이보다 길이가 짧은 것
10. 근로자의 추락 위험을 방지하기 위하여 다음 각 목의 조치를 할 것
    가. 달비계에 구명줄을 설치할 것
    나. 근로자에게 안전대를 착용하도록 하고 근로자가 착용한 안전줄을 달비계의 구명줄에 체결(締結)하도록 할 것

제66조의2(걸침비계의 구조) 사업주는 선박 및 보트 건조작업에서 걸침비계를 설치하는 경우에는 다음 각 호의 사항을 준수하여야 한다.

1. 지지점이 되는 매달림부재의 고정부는 구조물로부터 이탈되지 않도록 견고히 고정할 것
2. 비계재료 간에는 서로 움직임, 뒤집힘 등이 없어야 하고, 재료가 분리되지 않도록 철물 또는 철선으로 충분히 결속할 것. 다만, 작업발판 밑 부분에 띠장 및 장선으로 사용되는 수평부재 간의 결속은 철선을 사용하지 않을 것
3. 매달림부재의 안전율은 4 이상일 것
4. 작업발판에는 구조검토에 따라 설계한 최대적재하중을 초과하여 적재하여서는 아니 되며, 그 작업에 종사하는 근로자에게 최대적재하중을 충분히 알릴 것

제5절 말비계 및 이동식비계

제67조(말비계) 사업주는 말비계를 조립하여 사용하는 경우에 다음 각 호의 사항을 준수하여야 한다.
1. 지주부재(支柱部材)의 하단에는 미끄럼 방지장치를 하고, 근로자가 양측 끝부분에 올라서서 작업하지 않도록 할 것
2. 지주부재와 수평면의 기울기를 75도 이하로 하고, 지주부재와 지주부재 사이를 고정시키는 보조부재를 설치할 것
3. 말비계의 높이가 2미터를 초과하는 경우에는 작업발판의 폭을 40센티미터 이상으로 할 것

제68조(이동식비계) 사업주는 이동식비계를 조립하여 작업을 하는 경우에는 다음 각 호의 사항을 준수하여야 한다.
1. 이동식비계의 바퀴에는 뜻밖의 갑작스러운 이동 또는 전도를 방지하기 위하여 브레이크·쐐기 등으로 바퀴를 고정시킨 다음 비계의 일부를 견고한 시설물에 고정하거나 아웃리거(outrigger, 전도방지용 지지대)를 설치하는 등 필요한 조치를 할 것
2. 승강용사다리는 견고하게 설치할 것
3. 비계의 최상부에서 작업을 하는 경우에는 안전난간을 설치할 것
4. 작업발판은 항상 수평을 유지하고 작업발판 위에서 안전난간을 딛고 작업을 하거나 받침대 또는 사다리를 사용하여 작업하지 않도록 할 것
5. 작업발판의 최대적재하중은 250킬로그램을 초과하지 않도록 할 것

제6절 시스템 비계

제69조(시스템 비계의 구조) 사업주는 시스템 비계를 사용하여 비계를 구성하는 경우에 다음 각 호의 사항을 준수하여야 한다.
1. 수직재·수평재·가새재를 견고하게 연결하는 구조가 되도록 할 것
2. 비계 밑단의 수직재와 받침철물은 밀착되도록 설치하고, 수직재와 받침철물의 연결부의 겹침길이는 받침철물 전체길이의 3분의 1 이상이 되도록 할 것
3. 수평재는 수직재와 직각으로 설치하여야 하며, 체결 후 흔들림이 없도록 견고하게 설치할 것
4. 수직재와 수직재의 연결철물은 이탈되지 않도록 견고한 구조로 할 것
5. 벽 연결재의 설치간격은 제조사가 정한 기준에 따라 설치할 것

제70조(시스템 비계의 조립 작업 시 준수사항) 사업주는 시스템 비계를 조립 작업하는 경우 다음 각 호의 사항을 준수하여야 한다.
1. 비계기둥의 밑둥에는 밑받침 철물을 사용하여야 하며, 밑받침에 고저차가 있는 경우에는 조절형 밑받침 철물을 사용하여 시스템 비계가 항상 수평 및 수직을 유지하도록 할 것
2. 경사진 바닥에 설치하는 경우에는 피벗형 받침 철물 또는 쐐기 등을 사용하여 밑받침 철물의 바닥면이 수평을 유지하도록 할 것
3. 가공전로에 근접하여 비계를 설치하는 경우에는 가공전로를 이설하거나 가공전로에 절연용 방호구를 설치하는 등 가공전로와의 접촉을 방지하기 위하여 필요한 조치를 할 것
4. 비계 내에서 근로자가 상하 또는 좌우로 이동하는 경우에는 반드시 지정된 통로를 이용하도록 주지시킬 것
5. 비계 작업 근로자는 같은 수직면상의 위와 아래 동시 작업을 금지할 것
6. 작업발판에는 제조사가 정한 최대적재하중을 초과하여 적재해서는 아니 되며, 최대적재하중이 표기된 표지판을 부착하고 근로자에게 주지시키도록 할 것

제8장 환기장치

제72조(후드) 사업주는 인체에 해로운 분진, 흄(fume, 열이나 화학반응에 의하여 형성된 고체증기가 응축되어 생긴 미세입자), 미스트(mist, 공기 중에 떠다니는 작은 액체방울), 증기 또는 가스 상태의 물질(이하 "분진 등"이라 한다)을 배출하기 위하여 설치하는 국소배기장치의 후드가 다음 각 호의 기준에 맞도록 하여야 한다.
1. 유해물질이 발생하는 곳마다 설치할 것
2. 유해인자의 발생형태와 비중, 작업방법 등을 고려하여 해당 분진 등의 발산원(發散源)을 제어할 수 있는 구조로 설치할 것
3. 후드(hood) 형식은 가능하면 포위식 또는 부스식 후드를 설치할 것
4. 외부식 또는 리시버식 후드는 해당 분진 등의 발산원에 가장 가까운 위치에 설치할 것

제73조(덕트) 사업주는 분진 등을 배출하기 위하여 설치하는 국소배기장치(이동식은 제외한다)의 덕트(duct)가 다음 각 호의 기준에 맞도록 하여야 한다.
1. 가능하면 길이는 짧게 하고 굴곡부의 수는 적게 할 것
2. 접속부의 안쪽은 돌출된 부분이 없도록 할 것
3. 청소구를 설치하는 등 청소하기 쉬운 구조로 할 것
4. 덕트 내부에 오염물질이 쌓이지 않도록 이송속도를 유지할 것
5. 연결 부위 등은 외부 공기가 들어오지 않도록 할 것

제9장 휴게시설 등

제79조(휴게시설) ① 사업주는 근로자들이 신체적 피로와 정신적 스트레스를 해소할 수 있도록 휴식시간에 이용할 수 있는 휴게시설을 갖추어야 한다.
② 사업주는 제1항에 따른 휴게시설을 인체에 해로운 분진 등을 발산하는 장소나 유해물질을 취급하는 장소와 격리된 곳에 설치하여야 한다. 다만, 갱내 등 작업장소의 여건상 격리된 장소에 휴게시설을 갖출 수 없는 경우에는 그러하지 아니하다.

제79조의2(세척시설 등) 사업주는 근로자로 하여금 다음 각 호의 어느 하나에 해당하는 업무에 상시적으로 종사하도록 하는 경우 근로자가 접근하기 쉬운 장소에 세면·목욕시설, 탈의 및 세탁시설을 설치하고 필요한 용품과 용구를 갖추어 두어야 한다.
1. 환경미화 업무
2. 음식물쓰레기·분뇨 등 오물의 수거·처리 업무
3. 폐기물·재활용품의 선별·처리 업무
4. 그 밖에 미생물로 인하여 신체 또는 피복이 오염될 우려가 있는 업무

제10장 잔재물 등의 조치기준

제84조(공기의 부피와 환기) 사업주는 근로자가 가스 등에 노출되는 작업을 수행하는 실내작업장에 대하여 공기의 부피와 환기를 다음 각 호의 기준에 맞도록 하여야 한다.
1. 바닥으로부터 4미터 이상 높이의 공간을 제외한 나머지 공간의 공기의 부피는 근로자 1명당 10세제곱미터 이상이 되도록 할 것
2. 직접 외부를 향하여 개방할 수 있는 창을 설치하고 그 면적은 바닥면적의 20분의 1 이상으로 할 것(근로자의 보건을 위하여 충분한 환기를 할 수 있는 설비를 설치한 경우는 제외한다)
3. 기온이 섭씨 10도 이하인 상태에서 환기를 하는 경우에는 근로자가 매초 1미터 이상의 기류에 닿지 않도록 할 것

제85조(잔재물 등의 처리) ① 사업주는 인체에 해로운 기체, 액체 또는 잔재물 등(이하 "잔재물 등"이라 한다)을 근로자의 건강에 장해가 발생하지 않도록 중화·침전·여과 또는 그 밖의 적절한 방법으로 처리하여야 한다. 〈개정 2012. 3. 5.〉

② 사업주는 병원체에 의하여 오염된 기체나 잔재물 등에 대하여 해당 병원체로 인하여 근로자의 건강에 장해가 발생하지 않도록 소독·살균 또는 그 밖의 적절한 방법으로 처리하여야 한다.

③ 사업주는 제1항 및 제2항에 따른 기체나 잔재물 등을 위탁하여 처리하는 경우에는 그 기체나 잔재물 등의 주요 성분, 오염인자의 종류와 그 유해·위험성 등에 대한 정보를 위탁처리자에게 제공하여야 한다.

PART 03
산업안전관리론

1. 안전 보건 관리 조직의 기본 방향(조직면, 기능면)
2. 안전 보건 관리의 조건(PDCA)
3. 안전 업무의 체계화(안전의 5step)
4. 안전 보건 관리 규정
5. 안전 보건 관리 계획
6. 사고 예방 원리
7. 안전의 정의
8. 사고와 재해
9. 안전의 의의
10. 산업 재해 발생 과정
11. 안전 보건 보호구
12. 보호구의 종류와 용도
13. 안전 보건 표지의 내용과 유의 사항
14. 재해 조사의 목적
15. 재해 조사 방법
16. 재해 조사시의 유의 사항
17. 재해 발생시 처리 순서 7단계
18. 재해 발생시 제1단계 긴급 처리 내용 5가지
19. 재해 조사시 잠재 재해 요인 적출
20. 재해 사례 연구 순서
21. 재해의 직접 원인
22. 재해 원인의 관리적 원인
23. 재해 분석 모델
24. 재해 원인 분석 방법
25. 재해 손실비
26. 연천인율
27. 빈도율
28. 강도율
29. 종합 재해 지수
30. Safe – T – Score
31. 재해 발생률의 국제적 비교
32. 안전 점검의 목적
33. 안전 점검의 의의
34. 안전 점검의 종류
35. 안전 점검 및 진단의 순서
36. 안전인증대상기계 또는 설비
37. 안전인증대상기계 방호장치의 종류
38. 자율안전확인대상기계의 종류
39. 안전인증 및 자율안전 확인 제품의 표시내용(방법)

PART 03 산업안전관리론

 안전 보건 관리 조직의 기본 방향(조직면, 기능면)

① 그 조직의 구성원을 전원 참여시킬 수 있어야 한다.
② 각 계층 간에 종적, 횡적, 기능적으로 유대가 이루어져야 한다.
③ 조직의 기능을 충분히 발휘할 수 있는 제도적 장치를 마련해야 한다.

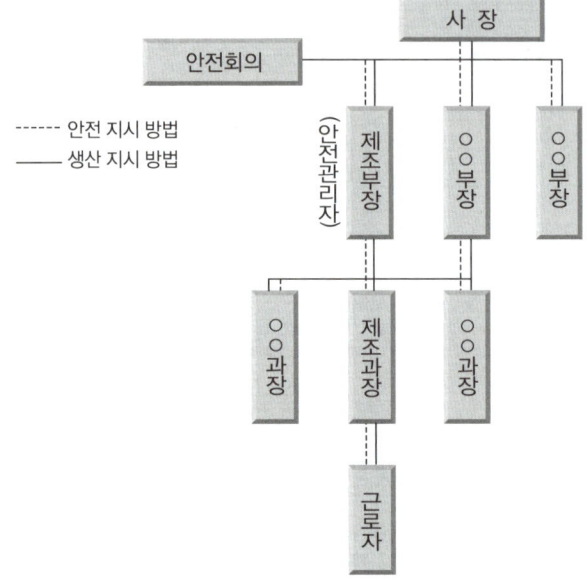

그림 라인형 안전 조직 예

[표] 안전 보건 관리 조직의 장단점

조직 유형	장점	단점
Line형 안전 보건 관리 조직	① 안전에 대한 지시 및 전달이 신속정확하다. ② 명령계통이 간단·명료하다.	① 안전에 대한 전문적인 지식 및 기술 축적이 미흡하다. ② 안전정보 및 신기술개발이 어렵다.
Staff형 안전 보건 관리 조직	① 안전에 대한 지식 및 기술축적이 용이하다. ② 신속한 안전정보의 입수가 가능하고 안전에 대한 신기술개발이 가능하다. ③ 경영자에게 지도와 조언, 자문을 할 수 있다. ④ 사업장 실정에 맞게 안전의 표준화를 달성할 수 있다.	① 생산부서와 유기적인 협조가 없으면 안전에 대한 지시나 전달이 어렵다. ② 생산부서와 마찰이 일어나기 쉽다. ③ 생산부서에는 안전에 대한 책임과 권한이 없다.
Line & Staff 혼합형 안전 보건 관리 조직	① 안전에 대한 지식 및 기술의 축적이 가능하고 안전지시 및 전달이 신속정확하다. ② 안전에 대한 신기술의 개발 및 보급이 용이하고 안전활동이 생산과 분리되지 않으므로 운용이 쉽다.	① 명령계통과 지도·조언 및 권고적 참여가 혼동되기 쉽다. ② 스태프의 힘이 커지며 라인이 무력해진다.

안전 보건 관리의 조건(PDCA)

① 계획(Plan) - 실시(Do) - 검토(Check) - 조치(Action)
② 계획(Plan) - 실시(Do) - 평가(See)

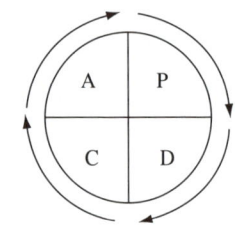

그림 안전 보건 관리 4-cycle

안전 업무의 체계화(안전의 5step)

안전 업무는 인적, 물적, 관리적 면의 모든 재해의 예방 및 재해의 처리 대책을 행하는 작업으로 다음과 같이 체계화하여 구분할 수 있다.

① 1step : 예방 대책
② 2step : 재해를 국한(局限)하는 대책
③ 3step : 재해 처리 대책
④ 4step : 비상 조치 대책
⑤ 5step : 개선을 위한 피드백(feed back) 대책

안전 보건 관리 규정

1. 안전 보건 관리 규정 작성상의 유의 사항

① 규정된 안전 보건 기준은 법정 기준을 상회하도록 작성할 것
② 관리자층의 직무와 권한, 근로자에게 강제 또는 요청할 부분을 명확히 삽입한다.
③ 관계 법령의 제정, 개정에 따라 즉시 같이 개정한다.
④ 작성 또는 개정시에 현장의 의견을 충분히 반영한다.
⑤ 규정 내용을 정상시는 물론 이상시, 사고 및 재해 발생시의 조치에 관하여도 규정한다.

2. 안전 보건 관리 규정에 포함하여야 할 주요 내용

① 안전 및 보건에 관한 관리조직과 그 직무에 관한 사항
② 안전보건교육에 관한 사항
③ 작업장의 안전 및 보건관리에 관한 사항
④ 사고 조사 및 대책 수립에 관한 사항
⑤ 그 밖에 안전 및 보건에 관한 사항

3. 안전 보건 규정의 활용

관계자에 대하여 규정, 기준의 필요성과 중요성을 충분히 이해시키고, 교육 훈련을 하고, 이행 상황을 체크하여 직장에 안전 문화를 정착시키도록 한다.

안전 보건 관리 계획

1. 계획 수립시의 유의 사항
① 사업장의 실태에 맞도록 독자적으로 수립하되, 실현 가능성이 있도록 할 것
② 직장 단위로 구체적 계획을 작성할 것
③ 계획의 목표는 점진적으로 하여, 점차 높은 수준으로 할 것

2. 실시상의 유의 사항
① 연차 계획을 월별로 나누어 실시한다.
② 실시 결과는 안전 보건 위원회에서 검토한 후 실시한다.
③ 실시 상황 확인을 위해 Staff와 Line 관리자는 직장 순찰을 한다.

3. 평가
① 재해건수, 재해율 등의 목표값과 안전 활동 자체 평가를 포함할 것
② 몇 가지 평가를 병행, 다면적(多面的) 평가 시행할 것
③ 평가 결과에 따라 개선 결과를 도출할 것
④ 주요 평가 척도
　㉮ 절대 척도(재해건수 등 수치)
　㉯ 상대 척도(도수율, 강도율)
　㉰ 평정(評定) 척도(양적으로 나타내는 것. 양호, 보통, 불가 등 단계로 평정)
　㉱ 도수(度數) 척도(중앙값, % 등)

사고 예방 원리

1. 하인리히(H.W.Heinrich)의 사고 발생 연쇄성 이론(Domino's Theory)

① 유전적 요인 및 사회적 환경(ancestry and social environment)
② 개인적 결함(personal faults)
③ 불안전한 행동 및 불안전한 상태(unsafe act or unsafe condition)
④ 사고(accident)
⑤ 상해(재해 : injury)

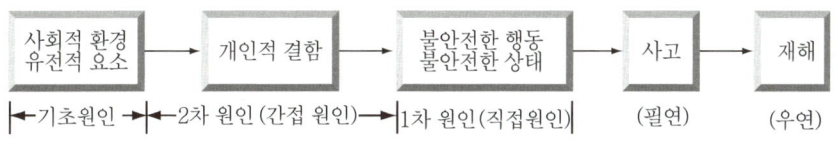
[그림] 사고발생 메커니즘(mechanism)

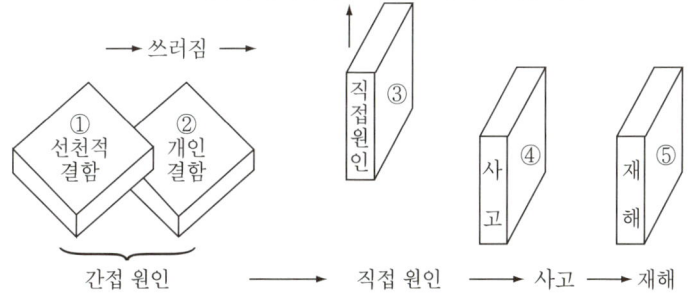
[그림] 하인리히 재해발생과정 도미노 이론

2. 사고 예방 5단계

(1) 제1단계 : 조직(Organization)

① Staff 조직
② Line 조직
③ 지휘, 조치 및 후원
④ 규정, 안전 방침 및 계획 수립

(2) 제2단계 : 사실의 발견(Fact Finding)

① 재해 조사
② 안전 점검
③ 과거의 기록 검토
④ 제안
⑤ 건의 내용
⑥ 회의

(3) 제3단계 : 평가 분석(Analysis)

① 원인 분석
② 경향성 분석
③ 재해 통계 분석
④ 재해 코스트 분석
⑤ 위험 요인 분석

(4) 제4단계 : 시정책의 선정(Selection of Remedy)

① 교육 훈련
② 설득 호소
③ 기술적 조치
④ 인사 조정
⑤ 단속

(5) 제5단계 : 시정책의 적용(Adaption of Remedy)

● **3E의 적용 및 후속 조치 내용**

① 기술(engineering)적 대책(공학적 대책) : 개선, 안전 보건 기준의 설정, 환경 설비의 개선, 점검 보존의 확립 등을 행한다.
② 교육(education)적 대책 : 안전 보건 교육 및 훈련을 실시한다.
③ 규제(enforcement)적 대책(관리적 대책) : 관리적 대책은 엄격한 규칙에 의해 제도적으로 시행되어야 하므로 다음의 조건이 충족되어야 한다.
　㉮ 적합한 기준 설정
　㉯ 각종 규정 및 수칙의 준수

㉣ 전 종업원의 기준 이해
㉤ 경영자 및 관리자의 솔선 수범
㉥ 부단한 동기 부여와 사기 향상

3. 3S란

① 표준화(Standardization)
② 전문화(Specification)
③ 단순화(Simplification)

4. 4S란 3S에 총합화(synthesization) 추가

[표] 3E·3S·4S·5S

3E	3S	4S	5S 운동
safety Education (안전교육) safety Engineering (안전기술) safety Enforcement (안전독려)	① 단순화(Simplification) ② 표준화(Standardization) ③ 전문화(Specification)	4S = 3S + 총합화 (synthesization)	① 정리 ② 정돈 ③ 청소 ④ 청결 ⑤ 수칙준수(습관화)

5. 3정

① 정품
② 정량
③ 정위치

7 안전의 정의

1. Webster 사전의 정의
① 안전은 상해 loss, 감전, 위해 또는 위험에 노출되는 것으로부터의 자유
② 안전은 자유를 위한 보관, 보호 또는 guard와 시건 장치(locking system), 질병의 방지에 필요한 기술 및 지식

2. H.W. Heinrich의 정의
① 안전(safety) = 사고 방지(accident prevention)
② 사고 방지는 물리적 환경과 인간 및 기계의 performance를 통제하는 과학인 동시에 기술(art)이다. 즉, 하인리히는 과학과 기술의 체계를 안전에 도입했다.

3. H.O. Berckhofs의 정의
① 안전 과학 : 인간 에너지 시스템의 주체인 인간이 외적 조건인 위치, 전기, 열, 화학 등 여러 가지 시스템과 결부되는 방법에 관한 인간 행동 과학
② 인간 에너지 시스템에 관련된 시스템 계열상에서 인간 자신의 예측 또는 전망을 뒤엎고 돌발하는 사건을 인간 형태학적 견지에서 과학적으로 통제하는 것
③ 사고의 시간성 및 에너지의 사고 관련성 규명

4. J.H.Harvey의 3E(three E's of safety) : 사고를 방지하고 안전을 도모하기 위하여

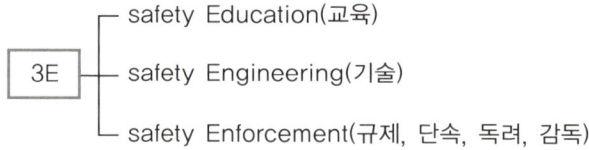

의 조치가 균형을 이루어야 한다고 주장하며 안전에 크게 기여했다.

5. 4E란 3E에 환경(Environment) 추가

6. 안전한 사업장을 만드는 5C 운동

① 5C 운동이란 Correctness 복장단정, Clearance 정리정돈, Cleaning 청소청결, Checking 점검확인, Concentration 전심전력을 말한다.
② 정리, 정돈, 청소, 청결, 습관화를 의미하는 5S 활동에서 조금 더 나아가 위험을 예방하는 운동이다.
③ 5S 운동은 생산관리를 중심으로 하는 반면 5C운동은 안전관리가 중심이다.
④ 5C 활동은 사업장에서 중요하면서 기본적으로 지켜져야 할 사항이지만, 너무 쉽고 당연하다고 생각해 잘 지켜지고 있지 않아 적극적으로 참여해야 한다.

8 사고와 재해

1. 사고(accident)

Accident(cido : 낙하, 전도)
Unfall(fall : 낙상, 전도)
① undesired event(원하지 않은 사상)
② unefficident event : 1950. N.Y. 대학의 Cutter 안전 과학장(비효율적 사상)
③ strained event : stress의 한계를 넘어선 strained event는 모두 사고다(변형된 사상).

2. 사고에는 인적 사고와 물적 사고가 있다. 인적 사고라 함은 사고 발생이 직접 사람에게 상해를 주는 것으로서

① 사람의 동작에 의한 사고
② 물건의 운동에 의한 사고
③ 접촉·흡수에 의한 사고

등의 3종으로 구분된다.

물적 사고라 함은 상해는 발생되지 않았더라도 경제적 손실을 초래한 사고를 뜻한다.

안전의 의의

1. 안전 제일(safety first)
① 게리(E.H.Gary)의 U.S. Steel Co. 1906
② 안전 투자는 경영 회계상 유리한 결과를 초래한다는 사실을 발견

2. 안전의 의의
① 인도주의
② 기업의 경제적 손실 방지(재해로 인한 물적, 인적, 생산 손실 방지)
③ 생산 능률의 향상(사기 진작, 안전 동기 부여)
④ 대외 여론 개선

3. 재해 발생이 노동력 손실에 주는 영향
① 교육 훈련 등 여분의 경비와 시간 손실
② 유경험자의 노동력 상실
③ 불안감에 의한 작업 능률 저하

10 산업 재해 발생 과정

1. 하인리히의 산업안전의 공리(公理)(Industrial Safety Axiom)

① 재해의 발생은 언제나 사고 요인의 연쇄 반응(sequence)의 결과로서 초래되며, 사고의 발생은 항상 불안전한 행동 또는 불안전한 상태에 기인된다.
② 대부분의 사고 책임은 불안전한 인간의 행동에 기인된다.
③ 불안전한 행동에 기인된 노동 불능 상해(disabling injury) 사고로 고통을 받는 사람은 대개의 경우 300번 이상 불안전한 행동을 하여 중, 경상 재해를 가까스로 면한 사고의 반복자들이다(1 : 29 : 300의 법칙).
④ 상해의 강도는 우연성이 크다. 그러나 재해를 수반하는 사고의 대부분은 방지할 수 있다.

2. 사고 발생 연쇄성 이론

(1) 하인리히(H.W. Heinrich)의 사고 발생 연쇄성 이론(Domino's theory)

① 제1단계 : 유전적 요인 및 사회적 환경(ancestry and social environment)
② 제2단계 : 개인적 결함(personal faults)
③ 제3단계 : 불안전한 행동 및 불안전한 상태(unsafe act or unsafe condition)
④ 제4단계 : 사고(accident)
⑤ 제5단계 : 상해(injury)

(2) 버드(F.E. Bird Jr.)의 최신의 재해 연쇄성(도미노) 이론

① 제1단계 : 통제의 부족(관리) : lack of control - management
② 제2단계 : 기본 원인(기원[起源]) : basic cause - origins
③ 제3단계 : 직접 원인(징후) : immediate causes - symptoms
④ 제4단계 : 사고(접촉) : accident - contact
⑤ 제5단계 : 상해(손실) : injury - damage - loss

(3) 재해 예방 4원칙(산업안전의 원칙 : Axioms)

① 손실 우연의 원칙
② 원인 계기의 원칙
③ 예방 가능의 원칙
④ 대책 선정의 원칙

3. 재해 발생의 주요 원인

(1) 사회적 환경과 유전적 요소

인간 성격의 내적 요소는 유전과 환경의 영향에 의해 형성되며, 유전과 환경은 인간 결함의 원인이 된다.

(2) 개인적 결함

후천적인 결함으로 불안전한 행동을 유발시키고 기계적, 물리적인 위험 존재의 원인이 되기도 한다.
① 부적절한 태도
② 전문 지식의 결여 및 기술, 숙련도 부족
③ 신체적 부적격
④ 부적절한 기계적, 물리적 환경
⑤ 정신적, 성격적 결함(무모, 신경질, 흥분, 과격한 기질, 동기 부여 실패)

(3) 불안전한 행동

직접적으로 사고를 일으키는 원인이 된다(인적 원인).
① 권한 없이 행한 조작
② 불안전한 속도 조작 및 위험 경고 없이 조작
③ 안전 장치를 고장내거나 기능 제거
④ 결함있는 장비 수리, 공구, 차량 등 운전, 시설의 불안전한 사용
⑤ 보호구 미착용 및 위험한 장비로 작업
⑥ 필요 장비를 사용하지 않거나 불안전한 기구를 대신 사용
⑦ 불안전한 적재, 배치, 결함, 정리 정돈하지 않음
⑧ 불안전한 인양, 운반
⑨ 불안전한 자세 및 위치
⑩ 당황, 놀람, 잡담, 장난 등

(4) 불안전 상태

사고 발생의 직접적인 원인이 되는 것으로 기계적, 물리적인 위험 요소를 말한다(물적 원인).
① guard 미비, 불완전한 guard(부적절한 설치)
② 결함있는 기계 설비 및 장비

③ 불안전한 설계, 위험한 배열 및 공정
④ 부적절한 조명, 환기, 복장, 보호구 등
⑤ 불량한 정리 정돈
⑥ 불량 상태(미끄러움, 날카로움, 거침, 깨짐, 부식됨 등)

4. 재해 원인의 연쇄 관계

재해 원인은 직접 원인과 간접 원인으로 나누어지며, 재해의 과정은 다음과 같은 연쇄 관계를 거쳐 진행한다. 따라서 연쇄를 절단하여 하나의 원인을 제거하면 사고의 발생을 방지할 수 있다.

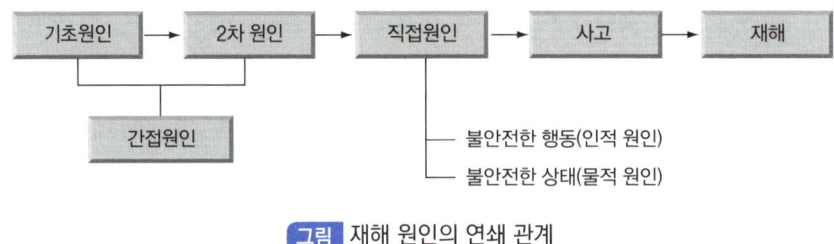

그림 재해 원인의 연쇄 관계

(1) 간접 원인 : 재해의 가장 깊은 곳에 존재하는 기본 원인이다.

① 기초 원인 : 학교 교육적 원인, 관리적 원인
② 2차 원인 : 신체적 원인, 정신적 원인, 안전 교육적 원인, 기술적 원인

(2) 직접 원인 : 시간적으로 사고 발생에 가장 가까운 원인이다.

① 물적 원인 : 불안전한 상태(설비 및 환경 등의 불량)
② 인적 원인 : 불안전한 행동

(3) 직접 원인과 간접 원인과의 상호 관계

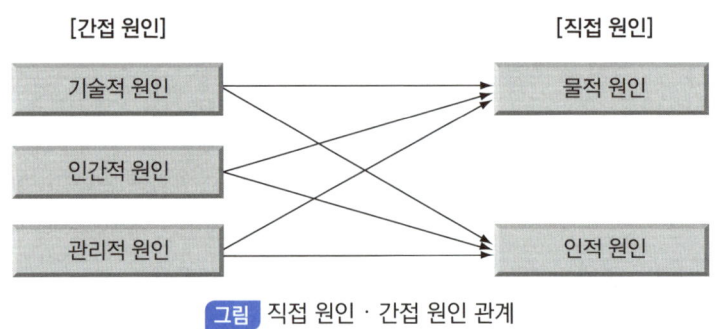

그림 직접 원인 · 간접 원인 관계

5. 산업 재해의 발생 형태

일반적으로 재해 발생의 메커니즘(mechanism)은 다음 3가지의 구조적 요소를 갖고 있다.

(1) 단순 자극형

상호 자극에 의하여 순간적으로 재해가 발생하는 유형으로 재해가 일어난 장소에, 그 시기에 일시적으로 요인이 집중한다고 하여 집중형이라고도 한다.

(2) 연쇄형

하나의 사고 요인이 또 다른 요인을 발생시키면서 재해를 발생시키는 유형이다. 단순 연쇄형과 복합 연쇄형이 있다.

(3) 복합형 : 단순 자극형과 연쇄형의 복합적인 발생 유형이다.

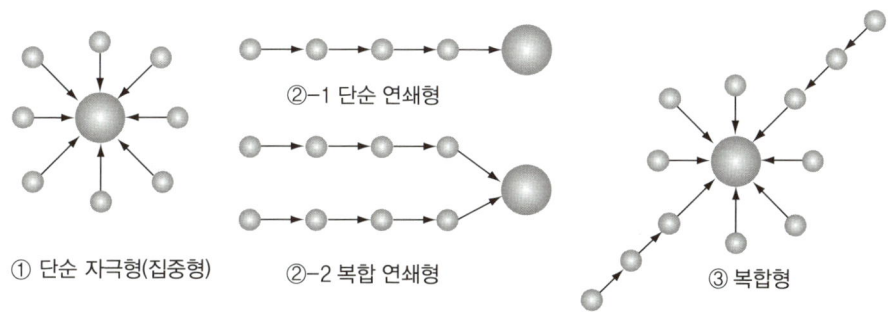

그림 재해의 발생 형태

6. 하인리히의 재해 구성 비율(하인리히의 법칙)

(1) 1 : 29 : 300의 법칙

330회의 사고 가운데 중상 또는 사망 1회, 경상 29회, 무상해 사고 300회의 비율로 사고가 발생한다는 것을 나타낸다.

(2) 재해의 발생 = 물적 불안전 상태 + 인적 불안전 행위 + α

= 설비적 결함 + 관리적 결함 + α

$\therefore \alpha = \dfrac{300}{1+29+300}$ (하인리히의 법칙)

여기서 α : 잠재된 위험의 상태(potential) = 재해

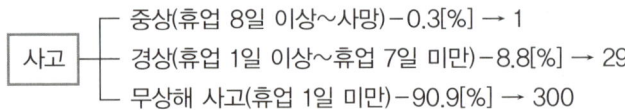

(3) 재해 구성 비율 모델

① 하인리히의 재해 구성 비율

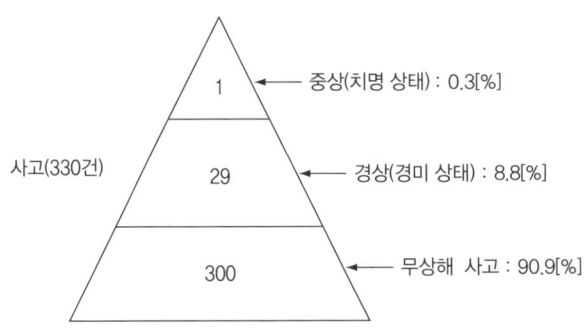

② I.L.O.의 재해 구성 비율   ③ 버드의 재해 구성 비율

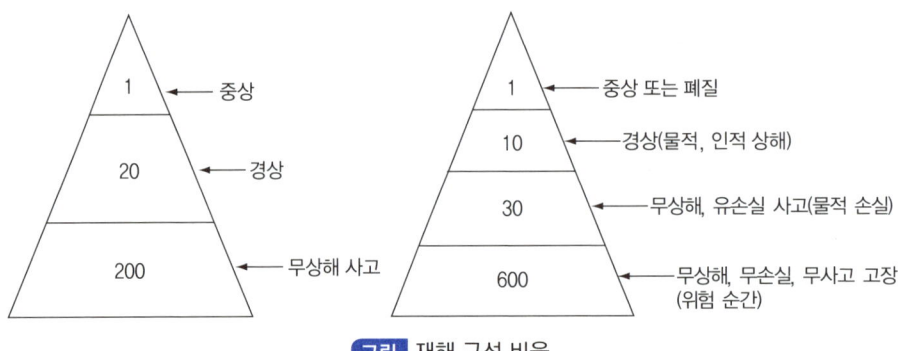

[그림] 재해 구성 비율

7. 재해 빈발자

(1) 한번 재해를 일으킨 사람이 다음의 재해를 일으킬 가능성은 처음으로 재해를 일으킬 가능성보다 높다. 그 이유에 대한 세 가지의 설은 다음과 같다.

① 기회설 : 재해가 다발하는 것은 개인의 영향이 아니라 그 사람이 종사하는 작업에 위험성이 많기 때문이다.

② 암시설 : 사람은 한번 재해를 당하면 겁쟁이가 되거나, 신경과민이 되어 그 사람이 갖는 대응 능력이 열화되기 때문에 재해를 빈발하게 된다.

③ 재해 빈발 경향자설 : 근로자 가운데에 재해를 빈발하는 소질적 결함자가 있다.

(2) 재해 누발자의 유형

① 미숙성 누발자
  ㉮ 기능 미숙 때문에
  ㉯ 환경에 익숙하지 못하기 때문에

② 상황성 누발자
  ㉮ 작업이 어렵기 때문에
  ㉯ 기계 설비에 결함이 있기 때문에
  ㉰ 환경상 주의력의 집중이 혼란되기 때문에
  ㉱ 심신에 근심이 있기 때문에

③ 습관성 누발자
  ㉮ 재해의 경험에 의해 겁쟁이가 되거나 신경과민이 되기 때문에
  ㉯ 일종의 슬럼프 상태에 빠져 있기 때문에

④ 소질성 누발자
  ㉮ 개인적 소질 가운데에 재해 원인의 요소를 가지고 있는 자
  ㉯ 개인의 특수 성격 소유자

⑪ 안전 보건 보호구

1. 보호구의 특성

　인간의 생산 활동에는 항상 기계 장치가 동반된다고 할 수 없으며 그 기계 장치를 안전하게 하는 것만으로 안전이 충분히 유지된다고 할 수는 없다. 이와 같이 인간의 외적인 조건을 완전하게 안전화(安全化)할 수 없는 경우에는 어떻게 하면 좋을 것인가? 안전한 작업을 할 수 있도록 하기 위해서는 원칙적으로 기계에 안전 장치를 하거나, 작업 환경을 쾌적하게 하여야 할 것이다.

　그러나 이와 같은 원칙을 적용하기 어려울 때에는 작업하는 사람을 방호하기 위한 수단이 강구되어야 할 것이다. 이 때문에 사용되는 것이 보호구이다. 재해를 막는 데 있어서 보호구를 사용한다는 것은 재해 예방의 적극적인 대책으로서 진행시켜야 할 수단은 아니지만, 현실적으로 볼 때에 예상되는 위험성으로부터 작업자를 보호하기 위해서는 부득이한 수단이라고 할 수 있다.

　회사에서는 위험한 기계 설비에서 작업하거나 유해한 물질을 취급할 때는 우선적으로 필요한 안전 조치를 취하고 각종 보호구를 지급해야 하며, 작업자들도 반드시 안전 수칙들을 준수해야 하며, 보호구를 착용해야 할 의무가 있다. 보호구는 안전인증대상과 자율안전확인대상 보호구로 구분된다.

　(1) 안전인증대상 보호구
　① 추락 및 감전 위험방지용 안전모
　② 안전화
　③ 안전장갑
　④ 방진마스크
　⑤ 방독마스크
　⑥ 송기마스크
　⑦ 전동식 호흡보호구
　⑧ 보호복
　⑨ 안전대

⑩ 차광 및 비산물 위험방지용 보안경
⑪ 용접용 보안면
⑫ 방음용 귀마개 또는 귀덮개

(2) 자율안전확인대상 보호구
① 안전모(추락 및 감전 위험방지용 안전모 제외)
② 보안경(차광 및 비산물 위험방지용 보안경 제외)
③ 보안면(용접용 보안면 제외)

보호구의 종류와 용도

1. 안전모

인체 중에서도 머리의 보호는 가장 중요하다. 안전모는 전선 작업, 보수 작업 등에서 물체가 떨어지거나 튈 염려가 있는 작업과 물건을 싣고 내리는 작업 등에서 떨어지거나 넘어져 머리를 다칠 우려가 있는 작업에는 반드시 안전모를 착용하여야 한다.

안전모는 사용 목적에 따라 일반용 안전모, 승차용 안전모, 전기 작업용 안전모 및 하역 작업용 안전모 등이 있으므로 작업 내용에 따라 선정되어야 한다. 또 안전모를 착용하였을 때의 효과를 높이기 위해서는 사용시에 벗겨지는 일이 없도록 턱끈을 확실히 조이는 등 올바른 착용 방법에 대해 작업자에게 지도하는 것이 중요하다.

(1) 안전모의 종류

종류기호	사용구분	모체의 재질	내전압성
AB	물체 낙하, 날아옴, 추락에 의한 위험을 방지, 경감시키는 것	합성수지	비내전압성
AE	물체 낙하, 날아옴에 의한 위험을 방지 또는 경감하고 머리부위 감전에 의한 위험을 방지하기 위한 것	합성수지(FRP)	내전압성
ABE	물체의 낙하 또는 날아옴 및 추락에 의한 위험을 방지하기 위한 것 및 감전을 방지	합성수지(FRP)	내전압성

(주) 내전압성이란 7,000[V] 이하의 전압에 견디는 것을 말한다.
    FRP : Fiber Glass Reinforced Plastic(유리 섬유 강화 플라스틱)

산업 현장에서 사용되는 안전모의 각 부품 명칭은 그림과 같다. 모체는 합성 수지 또는 강화 플라스틱제이며 착장체 및 턱끈은 합성 면포 또는 가죽이고 충격 흡수용으로 발포성 스티로폼을 사용하며, 두께가 10[mm] 이상이어야 한다. 안전모의 무게는 착장체, 턱끈 등의 부속품을 제외한 무게가 440[g]을 초과해서는 안 된다.

▶ 안전모 명칭

착장체
① 모체
② 머리 받침끈
③ 머리 받침대
④ 머리 받침 고리
⑤ 충격 흡수재(자율안전확인에서 제외)
⑥ 턱끈
⑦ 모자챙(차양)

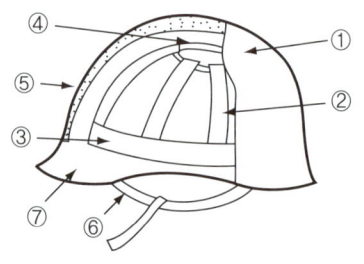

그림 안전모의 명칭

안전모의 성능 시험기준에는 내관통성 시험, 내전압성 시험, 내수성 시험, 난연성 시험·턱끈풀림 등이 있다.

(2) 안전모의 선택 방법
① 작업 성질에 따라 머리에 가해지는 각종 위험으로부터 보호할 수 있는 종류의 안전모를 선택해야 한다.
② 규격에 알맞고 성능 검사에 합격품이어야 한다(성능 검사는 한국산업안전공단에서 실시하는 성능 시험에 합격한 제품을 말한다).
③ 가볍고 성능이 우수하며 머리에 꼭 맞고 충격 흡수성이 좋아야 한다.

(3) 사용 방법 및 보관 방법
① 바르게 착용하고 사용해야 한다.
② 큰 충격을 받은 것과 외관에 손상이 있는 것은 사용을 피해야 한다.
③ 통풍을 목적으로 모체에 구멍을 뚫어서는 안 된다.
④ 착장체는 최소한 1개월에 한번 60[℃]의 물에 비누나 세척제로 세탁해야 하며, 합성 수지의 안전모는 스팀과 뜨거운 물을 사용해서는 안 된다.
⑤ 휴식을 취할 때는 안전모를 지상에서 조금 떨어진 곳에 걸어두며, 모체에 흠집이 나지 않도록 하고 통풍이 잘되도록 해야 한다.
⑥ 안전모를 차에 싣고 다닐 때는 뒤창 밑에 두어서는 안 된다. 햇볕의 열과 자외선으로 변형되기 쉽다.
⑦ 사용하던 안전모를 제3자에게 지급할 때는 깨끗이 세탁하고 소독한 후에 지급해야 한다.
⑧ 모체에 페인트, 기름 등으로 오염된 경우는 유기 용제를 사용해야 하지만 강도에 영향이 없어야 한다.
⑨ 착장체는 충격을 흡수하는 역할을 하므로 헐거워지거나 찢어져서는 안 된다.
⑩ 플라스틱제의 안전모는 자외선에 의하여 열화되므로 교환해 주어야 한다.

▎플라스틱제 안전모의 내용년수

안전모의 종류	내용기간	비 고
열가소성 수지(폴리에틸렌, ABS, 폴리카보네이트)	약 2년	
열경화성 수지(FRP)	3~4년	

2. 보호 안경

(1) 보호 안경의 선택

눈은 신체 중에서 특히 중요한 부위이므로 눈의 부상은 재해 발생시에는 대수롭지 않은 것 같아도 의외로 후유증을 남기는 경우가 있으므로 주의를 하지 않으면 안 된다. 눈의 사고에는 여러 종류가 있고 또한 작업에 따라 여러 종류의 보호안경이 필요한데 크게 나누면 방진 안경과 차광용(遮光用) 안경의 두 가지가 있다.

방진 안경은 절단을 하거나 금속가공 작업을 할 때에 칩가루 등이 눈에 들어갈 우려가 있을 때 눈을 보호하기 위해 사용된다. 차광용 안경은 자외선(아크 용접 등), 가시광선(可視光線), 적외선(가스 용접, 용광로 작업)으로부터 눈의 장애를 방지하기 위한 것이다.

▎보호 안경의 선택

작업의 종류	위험의 종류	보호 안경 선택
산소 아세틸렌 예열용접 용단	스파크, 유해광선, 용융금속, 비산 입자	⑥
화공 약품 취급	비산산에 의한 화상	④, ①
절삭	비산 입자	⑦
전기(아크) 용접	스파크, 강한 광선, 용융금속	②
주물작업(노작업)	눈부심, 열, 용융금속	⑨
그라인딩 작업(경중)	비산 입자	⑤, ①
실험실	화공약품의 비산, 유리 파편	①, ④
기계가공	비산 입자	⑦, ①, ④
용융금속	열, 눈부심, 스파크, 쇳물튀김	②, ⑤

화공 약품 취급용 ①	보호 안경(전기용접, 코발트) ②	보호 안경, 차광, 방진 방독용 ③
보호 안경 ④	이중 보호 안경 코발트, 방진, 용접, 그라인더용 ⑤	(안경알)색은 원하는 대로 끼울 수 있음 보호 안경(산소용접용) ⑥
기계 가공용 ⑦	(보호 안경) 보통 안경에 양쪽 실드 부착 ⑧	주물작업 보호 안경 ⑨

보호 안경은 사용함에 따라 분진 등으로 흠이 생기기 쉬우므로 늘 점검을 하고 불량한 것은 즉시 관리하는 등 관리면에 관심을 가져야 한다.

(2) 도수 렌즈 보호 안경

도수 렌즈 보호 안경은 적당한 도수가 있는 보호 렌즈를 가진 고글이나 스펙터클로 구성되며, 시력 교정용 안경 위에 아무 불편없이 착용 가능한 고글이어야 한다.

3. 안면 보호구

안면 보호구는 유해 광선으로부터 눈을 보호하고 파편에 의한 화상이나 안면부를 보호하기 위하여 착용하는 보호구이며, 사용 구분과 렌즈 재질은 다음과 같다.

종 류	사용 구분	렌즈 재질
용접용 보안면	아크용접, 가스용접, 절단작업시 발생하는 유해한 자외선, 가시광선 및 적외선으로부터 눈을 보호하고, 용접광 및 열에 의한 화상, 가열된 용재 등의 파편에 의한 화상의 위험에서 용접자의 안면, 머리부분, 목부분을 보호하기 위한 것이다.	발카나이즈드 파이버 FRP
일반 보안면	일반작업 및 점용접 작업시 발생하는 각종 비산물과 유해한 액체로부터 얼굴을 보호하기 위하여 착용한다.	플라스틱

4. 안전화

안전화는 발에 무거운 물건을 떨어뜨리거나 튀어나온 못을 밟거나 하는 재해로부터 작업자를 보호하는 데 사용되고 있으며 이와 같은 재해는 각 산업에서 많이 발생되고 있다. 이런 종류의 재해를 막는 데는 작업 방법의 개선, 직장 내의 정리·정돈 등이 필요하나 안전화의 착용으로 어느 정도 방지하는 것이 가능하다.

안전화는 발등의 보호, 찔리거나 미끄러짐을 방지하는 데 중요한 역할을 하고 있으며 때로는 특수 안전화가 필요하기도 하다. 예를 들면 전기 공사를 할 때에는 징을 박지 않은 안전화를 신어야 하고, 폭발성 물질을 취급하는 경우에는 스파크를 일으키지 않는 안전화를 신어야 한다. 안전화를 선정할 때에는 직장환경, 작업내용, 착용자의 성별(性別), 근로 시간 등을 감안하여 필요없이 해당되지 않는 것을 선정하거나, 효과가 없는 것을 사용하도록 하는 일이 없도록 하여야 한다.

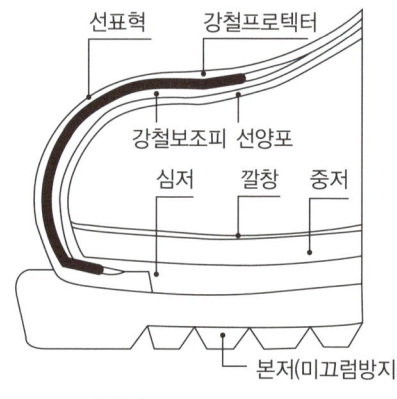

▎안전화 높이·하중

구분	높이[mm]	하중[kN]
중작업용	1,000	15±0.1
보통작업용	500	10±0.1
경작업용	250	4.4±0.1

그림 안전화의 재료 및 구조

(1) 안전화의 일반 구조

① 제조하는 과정에서 앞발가락 끝부분에 선심을 넣어 압박 및 충격에 대하여 착용자의 발가락을 보호할 수 있는 구조이어야 한다.
② 착용감이 좋고 작업에 편리하여야 한다.
③ 견고하게 제작하여 부분품의 마무리가 확실하며 형상은 균형있어야 한다.
④ 선심의 내측은 헝겊, 가죽, 고무 또는 플라스틱 등으로 감싸고 특히 후단부의 내측은 보강되어야 한다.
⑤ 정전화는 인체에 대전된 정전기를 구두 바닥을 통하여 땅으로 누전시키는 전기 회로가 형성될 수 있는 재료를 사용해야 한다.

▲ 절연장화의 종류 및 용도

종류	용도
A종	주로 300[V]를 초과 교류 600[V], 직류 750[V] 이하의 작업에 사용
B종	주로 교류 600[V], 직류 750[V] 초과 3,500[V] 이하의 작업에 사용
C종	주로 3,500[V] 초과 7,000[V] 이하 작업에 사용

▲ 적용 안전화의 종류

종류	사용구분
가죽제 안전화	물체의 낙하, 충격 및 날카로운 물체에 의한 바닥으로부터의 찔림에 의한 위험으로부터 발을 보호하기 위한 것
고무제 안전화	물체의 낙하, 충격에 의한 위험으로부터 발을 보호하고 아울러 방수를 겸한 것
정전기 안전화	정전기의 인체 대전을 방지하기 위한 것
발등 안전화	물체의 낙하 및 충격으로부터 발 및 발등을 보호하기 위한 것
절연화	저압의 전기에 의한 감전을 방지하기 위한 것(직류 750[V], 교류 600[V] 이하)
절연장화	저압 및 고압에 의한 감전을 방지하기 위한 것

5. 안전대

(1) 개요

추락에 의한 재해는 모든 산업에서 많이 발생하고 있다. 이것을 막기 위해서는 설비의 개선, 발판의 설치, 작업 방법의 개선 등을 꾀하는 것이 필요하나 안전대의 사용으로 어느 정도는 방지가 가능하다. 안전대에는 전기 공사, 통신 선로 공사, 기타 높은 곳에서 작업을 할 때에 추락하는 것을 방지하는 것과, 광산, 채석장, 토목공사와 같은 높은 곳에서의 작업과 경사면에서의 작업에 사용되는 것 등이 있다.

(2) 안전대의 종류

종류	사용 구분	비고
벨트식(B식) 안전그네식(H식)	U자걸이 전용	
	1개걸이 전용	
안전그네식(H식)	안전블록(H식 적용)	와이어로프지름 : 4[mm] 이상
	추락방지대(H식 적용)	

6. 호흡용 보호 장구

유해 물질이 인체에 침투되는 경로 중에서 호흡기를 통해서도 체내로 침투되므로 이를 차단시켜 주는 보호구 또한 중요하다. 그 용도나 종류는 여러 가지가 있다. 먼지가 많이 나는 곳에서 사용하는 방진 마스크, 산소 결핍 장소에서 사용하는 공기 공급식과 공기 정화식이 있다. 공기 공급식에는 자급식과 송풍기 부착 호스 마스크가 있으며 독성 오염을 방지하는 방독 마스크, 가스 마스크가 있다.

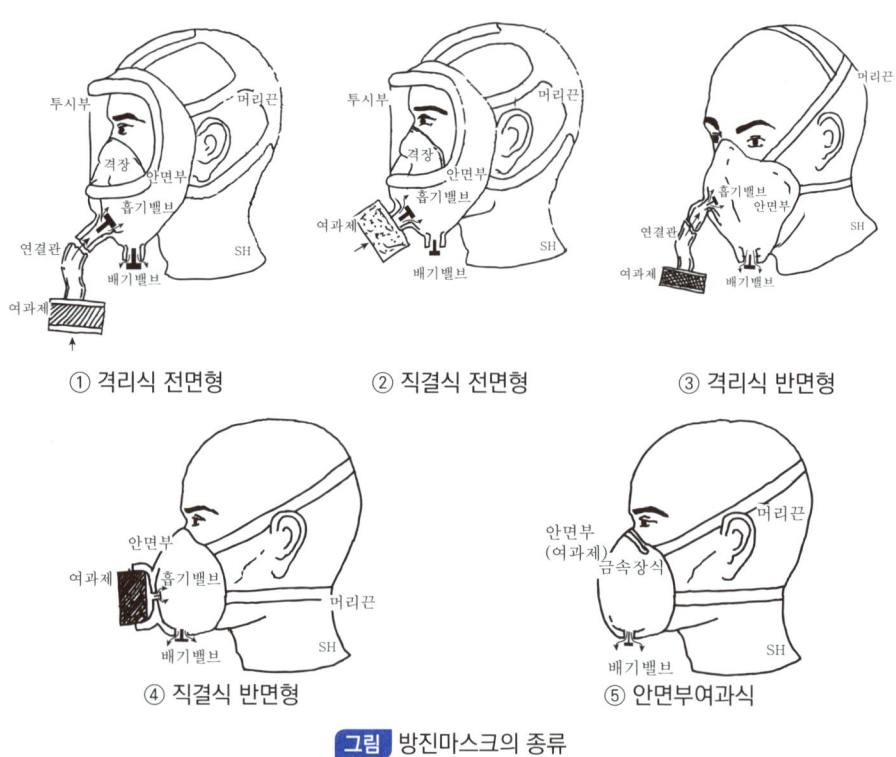

그림 방진마스크의 종류

7. 손보호 장갑

(1) 개요

손을 많이 사용하여 각종 위험요소로부터 손이 부상당하기 쉬우므로 작업 종류에 따라 장갑을 착용하여 손의 부상을 극소화시켜야 한다. 유기 용제를 취급하는 작업장에서도 장갑을 착용하여 피부염 등의 장해를 제거해야 한다.

(2) 보호 장갑의 종류

① 일반 작업용 : 천연 합성 섬유(면, 나일론, 비닐), 소가죽(크롬 무두질), 고무

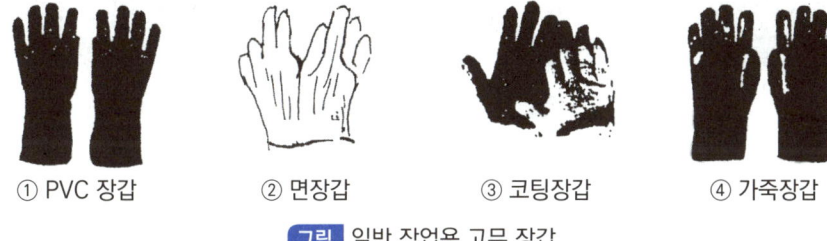

① PVC 장갑   ② 면장갑   ③ 코팅장갑   ④ 가죽장갑

그림 일반 작업용 고무 장갑

② 용접용 : 소가죽(크롬 무두질), 석면용

① 용접 장갑   ② 방열장갑

그림 용접용 고무 장갑

③ 내열, 내화학용 : 석면, 알루미늄으로 표면 처리한 석면, 고무, 합성 고무, 플라스틱
④ 방전용 : 고무, 플라스틱
⑤ 절삭 방지용 : 금속, 특수 섬유

그림 전기 작업용 고무장갑

ⓑ 전기용 절연 장갑은 300[V]~7,000[V]의 전기 회로 작업에 사용되는 장갑이다. 그 종류는
  ㉮ A종 : 주로 300[V]를 초과 교류 600[V] 또는 750[V] 이하 작업에 사용하는 것
  ㉯ B종 : 주로 교류 600[V] 또는 직류 750[V] 초과 3,500[V] 이하 작업에 사용하는 것
  ㉰ C종 : 주로 3,500[V] 초과 7,000[V] 이하 작업에 사용하는 것
  따라서 고전압을 취급할 시에는 알맞은 절연 장갑을 반드시 착용해야 한다.

8. 작업 복장

(1) 작업복

작업장에서는 그 작업에 적합한 복장을 단정히 하고 작업을 함으로써 일하기도 수월하고 재해로부터 몸을 지킬 수 있는 것이다. 여름철에 작업복을 입지 않은 채로 작업을 하면 옥외에서는 태양의 직사면 때문에 오히려 덥고, 옥내에서도 현장에 있는 쇠부스러기, 기름, 고열물 등에 맞아 재해를 당하게 되므로 작업복을 착용하는 것이 필요하다. 깔끔한 복장은 마음도 긴장시켜서 안전 작업을 할 수 있어 재해도 줄어든다.

안전한 작업을 하기 위해 작업 복장을 선정할 때에는 다음의 사항에 유의하여야 한다.

① 작업복은 몸에 맞고 동작이 편하며, 상의의 끝이나 바지자락, 또는 단추가 기계에 말려 들어갈 위험이 없도록 한다.
② 작업복은 항상 깨끗이 하여야 하며 특히 기름이 묻은 작업복은 불이 붙기 쉬우므로 위험하기 때문에 세탁하여 사용하도록 한다.
③ 화기 사용 직장에서는 방염성(防炎性), 불연성(不燃性)의 것을 사용하도록 한다.
④ 착용자의 연령, 성별 등을 감안하여 적절한 스타일을 선정하는 것이 바람직하다.

(2) 작업모

① 기계 주위에서 작업을 할 때에는 반드시 모자를 쓰도록 한다.
② 여자나 머리가 긴 사람의 경우에는 모자 또는 수건으로 머리카락을 완전히 감싸도록 한다.
③ 여자의 경우에는 일부러 앞머리카락을 내놓고 모자를 착용하는 경우가 많으므로 착용 방법에 대하여 철저히 지도한다.

(3) 신발

① 신발은 작업 내용에 맞는 것을 선정하여 사용하는 것이 필요하다.
② 굽이 높은 구두나 운동화를 구부려 신는 것은 걸음걸이가 불안정해 넘어지거나 관절을 삘 우려가 있으므로 착용하지 않도록 한다.
③ 맨발은 부상당하기 쉽고 고열 물체에 닿을 때에는 화상을 입는 등 위험하므로 절대로 금지시킨다.

① 단화 : 113[mm] 미만

② 중단화 : 113[mm] 이상

③ 장화 : 178[mm] 이상

그림 안전화 종류 및 높이(h)

안전 보건 표지의 내용과 유의 사항

　안전 보건 표지는 산업 현장에서 산업 재해를 예방하기 위하여 위험이 잠재한 곳이나 현존하는 위험이 있는 곳에 모든 근로자들이 보고 인식하여 스스로의 행동을 안전하게 취하도록 주의를 나타내 주기 위한 것이다. 즉, 생활 환경을 색채를 이용하여 효과적이고 안락하며 쾌적하게 만들어 주려고 노력하는 것이다.

　산업 현장에서의 작업 환경은 근로자들에게 정서적 안정을 주어 생산 능률을 향상시키기 위함이다. 따라서 작업장의 시각을 피로하지 않게 색채 조합을 만들어 주는 것이 효과적이다. 또 위험한 곳이나 위험 요소가 있는 부분에 색채로 표시하여 누구나 쉽게 구분하도록 하여 사고나 재해를 미연에 방지할 수 있다.

1. 색채가 재해에 미치는 영향

　위험물을 표시하는 색을 교통 신호의 위험을 나타낸 색채와 같은 빨간색으로 나타냈다면 붉은색은 피의 색과 같아 공포감을 연상하게 된다. 이와 같이 색채는 인간의 감각을 여러 가지로 변화시켜 일의 능률이나 휴식의 정도를 좌우하게 된다.

　따라서 여러 가지 색을 조사하여 색채 계획이 잘못되지 않았는가를 확인하지 않으면 안 된다. 우리들이 눈으로 느끼는 색은 황색을 경계로 하여 녹색이나 청색은 침착감을 주어 안전하게 만든다.

　반대로 빨간색은 자극을 주어 흥분하게 만듦으로 조급하게 서둘러 불안감을 조성한다. 현장에서 너무 침착하여 졸음이 온다면 또 불행을 초래할 수도 있다. 그러므로 색채의 조화로 침착하면서도 능률을 높이는 색채 배합이 요구된다.

　인간은 너무 차분한 색에 젖어들면 폐쇄감이 있으므로 작업 능률이 떨어지고, 산업 현장에서는 생산성에 영향을 미치게 된다. 산업 현장에 사용되고 있는 버튼 스위치의 색깔이 일정한 표준에 따라 청색과 적색으로 통일되어 있을 때는 문제가 없으나 색깔의 위치가 뒤바뀌어 있을 때는 항상 사용하던 작업자가 기계를 조작할 때 표준만 생각하여 뒤바뀐 색채에 미숙하기 때문에 실수를 하여 재해를 일으키게 된다. 따라서 색채는 통일성 있게 표시되어야 한다.

　색채가 통일되면 눈의 피로를 적게 만들고 주의력을 환기시키며 쾌적한 작업 환경이 유지되고 작업 능률을 향상시킬 수 있다. 색채는 눈의 피로와 긴장을 증감시키며 정서적 감정에 영향을 끼친다. 일반적으로 색채는 인간의 심리적인 반응에 영향을 주고 있으며 조명의 밝기에도 영향을 준다. 색채는 또 둔함과 경쾌감에도 영향을 주며 원근 크기에도 영향을 준다.

2. 색채의 이용

작업 현장에서 많이 사용되는 안전 보건 표지의 색채에는 다음과 같은 것이 있다.

① 빨간색 : 화재의 방지에 관계되는 물건에 나타내는 색으로 방화 표시, 소화전, 소화기, 화재 경보기 등이 있으며 정지시 표지로 긴급 정지 버튼, 정지 신호, 통행 금지, 출입 금지 등이 있다.

② 주황색 : 재해나 상해가 발생하는 장소에 위험 표지로 사용되며, 뚜껑없는 스위치, 스위치 박스, 뚜껑의 내면, 기계 안전 커버의 내면, 노출 톱니바퀴의 내면, 항공·선박의 시설 등에 사용된다.

③ 노란색 : 충돌·추락 주의 표시, 크레인의 훅, 낮은 보, 충돌의 위험이 있는 기둥, 피트의 끝, 바닥의 돌출물, 계단의 디딤면 등에 사용된다.

④ 청색 : 함부로 조작하면 안 되는 곳, 수리 중의 운휴 정지 장소를 표시하는 표지, 전기 스위치의 외부 표시 등에 사용된다.

⑤ 녹색 : 위험, 구급 장소를 나타낸다. 대피 장소 또는 방향을 표시하는 표지, 비상구, 안전 위생 지도 표지, 진행 등에 사용된다.

⑥ 흰색 : 통로의 표지, 방향 지시, 통로의 구획선, 물품 두는 장소, 보조색으로서 방화 등에 사용된다.

⑦ 흑색 : 주의, 위험 표지의 글자, 보조색(빨강이나 노랑에 대한) 등에 사용된다.

⑧ 보라색 : 방사능 등의 표시에 사용된다.

이들 안전 색채에 유의할 점은 용이하게 파손되거나 변질되지 않는 재료로 제작하여야 하며 색채 고정 원료를 배합하여 변질되지 아니한 것을 사용한다. 또 크기는 근로자가 쉽게 알아볼 수 있는 크기로 제작되어야 한다. 또 야간에는 표지에 조명등을 설치하거나 야광색으로 제작하여 빨리 알아볼 수 있도록 해야 한다.

3. 안전 보건 표지의 종류

안전 보건 표지는 산업 현장, 공장, 광산, 건설 현장, 차량, 선박 등의 안전을 유지하기 위하여 사용한다.

① 금지 표지 : 출입 금지, 보행 금지, 차량 통행 금지, 사용 금지, 탑승 금지, 금연, 화기 금지, 물체 이동 금지 등으로 흰색 바탕에 기본 모형은 빨강, 관련 부호 및 그림은 검정색이다.

② 경고 표지 : 인화성물질 경고, 산화성물질 경고, 폭발물 경고, 급성독성물질 경고, 부식성물질 경고 등은 금지 표지에 준하며, 방사성물질 경고, 고압전기 경고, 매달린 물체 경고, 낙하물 경고, 고온 경고, 저온 경고, 몸균형 상실 경고, 레이저광선 경고, 위험장소 경고 등으로 바탕은 노란색 기본 모형, 관련 부호 및 그림은 검은색이다.

③ 지시 표지 : 보안경 착용, 방독 마스크 착용, 방진 마스크 착용, 보안면 착용, 안전모자 착용, 귀마개 착용, 안전화 착용, 안전 장갑 착용, 안전복 착용으로 바탕은 파란색이고 그 관련 그림은 흰색으로 나타낸다.

④ 안내 표지 : 녹십자표지, 응급구호표지, 들것, 세안장치, 비상구, 좌측 비상구, 우측 비상구가 있는데 바탕은 흰색, 기본 모형 및 관련 부호는 녹색, 바탕은 녹색, 관련 부호 및 그림은 흰색으로 나타낸다.

⑤ 관계자외 출입금지
  ㉮ 허가대상물질작업장
  ㉯ 석면취급 해체작업장
  ㉰ 금지대상물질의 취급 실험실 등

▎산업안전 색채의 종류, 색도기준 및 표시사항

종류	기준	표시사항	사용예
빨간색	7.5R 4/14	금지	정지신호, 소화설비 및 그 장소, 유해행위의 금지
		경고	화학물질 취급장소에서 유해·위험경고
노란색	5Y 8.5/12	경고	화학물질 취급장소에서의 유해·위험경고 이외의 위험경고, 주의표지 또는 기계방호물
파란색	2.5PB 4/10	지시	특정행위의 지시 및 사실의 고지
녹색	2.5G 4/10	안내	비상구 및 피난소, 사람, 차량의 통행표지
흰색	N9.5		파란색 또는 녹색에 대한 보조색
검은색	N0.5		문자 및 빨간색 또는 노란색에 대한 보조색

4. 안전 보건 표지의 종류와 형태

	101 출입금지	102 보행금지	103 차량통행금지	104 사용금지	105 탑승금지	106 금연	107 화기금지
① 금지표시							
	108 물체이동금지	201 인화성 물질경고	202 산화성 물질경고	203 폭발성 물질경고	204 급성독성 물질경고	205 부식성 물질경고	206 방사성 물질경고
② 경고표지							
	207 고압전기 경고	208 매달린 물체경고	209 낙하물 경고	210 고온경고	211 저온경고	212 몸균형 상실경고	213 레이저 광선경고	214 발암성·병이원성·생식독성·전신독성·호흡기 과민성물질 경고
	215 위험장소 경고	301 보안경 착용	302 방독마스크 착용	303 방진마스크 착용	304 보안면 착용	305 안전모 착용	306 귀마개 착용
③ 지시표지							
	307 안전화 착용	308 안전장갑 착용	309 안전복 착용	401 녹십자 표지	402 응급구호 표지	403 들것	404 세안장치
④ 안내표지							
	405 비상용기구	406 비상구	407 좌측비상구	408 우측비상구	501 허가대상물질 작업장	502 석면취급/해체작업장	503 금지대상물질의 취급실험실 등
⑤ 관계자외 출입금지					관계자외 출입금지 (허가물질명칭) 제조/사용/보관 중 보호구/보호복 착용 흡연 및 음식물 섭취 금지	관계자외 출입금지 석면 취급/해체 중 보호구/보호복 착용 흡연 및 음식물 섭취 금지	관계자외 출입금지 발암물질 취급 중 보호구/보호복 착용 흡연 및 음식물 섭취 금지

⑥ 문자 추가시 예시문		▶내자신의 건강과 복지를 위하여 안전을 늘 생각한다. ▶내가정의 행복과 화목을 위하여 안전을 늘 생각한다. ▶내자신이 일으킨 사고로 오는 회사의 재산과 과실을 방지하기 위하여 안전을 늘 생각한다. ▶내자신의 방심과 불안전한 행동이 조국의 번영에 장애가 되지 않도록 하기 위하여 안전을 늘 생각한다.

재해 조사의 목적

재해 원인과 결함을 규명하여 동종 재해 및 유사 재해의 재발 방지 대책 강구

재해 조사 방법

① 재해 발생 직후에 행한다.
② 현장의 물리적 흔적(물적 증거)을 수집한다.
③ 재해 현장은 사진을 촬영하여 보관하고, 기록한다.
④ 목격자, 현장 책임자 등 많은 사람들에게 사고시의 상황을 듣는다.
⑤ 재해 피해자로부터 재해 직전의 상황을 듣는다.
⑥ 판단하기 어려운 특수 재해나 중대 재해는 전문가에게 조사를 의뢰한다.

> **참고**
>
> 재해 조사 과정의 3단계
> ① 현장 보존
> ② 사실의 수집
> ③ 목격자, 감독자, 재해자 등의 진술

재해 조사시의 유의 사항

① 사실을 수집한다. 이유는 뒤에 확인한다.
② 목격자 등이 증언하는 사실 이외의 추측의 말은 참고로만 한다.
③ 조사는 신속하게 하고 긴급 조치하여, 2차 재해의 방지를 도모한다.
④ 사람, 기계 설비 양면의 재해 요인을 모두 도출한다.
⑤ 객관적인 입장에서 공정하게 조사하며, 조사는 2인 이상이 한다.
⑥ 책임 추궁보다 재발 방지를 우선하는 기본 태도를 갖는다.
⑦ 피해자에 대한 구급 조치를 우선한다.
⑧ 2차 재해의 예방과 위험성에 대한 보호구를 착용한다.

 재해 발생시 처리 순서 7단계

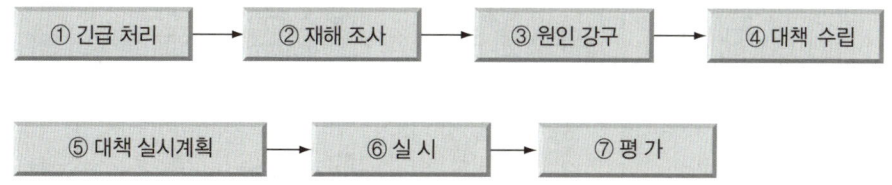

 재해 발생시 제1단계 긴급 처리 내용 5가지

① 피재 기계의 정지　　② 재해자의 응급 조치
③ 관계자에게 통보　　④ 2차 재해 방지
⑤ 현장 보존

재해 조사시 잠재 재해 요인 적출

① 발생일시　　　　　　　　② 발생장소
③ 재해관련 작업유형　　　　④ 재해발생 당시 상황

 재해 사례 연구 순서
(Accident Analysis and Control)

① 전제 조건 : 재해 상황의 파악(상해 부위, 상해 정도, 상해의 성질)
② 제 1 단계 : 사실의 확인(사람, 물건, 관리, 재해 발생 경과)
③ 제 2 단계 : 문제점의 발견
④ 제 3 단계 : 근본 문제점의 결정
⑤ 제 4 단계 : 대책 수립

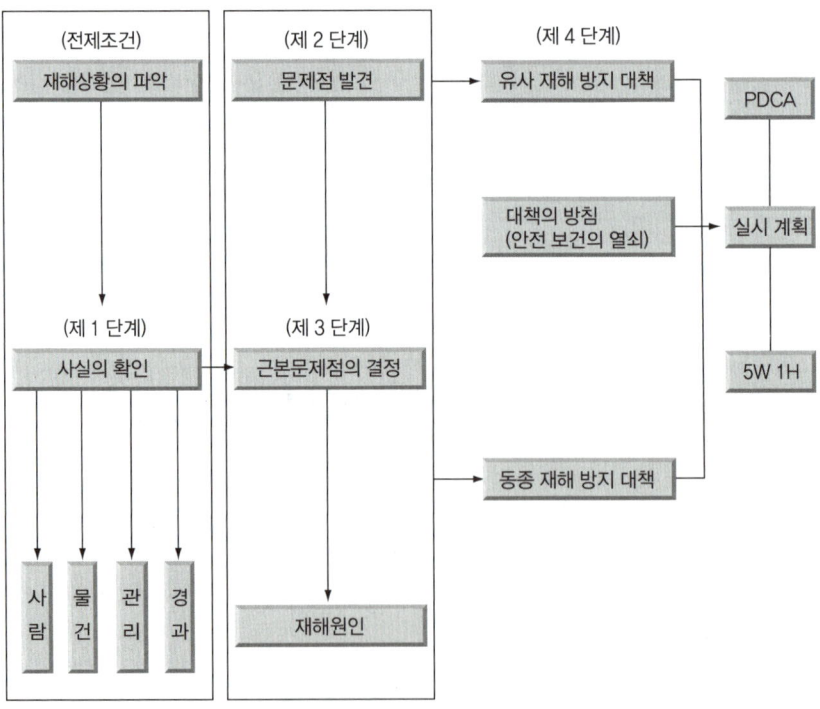

그림 재해 사례 연구 순서

재해의 직접 원인

(1) 불안전한 상태(물적 원인)
① 물 자체 결함
② 안전 방호 장치 결함
③ 복장, 보호구의 결함
④ 기계의 배치 및 작업 장소의 결함
⑤ 작업 환경의 결함
⑥ 생산 공정의 결함
⑦ 경계 표시, 설비의 결함

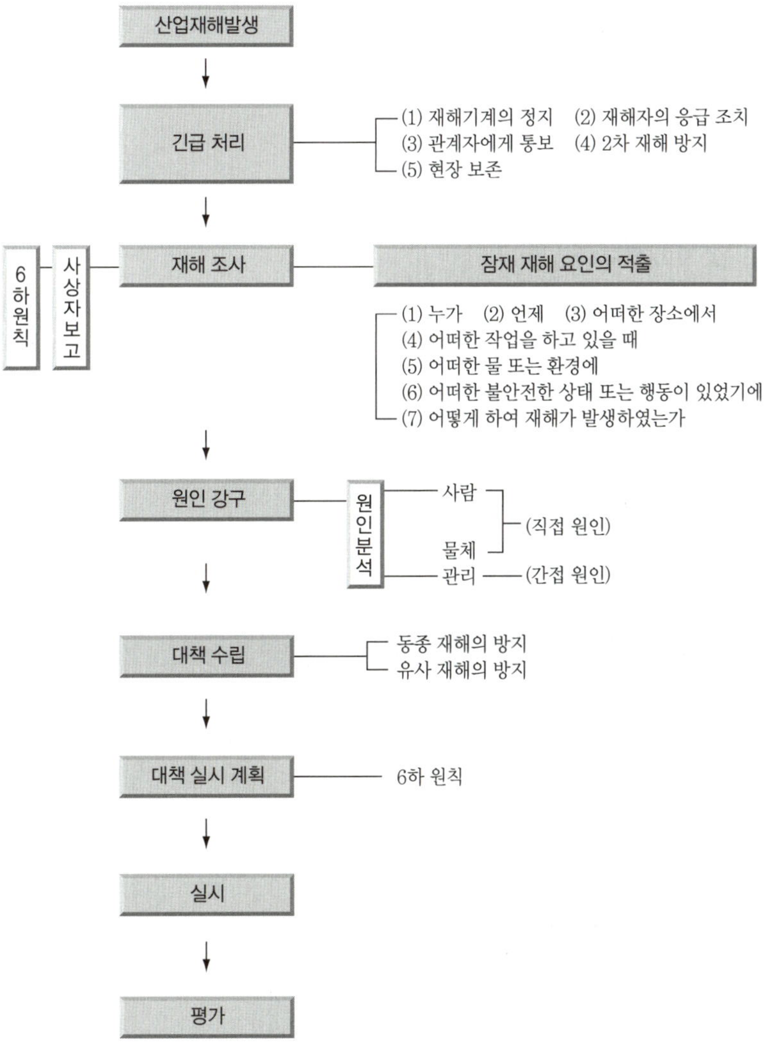

```
산업재해발생
    ↓
 긴급 처리 ─── (1) 재해기계의 정지   (2) 재해자의 응급 조치
             (3) 관계자에게 통보   (4) 2차 재해 방지
             (5) 현장 보존
    ↓
[6하원칙/사상자보고] ─ 재해 조사 ─── 잠재 재해 요인의 적출
             (1) 누가  (2) 언제  (3) 어떠한 장소에서
             (4) 어떠한 작업을 하고 있을 때
             (5) 어떠한 물 또는 환경에
             (6) 어떠한 불안전한 상태 또는 행동이 있었기에
             (7) 어떻게 하여 재해가 발생하였는가
    ↓
 원인 강구 ─── 원인분석 ─ 사람 ┐
                      물체 ┼ (직접 원인)
                      관리 ─ (간접 원인)
    ↓
 대책 수립 ─── 동종 재해의 방지
             유사 재해의 방지
    ↓
 대책 실시 계획 ─── 6하 원칙
    ↓
   실시
    ↓
   평가
```

그림 재해 발생 처리 순서

(2) 불안전한 행동(인적 원인)
① 위험 장소 접근
② 안전 장치의 기능 제거
③ 복장, 보호구의 잘못 사용
④ 기계 기구 잘못 사용
⑤ 운전 중인 기계 장치의 손질
⑥ 불안전한 속도 조작
⑦ 위험물 취급 부주의
⑧ 불안전한 상태 방치
⑨ 불안전한 자세 동작
⑩ 감독 및 연락 불충분

재해 원인의 관리적 원인

(1) 기술적 원인
① 건물·기계 장치 설계 불량
② 구조·재료의 부적합
③ 생산 공정의 부적당
④ 점검 및 보존 불량

(2) 교육적 원인
① 안전 지식의 부족
② 안전 수칙의 오해
③ 경험 훈련의 미숙
④ 작업 방법의 교육 불충분
⑤ 유해, 위험 작업의 교육 불충분

참고

1. 간접 원인
① 기술적 원인   ② 교육적 원인   ③ 신체적 원인   ④ 정신적 원인   ⑤ 관리적 원인

2. 불안전한 행동의 원인
① 생리적 원인   ② 심리적 원인   ③ 교육적 원인   ④ 환경적 원인

3. 불안전한 행동별 원인
① 안전 작업 표준 미작성 : 무단 작업 실시로 재해가 발생한다.
② 작업과 안전 작업 표준의 상이 : 설비, 작업의 수시변경으로 재해가 발생한다.
③ 안전 작업 표준의 결함 : 작업 분석의 불완전으로 일어난다.
④ 안전 작업 표준의 불이해 : 안전 교육에 결함이 있다.
⑤ 안전 작업 표준의 불이행 : 안전 태도에 문제가 있다.

(3) 작업 관리상의 원인

① 안전 관리 조직 결함
② 안전 수칙 미제정
③ 작업 준비 불충분
④ 인원 배치 부적당
⑤ 작업 지시 부적당

 재해 분석 모델

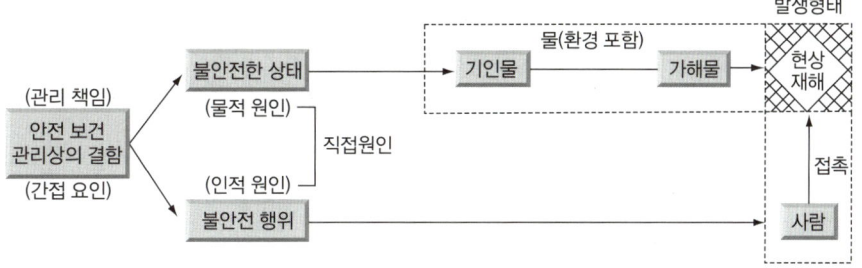

24 재해 원인 분석 방법

(1) 개별적 원인 분석

① 개개의 재해를 하나하나 분석하는 것으로 상세하게 그 원인을 규명하는 것이다.
② 특수 재해나 중대 재해 및 건수가 적은 사업장 또는 개별 재해 특유의 조사 항목을 사용할 필요성이 있을 때 사용한다.

> **참고**
>
> 재해 분석(예)
>
> 1. 미끄러운 기름이 흩어져 있는 복도 위를 걷다가 넘어져 기계에 머리를 다쳤다. 재해 분석을 하시오.
>   ① 사고 유형 : 전도   ② 가해물 : 기계   ③ 기인물 : 기름
>
> 2. 롤러의 청소 작업 중 걸레를 쥔 손이 롤러에 말려들어가 손에 부상을 당하였다. 재해를 분석하시오.
>   ① 사고 유형 : 협착   ② 가해물 : 롤러   ③ 기인물 : 롤러기
>   ④ 불안전한 행동 : 운전 중 청소   ⑤ 불안전한 상태 : 방호 장치 미부착

(2) 통계적 원인 분석

각 요인의 상호 관계와 분포 상태 등을 거시적(macro)으로 분석하는 방법이다.

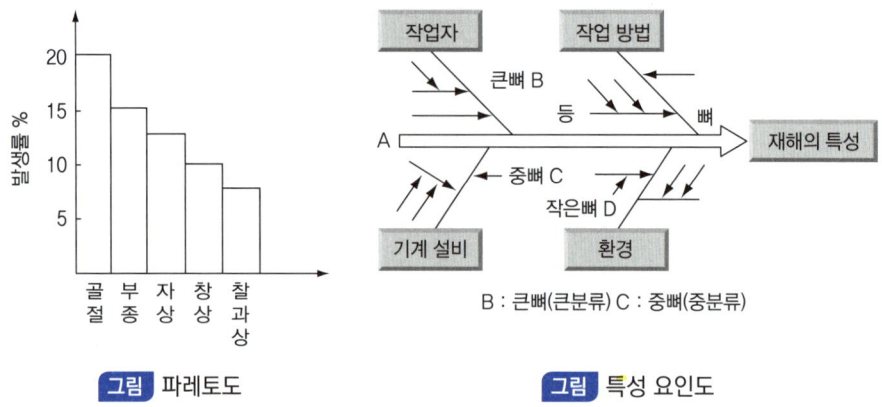

그림 파레토도   그림 특성 요인도

① 파레토(Pareto)도 : 사고의 유형, 기인물 등 분류 항목을 큰 순서대로 도표화한다 (문제나 목표의 이해에 편리).
② 특성 요인도 : 특성과 요인 관계를 도표로 하여 어골상(魚骨狀)으로 세분한다.
③ 크로스(cross) 분석 : 2개 이상의 문제 관계를 분석하는 데 사용하는 것으로, 데이터(data)를 집계하고 표로 표시하여 요인별 결과 내역을 교차한 크로스 그림을 작성하여 분석한다.
④ 관리도 : 재해 발생 건수 등의 추이를 파악하여 목표 관리를 행하는 데 필요한 월별 재해 발생수를 그래프(graph)화하여 관리선을 설정 관리하는 방법이다. 관리선은 상방 관리 한계(UCL : Upper Control Limit), 중심선(PN), 하방 관리 한계(LCL : Low Control Limit)로 표시한다.

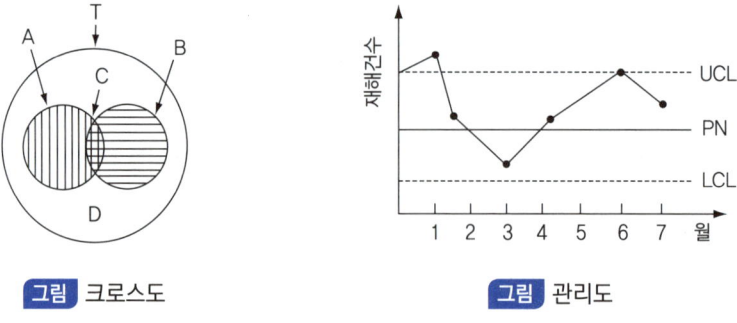

그림 크로스도   그림 관리도

재해 손실비
(Accident Cost)

(1) 하인리히(H.W. Heinrich) 방법

① 총재해 코스트 = 직접비 + 간접비
② 직접비(direct cost) : 산재 보상비
③ 간접비(indirect cost) : 생산 손실, 물적 손실, 인적 손실(임금 손실)
④ 직접비 : 간접비 = 1 : 4

(2) 시몬즈(Simonds) 방식

① 총재해 코스트 = 보험 코스트 + 비보험 코스트 = A × 휴업 상해 건수 + B × 통원 상해 건수 + C × 구급 조치 건수 + D × 무상해 사고 건수
② 시몬즈 방식에서 별도로 계산 삽입하여야 하는 재해 : 사망, 영구 전노동 불능 재해

참고

1. 2021년 한해의 산재보상비의 총액은 2,000만원이었다면 이 사업장의 재해 손실비는 얼마인가?(단, 하인리히 방식)
   해답 2,000만원 × 5 = (직접비 + 2,000만원) × 4 = 1억

2. 재해 손실비 중 간접비의 내역을 3가지로 분류하여 열거하시오.
   해답 ① 생산 손실
        ② 물적 손실
        ③ 인적 손실(또는 임금 손실)

3. Simonds의 Accident cost 산출방식 중 비보험 코스트의 산정 기준이 되는 재해 사고의 종류 4가지를 쓰시오.
   해답 ① 휴업 상해
        ② 통원 상해
        ③ 구급 조치
        ④ 무상해 사고

26 연천인율

① 연천인율이란 근로자 1,000명을 기준으로 한 재해 발생자 수의 비율이다.
② 계산 공식

$$연천인율 = \frac{연간재해자수}{연평균근로자수} \times 1,000$$

③ 1년간 평균 500명의 상시 근로자를 두고 있는 기업체 내의 연간 25명의 재해가 발생하였다면 연천인율은?

$$연천인율 = \frac{연간재해자수}{연평균근로자수} \times 1,000 = \frac{25}{500} \times 1,000 = 50$$

④ 연천인율이 50이란 뜻은 그 작업장의 수준으로 연간 1,000명이 작업한다면 50명의 재해가 발생된다는 뜻이다.

27 빈도율
(F.R. : Frequency Rate of Injury)

① 빈도율이란 재해 발생 건수에 대한 통계로서 1,000,000인시(man hour)를 기준으로 하고 있다.

$$빈도율 = \frac{요양재해건수}{연근로시간수} \times 1,000,000$$

② 연근로 시간수 = 평균 근로자수 × 1인당 근로 시간수(연간)
③ 500인의 근로자를 채용하고 있는 사업장에서 연간 25건의 요양재해가 발생하였다면 빈도율은?

$$빈도율 = \frac{요양재해건수}{연근로시간수} \times 1,000,000 = \frac{25}{500 \times 8 \times 300} \times 10^6 = 20.89$$

④ 빈도율이 20.89라는 뜻은 1,000,000인시 작업하는 동안에 20.89건의 재해가 발생된다는 뜻이다.
⑤ 빈도율 20.89인 사업장에서 한 사람의 근로자가 일평생 작업한다면 몇 건의 재해를 당하겠는가의 환산 빈도율은?

$$20.89 = \frac{100,000}{1,000,000} = 2.0$$

[해답] 약 2건

⑥ 연천인율과 빈도율의 상관 관계 : 연천인율 = 2.4 × 빈도율

[합격정보] 산업재해통계업무처리규정 제2조 적용범위(2022.1.11 제190호)

28 강도율
(Severity Rate of Injury)

① 강도율은 요양재해로 인한 근로 손실의 정도를 나타내는 통계로서 1,000인시당 근로 손실일수를 나타낸다.

② 계산 공식

$$강도율 = \frac{총요양근로손실일수}{연근로시간수} \times 1,000$$

▎등급별 근로 손실 일수

신체장해등급	1~3	4	5	6	7	8	9	10	11	12	13	14
근로손실일수	7,500	5,500	4,000	3,000	2,200	1,500	1,000	600	400	200	100	50

③ 근로 손실일수

=(재해의) 장해 등급별 근로 손실 일수+비장해 등급 손실 일수×300/365

④ 연평균 100인의 근로자를 가진 사업장에서 연간 5건의 재해가 발생하였는데 그 중 사망 1명, 14급 2명, 1명은 30일 가료, 다른 1명은 7일 가료하였다. 강도율은?

$$강도율 = \frac{총요양근로손실일수}{연근로시간수} \times 1,000 = \frac{7,500 + 50 \times 2 + \frac{37 \times 300}{365}}{100 \times 2,400} \times 1,000$$
$$= 31.73$$

⑤ 강도율 31.73이란 뜻은 1,000인시 작업하는 동안에 요양 재해가 발생하여 31.73일의 근로 손실이 발생하였다는 뜻이다.

⑥ 강도율 31.73인 사업장에서 한 작업자가 평생 작업한다면 산재로 인하여 며칠의 근로 손실을 당하겠는가의 환산 강도율은?

$$환산강도율 = 강도율 \times \frac{100,000}{1,000} = 31.73 \times 100 = 3,173$$

> **참고**
>
> 사망에 의한 손실 일수 7,500일 산출 근거
>
> ① 사망자의 평균 연령 : 30세
> ② 근로 가능 연령 : 55세
> ③ 근로 손실연수 : 55−30=25년
> ④ 연간 근로일수 : 300일
> ⑤ 사망으로 인한 근로 손실일수 : 300×25=7,500일

종합 재해 지수

(F.S.I. = Frequency Severity Indicator)

종합재해지수(F.S.I) = $\sqrt{빈도율(FR) \times 강도율(SR)}$

 ## Safe – T – Score

$$\text{Safe-T-Score} = \frac{\text{현재빈도율} - \text{과거빈도율}}{\sqrt{\dfrac{\text{과거빈도율}}{\text{현재근로총시간수}} \times 10^6}}$$

단위가 없으며, 계산 결과가 +이면 나쁜 결과이고, -이면 과거에 비해 좋은 기록이다.

+2.00 이상인 경우 : 과거보다 심각하게 나빠졌다.

+2.00에서 -2.00 사이 : 과거에 비해 심각한 차이가 없다.

-2.00 이하인 경우 : 과거보다 좋아졌다.

> **참고**
>
> 어떤 사업장의 X부서와 Y부서의 재해율은 아래 표와 같다. 각 부서의 Safe - T - Score를 계산하고, 안전 관리 측면에서의 심각성 여부에 관하여 간단하게 서술하시오.
>
> | 연도 | 구분 | X부서 | Y부서 |
> |---|---|---|---|
> | 2020년 | 사고 | 10건 | 1,000건 |
> | | 근로 총시간수 | 10,000인시 | 1,000,000인시 |
> | | 빈도율 | 1,000 | 1,000 |
> | 2021년 | 사고 | 15건 | 1,100건 |
> | | 근로 총시간수 | 10,000인시 | 1,000,000인시 |
> | | 빈도율 | 1,500 | 1,100 |
>
> ① X부서의 Safe - T - Score
> $$\frac{1,500-1,000}{\sqrt{\dfrac{1,000}{10,000} \times 10^6}} = 1.58$$
>
> ② Y부서의 Safe - T - Score
> $$\frac{1,100-1,000}{\sqrt{\dfrac{1,000}{1,000,000} \times 10^6}} = 3.16$$
>
> X부서는 +1.58이므로 비록 재해는 50 증가했으나 심각하지 않고, Y부서는 +3.16이므로 재해는 10밖에 증가하지 않았으나 안전 문제가 심각하다.
> 안전 대책이 시급히 요망된다.

재해 발생률의 국제적 비교

(1) 재해 통계의 국제적 통일 권고

1949년 제6회 국제 노동 통계 회의에서 채택된 결의 사항

① 국가별, 시기별, 산업별의 비교를 위해 산업 사상 통계를 도수율이나 강도율의 양쪽의 율로 나타낸다.

② 도수율은 요양재해의 수량(100만배 한다)을 총인원의 근로 연시간수로 나누어 산정한다.

$$도수율 = \frac{요양재해건수(N)}{연근로시간수(H)} \times 10^6$$

③ 강도율은 근로 손실일수(1,000배 한다)를 총인원의 근로연시간수로 나누어 산정한다.

$$강도율 = \frac{총요양근로손실일수}{연근로시간수} \times 10^3$$

> **합격정보** 산업재해통계업무처리규정 제2조 적용범위(2020.1.16)

(2) ILO(국제적) 구분에 의한 산업 재해의 정도

① 사망
② 영구 전노동 불능 상해(영구 전노동 불능 재해)
③ 영구 부분 노동 불능 상해(영구 일부 노동 불능 재해)
④ 일시 전노동 불능 상해(일시 전노동 불능 재해)
⑤ 일시 부분 노동 불능 상해(일시 일부 노동 불능 재해)
⑥ 구급 처지 상해

(3) 재해 발생률의 국제적 비교

도수율과 강도율의 정의는 1949년 제6회 국제 노동 통계 회의에서 정해진 것이나 그 방식을 채용하는 나라는 그다지 많지 않다.

예를 들어 미국의 NSC의 통계를 보아도 강도율은 100만 시간당의 수치이므로 우리나라의 수치를 1,000배 하여 비교할 필요가 있다.

또한 강도율의 계산에 사용되는 장해 등급별 근로 손실일수도 일정하지 않으며, 장해 등급의 제1급에서 제14급까지의 구분이 세계적으로 공통된 것은 아니다. 따라서, 휴업

도수율, 사망 연천인율 등의 수치는 그대로 비교하여도 거의 틀림없으나 강도율의 정확한 국제 비교는 현재의 입장에서는 불가능하다.

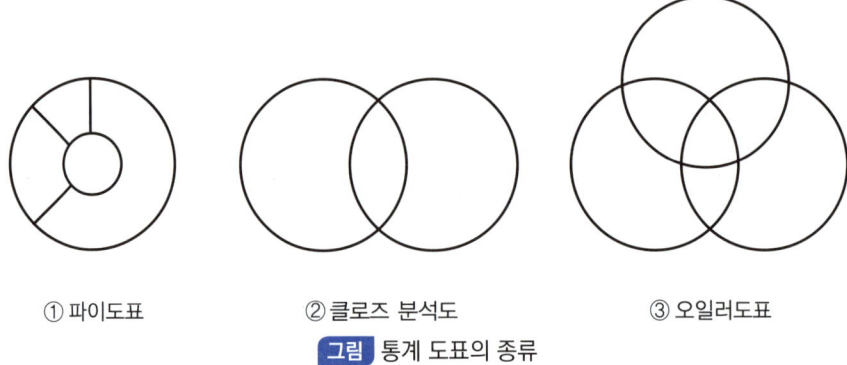

① 파이도표　　　② 클로즈 분석도　　　③ 오일러도표

그림 통계 도표의 종류

 안전 점검의 목적

(1) 정의

안전 점검은 안전 확보를 위해 실태를 파악하여 설비의 불안전한 상태나 인간의 불안전한 행동에서 생기는 결함을 발견하고, 안전 대책의 이상 상태를 확인하는 행동이다.
① 기계 설비의 설계, 제조, 운전, 보전, 수리 등의 각 과정에서 인간의 착오 등에 의한 위험 요인의 잠재성을 제거하는 데 목적이 있다.
② 운전 중인 기계 설비나 작업 환경도 수시로 변화함으로써 위험 요인을 제거하는 것이 목적이다.

 안전 점검의 의의

① 설비의 안전 확보
② 설비의 안전 상태 유지
③ 인적인 안전 행동 상태의 유지

34 안전 점검의 종류

① 정기 점검(계획 점검)
② 임시 점검
③ 수시 점검(일상 점검)
④ 특별 점검

(1) 일상 점검(수시 점검)

현장 감독자, 작업 주임이 자기가 맡고 있는 공정의 설비, 기계, 공구 등을 매일 일의 시작이나 종료시 또는 작업 중에 계속해서 시설과 사람의 작업 동작에 대하여 점검한다.

(2) 정기 점검(계획 점검)

일정 기간마다 정기적으로 점검하는 것을 말하며, 일반적으로 매주 또는 매월 1회씩 담당 분야별로 해당 분야의 작업 책임자가 기계 설비의 안전상의 중요 부분의 피로, 마모, 손상, 부식 등 장치의 변화 유무 등을 점검한다.

(3) 특별 점검

기계, 기구 또는 설비를 신설하거나 변경 내지는 고장, 수리 등을 할 경우에 행하는 부정기 특별 점검을 말하며, 산업안전보건 강조 기간 및 천재지변의 발생 후 점검도 이에 해당된다.

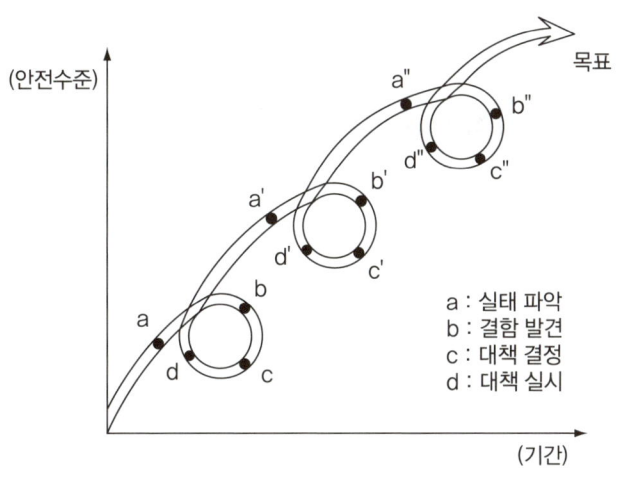

그림 안전 점검 및 진단의 순서

(4) 임시 점검

정기 점검 실시 후 다음 점검 기일 이전에 실시하는 점검이며 유사 기계의 돌발 사태 시에도 적용된다.

안전 점검 및 진단의 순서

① 실태의 파악
② 결함의 발견
③ 대책의 결정
④ 대책의 실시

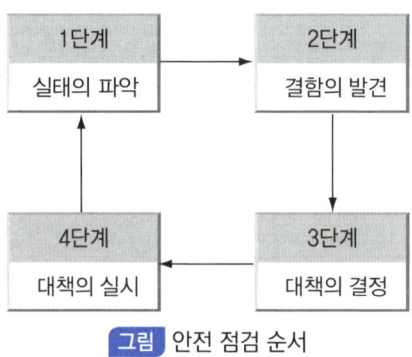

그림 안전 점검 순서

안전인증대상기계 또는 설비

① 프레스
② 전단기 및 절곡기
③ 크레인
④ 리프트
⑤ 압력용기
⑥ 롤러기
⑦ 사출성형기
⑧ 고소 작업대
⑨ 곤돌라

37 안전인증대상기계 방호장치의 종류

① 프레스 및 전단기 방호장치
② 양중기용 과부하방지장치
③ 보일러 압력방출용 안전밸브
④ 압력용기 압력방출용 안전밸브
⑤ 압력용기 압력방출용 파열판
⑥ 절연용 방호구 및 활선작업용 기구
⑦ 방폭구조 전기기계·기구 및 부품
⑧ 추락·낙하 및 붕괴 등의 위험방호에 필요한 가설기자재로서 고용노동부장관이 정하여 고시하는 것
⑨ 충돌·협착 등의 위험 방지에 필요한 산업용 로봇 방호장치로 고용노동부장관이 정하여 고시할 것

[표] 안전인증 심사의 종류 및 방법

종류	심사방법		심사기간
예비심사	기계 및 방호장치·보호가 안전인증대상기계 등인지를 확인하는 심사(안전인증을 신청한 경우만 해당)		7일
서면심사	안전인증대상기계 등의 종류별 또는 형식별로 설계도면 등 안전인증대상기계 등의 제품 기술과 관련된 문서가 안전인증기준에 적합한지 여부에 대한 심사		15일 (외국에서 제조한 경우 30일)
기술능력 및 생산체계심사	안전인증대상기계 등의 안전성능을 지속적으로 유지·보증하기 위하여 사업장에서 갖추어야 할 기술능력과 생산체계가 안전인증기준에 적합한지에 대한 심사, 다만, 수입자가 안전인증을 받거나 제품심사에서의 개별 제품심사를 하는 경우에는 기술능력 및 생산체계 심사를 생략		30일 (외국에서 제조한 경우 45일)
제품심사	안전인증대상기계 등의 안전에 관한 성능이 안전인증기준에 적합한지에 대한 심사(두 가지 심사 중 어느 하나만을 받는다)	개별 제품심사	서면심사결과가 안전인증기준에 적합할 경우에 하는 안전인증대상기계 등 모두에 대하여 하는 심사 9서면심사와 개별 제품심사를 동시에 할 것을 요청하는 경우 병행하여 할 수 있다.)	15일
		형식별 제품심사	서면심사와 기술능력 및 생산체계 심사 결과가 안전인증기준에 적합할 경우에 하는 안전인증대상기계 등의 형식별로 표본을 추출하여 하는 심사(서면심사, 기술능력 및 생산체계 심사와 형식별 제품심사를 동시에 할 것을 요청하는 경우 병행하여 할 수 있다.)	30일 (방폭구조전기기계기구 및 부품과 일부 보호구는 60일)

자율안전확인대상기계의 종류

(1) 기계 및 설비의 종류

① 연삭기 또는 연마기. 이경우 휴대형은 제외한다.
② 산업용 로봇
③ 혼합기
④ 파쇄기 또는 분쇄기
⑤ 식품가공용기계(파쇄·절단·혼합·제면기만 해당한다)
⑥ 컨베이어
⑦ 자동차정비용 리프트
⑧ 공작기계(선반, 드릴기, 평삭·형삭기, 밀링만 해당한다)
⑨ 고정형 목재가공용기계(둥근톱, 대패, 루타기, 띠톱, 모떼기 기계만 해당한다)
⑩ 인쇄기

(2) 방호장치의 종류

① 아세틸렌 용접장치용 또는 가스집합 용접장치용 안전기
② 교류아크 용접기용 자동전격 방지기
③ 롤러기 급정지장치
④ 연삭기 덮개
⑤ 목재가공용 둥근톱 반발예방장치 및 날접촉 예방장치
⑥ 동력식 수동대패용 칼날 접촉방지장치
⑦ 추락·낙하 및 붕괴 등의 위험방호에 필요한 가설기자재(안전인증대상기계에 해당되는 사항 제외)로서 고용노동부장관이 정하여 고시하는 것)

안전인증의 표시방법

구분	표시	표시방법
안전인증 및 자율안전확인의 표시 및 표시방법	(KCs 표시 도형)	가. 표시는 「국가표준기본법 시행령」 제15조의7제1항에 따른 표시기준 및 방법에 따른다. 나. 표시를 하는 경우 인체에 상해를 입힐 우려가 있는 재질이나 표면이 거친 재질을 사용해서는 안 된다.
안전인증대상 기계 등이 아닌 유해·위험기계 등의 안전인증의 표시 및 표시방법	(S 표시 도형)	① 표시의 크기는 유해·위험기계 등의 크기에 따라 조정할 수 있다. ② 표시의 표상을 명백히 하기 위하여 필요한 경우에는 표시 주위에 한글·영문 등의 글자로 필요한 사항을 덧붙여 적을 수 있다. ③ 표시는 유해·위험기계 등이나 이를 담은 용기 또는 포장지의 적당한 곳에 붙이거나 인쇄하거나 새기는 등의 방법으로 해야 한다. ④ 표시는 테두리와 문자를 파란색, 그 밖의 부분을 흰색으로 표현하는 것을 원칙으로 하되, 안전인증표시의 바탕색 등을 고려하여 테두리와 문자를 흰색, 그 밖의 부분을 파란색으로 표현할 수 있다. 이 경우 파란색의 색도는 2.5PB 4/10으로, 흰색의 색도는 N9.5로 한다[색도기준은 한국산업표준(KS)에 따른 색의 3속성에 의한 표시방법(KS A 0062)에 따른다]. ⑤ 표시를 하는 경우에 인체에 상해를 입힐 우려가 있는 재질이나 표면이 거친 재질을 사용해서는 안 된다.

압력 용기 검사시 주요 사항 및 안전 대책

주요사항	안전대책
안전 밸브	• 최고 사용압력의 110[%] 이하에서 정확히 작동되고 봉인할 것
압력계	• 현저한 손상, 부식, 마모가 없을 것
부식상태 및 용기두께	• 정확도 매일 점검 • 내·외면 부식이 심하지 않을 것
덮개판 및 플랜지	• 측정두께가 설계두께 이상일 것(부식 여유 제외)
외관과 설치 상태	• 나사산의 파손이 없고 체결 상태가 적정할 것 • 이음부 누설이 없을 것 • 노즐, 지지대 등 심한 손상, 변형이 없을 것 • 외력에 의한 손상이 없을 것
용접이음 부위	• 볼트 체결 적정 및 이완 방지 조치
표시판(name plate)	• 균열 또는 이상이 없을 것
접지	• 기재 내용이 정확하고 선명할 것 • 접지편 및 접지선의 상태가 양호할 것

안전인증 및 자율안전 확인 제품의 표시내용(방법)

(1) 안전인증 제품 표시방법

① 형식 또는 모델명
② 규격 또는 등급 등
③ 제조자명
④ 제조번호 및 제조연월
⑤ 안전인증 번호

(2) 자율안전 확인 제품 표시방법

① 형식 또는 모델명
② 규격 또는 등급 등
③ 제조자명
④ 제조번호 및 제조연월
⑤ 자율안전 확인 번호

▎안전검사의 주기

구분	검사주기
크레인(이동식 크레인은 제외한다) 리프트(이삿짐운반용 리프트는 제외한다)	사업장에서 설치가 끝난 날부터 3년 이내에 최초 안전검사를 실시하되, 그 이후부터 매 2년(건설현장에서 사용하는 것은 최초로 설치한 날부터 매 6개월마다)
이동식 크레인, 이삿짐 운반용리프트 및 고소작업대	'자동차관리법' 제8조에 따른 신규등록 이후 3년 이내에 최초 안전검사를 실시하되, 그 이후부터 2년마다
프레스, 전단기, 압력용기, 국소 배기장치, 원심기, 화학설비 및 그 부속설비, 건조설비 및 그 부속설비, 롤러기, 사출성형기, 컨베이어 및 산업용 로봇, 혼합기, 파쇄기 또는 분쇄기	사업장에 설치가 끝난 날부터 3년 이내에 최초 안전검사를 실시하되, 그 이후부터 2년마다(공정안전보고서를 제출하여 확인을 받은 압력용기는 4년마다)

PART 04
산업안전심리

1. 인간의 행동 법칙
2. 인간의 심리 특성과 안전
3. 안전 사고의 요인
4. 주의와 부주의
5. 착시
6. 안전 심리
7. 동기 이론
8. 집단 기능과 인간 관계
9. 직업 적성 및 적성의 분류
10. 피로의 증상 및 대책

PART 04 산업안전심리

인간의 행동 법칙

1. Lewin, R.의 법칙

① Lewin은 인간의 행동(B)은 그 사람이 가진 자질, 즉 개체(P)와 심리학적 환경(E)과의 상호 함수 관계에 있다고 하였다.

◎ $B = f(P \cdot E)$

  B : behavior(인간의 행동)
  P : person(연령, 경험, 심신 상태, 성격, 지능, 기타)
  E : environment(심리적 환경)
  f : function(적성, 기타 P와 E에 영향을 주는 조건)

② 개체(P)와 심리학적 환경(E)과의 통합체를 심리학적 상태(S)라고 하여 인간의 행동은 심리학적 상태에 긴밀히 의존하고 또 규정받는다고 한다.

③ P와 E에 의해 성립되는 심리학적 상태 S를 심리학적 생활 공간(LSP) 또는 간단히 생활 공간이라고 한다.

◎ $B = f(L \cdot S \cdot P)$

Lewin에 의하면 인간의 행동은 어떤 순간에 있어서 어떤 행동, 어떤 심리학적 장을 일으키느냐, 안 일으키느냐 심리학적 생활 공간의 구조에 따라 결정된다는 것이다.

2. 인간 동작의 특성

(1) 외적 조건

① 동적 조건(대상물의 동적 성질) : 최대 요인
② 정적 조건(높이, 크기, 깊이)
③ 환경 조건(기온, 습도, 소음 등)

(2) 내적 조건

① 생리적 조건(피로, 긴장)
② 경험 시간
③ 개인차

3. 실수 및 과오의 요인

① 능력 부족 : 적성, 지식, 기술, 인간관계
② 주의 부족 : 개성, 감정의 불안정, 습관성
③ 환경 조건 부적당 : 표준 불량, 규칙 불충분, 연락 및 의사 소통 불량, 작업조건 불량

■ 인간 의식(주의력) 수준과 설비 상태의 관계

인간주의력 설비상태	안전수준	대응 포인트
높은 수준 > 불안정상태	안전	인간측 고수준에 기대
높은 수준 ≤ 불안정상태	불안전	사고재해 가능성
낮은 수준 < 본질적 안전화	안전	설비측 Fool - proof, Fail - safe 안전 대책

② 인간의 심리 특성과 안전

1. 심리 특성

인간은 사고의 유발과 관계되는 몇 가지 본성을 가지고 있다.

(1) 간결성의 원리

① 최소의 에너지로써 목표에까지 도달되려는 심리 특성을 의미한다.
② 그 결과 생략, 단축, 근도 반응 등의 불안전한 행동이 야기된다. 대응 조치로서 안전 수칙을 제정, 이행할 필요가 있다.

(2) 주의의 일점 집중 현상

① 돌발 사태에 직면하면 공포를 느끼게 되고 주의가 일점(주시점)에 집중되어 판단 정지 및 멍청한 상태에 빠지게 되어 유효한 대응을 못하게 된다.
② 사전에 위험을 예상하고 대안을 미리 강구하는 심리적 훈련(mental practice)이 필요하다.

(3) 리스크 테이킹(risk taking)과 안전 태도의 관계

① 리스크 테이킹 : 객관적인 위험을 자기 나름대로 판정해서 의지 결정을 하고 행동에 옮기는 것을 말한다.

② 안전 태도가 양호한 자는 리스크 테이킹의 정도가 적고, 같은 순준의 안전 태도에서도 작업의 달성 동기, 성격, 능률 등 각종 요인의 영향에 의해 리스크 테이킹의 정도가 변하게 된다.

2. 일의 곤란도에 대응하는 정보 처리 채널

① 반사 작업
② 주시하지 않아도 되는 작업
③ 루틴 작업
④ 동적 의지 결정
⑤ 문제 해결

3. 의식의 수준

의식 수준	주의 상태	신뢰도	비 고
phase 0	수면 중	0	의식의 단절, 의식의 우회
phase Ⅰ	졸음상태	0.9 이하	의식수준의 저하
phase Ⅱ	일상 생활	0.99~0.99999	정상 상태
phase Ⅲ	적극 활동시	0.999999 이상	주의집중상태, 15분 이상 지속 불가
phase Ⅳ	과긴장시	0.9 이하	주의의 일점집중, 의식의 과잉

안전 사고의 요인

1. 안전 사고의 경향성
① 안전사고의 원인과 개인의 관련성(심리학자 Greenwood)
　기업체에서 일어난 대부분의 사고는 소수의 근로자에 의해서 발생한다.
② 소심한 사람은 사고를 유발하기 쉬우며, 이런 성격의 소유자는 도전적이다.
③ 사고 경향성이 없는 사람은 침착 숙고형이다.

2. 소질적인 사고 요인
지능, 성격, 감각 운동 기능 등이 있다.

(1) 지능(intelligence)
① 지능과 사고의 관계는 비례적 관계에 있지 않으며 그보다 높거나 낮으면 부적응을 초래한다.
② Chiselli와 Brown은 지능 단계가 낮을수록 또는 높을수록 이직률 및 사고 발생률이 높다고 지적하였다.
③ 개개의 직무가 요구되는 지적 수준이 어느 정도인가를 파악하고 거기에 적합한 사람을 배치하거나 부단한 지속적 반복 훈련을 통하여 적응력을 키워야 한다.

(2) 성격
사람은 그 성격이 작업에 적응되지 못할 경우 재해 사고를 발생한다.

(3) 시각 기능
① 재해와 시각 관계를 조사한 결과 Tiffin, J.는 두 눈의 시력이 불균형인 자에게 재해가 많음을 지적하였다.
② 시각 기능과 재해 발생에 있어서는 반응 속도 자체보다 반응의 정확도에 더 관계가 깊다.

반응의 정확도(스즈키)

구분	반응 속도	반응의 정확도(착오)
무사고자	0.177	1.9
1~2회 사고자	0.178	4.3
재해 빈발자	0.186	6.3

3. 미확인

　미확인이란 인간이 행위를 진행하는 경우 일반적으로 block diagram으로 진행되며, 다음과 같은 경우가 있다.
　① 단락에 의하는 경우
　② 별도의 아웃풋 영역에 지령이 나가 버리는 경우
　③ 피드백이 행해지지 않고 통제되지 않는 경우
　④ 「… 을 행하지 않으면 안 된다」고 생각했을 뿐 실제로는 그것을 한 것으로 착각하는 경우

4. 착오

(1) 인지 과정 착오

① 생리, 심리적 능력의 한계
② 정보량 저장의 한계
③ 감각 차단 현상
④ 정서 불안정 : 공포, 불안, 불만

(2) 판단 과정 착오

① 능력 부족
② 정보 부족
③ 합리화
④ 환경 조건 불비

주의와 부주의

1. 주의의 개념

(1) 주의와 부주의

① 주의란 행동의 목적에 의식 수준이 집중하는 심리 상태를 말한다.
② 부주의란 목적 수행을 위한 행동 전개 과정에서 목적을 벗어나는 심리적, 신체적 변화의 현상을 말한다.

(2) 주의의 특징 3가지

① 선택성 : 여러 종류의 자극을 자각할 때 소수의 특정한 것에 한하여 선택하는 기능
② 방향성 : 주시점만 인지하는 기능
③ 변동성 : 주의에는 주기적으로 부주의적 리듬이 존재

(3) 주의의 특성

① 주의는 동시에 두 방향에 집중하지 못한다.
② 고도의 주의는 장시간 지속할 수 없다.
③ 한 지점에 주의를 집중하면 다른 곳의 주의는 약해진다.

2. 부주의의 현상

① 의식의 단절
② 의식의 우회
③ 의식 수준의 저하
④ 의식의 과잉

3. 부주의의 발생 원인과 대책

(1) 외적 원인 및 대책

① 작업, 환경 조건 불량 : 환경 정비
② 작업 순서의 부적당 : 작업 순서 정비

(2) 내적 조건 및 대책

① 소질적 조건
② 의식의 우회 : 상담(counseling)
③ 경험, 미경험 : 교육

4. 주의력 집중과 배분

① 주의의 집중과 주의의 확장을 잘 조화시키는 것은 인간 과오를 없애는 데 있어 매우 중요한 것이다.
② 인간은 주의를 하는 특성이 있으며, 주의를 집중하는 경우에는 주의의 범위가 좁게 되고 또 주위 범위를 확장하면 주의의 정도가 낮게 되는 것이다. 따라서 이 두 가지 요소를 적절히 사용해 나가는 것이 필요하다.

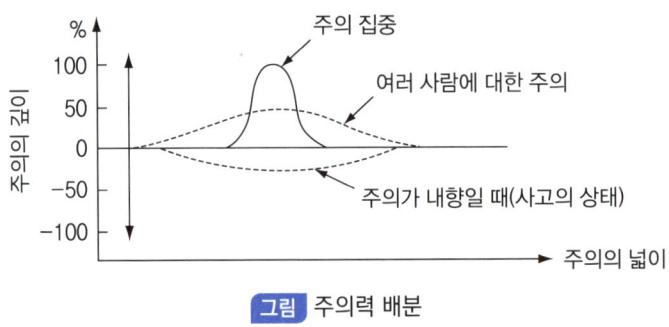

[그림] 주의력 배분

 착시

1. 운동의 시지각(착각 현상)

(1) 자동 운동

암실 내에서 정지된 소광점을 응시하고 있으면 그 광점이 움직이는 것을 볼 수 있는데 이것을 자동 운동이라 한다. 자동 운동이 생기기 쉬운 조건은 다음과 같다.
① 광점이 작을 것
② 시야의 다른 부분이 어두울 것
③ 광의 강도가 작을 것
④ 대상이 단순할 것

(2) 유도 운동

실제로는 움직이지 않는 것이 어느 기준의 이동에 유도되어 움직이는 것처럼 느껴지는 현상을 말한다.

(3) 가현 운동(β 운동)

객관적으로 정지하고 있는 대상물이 급속히 나타나든가 소멸하는 것으로 인하여 일어나는 운동으로 마치 대상물이 운동하는 것처럼 인식되는 현상을 말한다(영화 영상의 방법).

2. 착시 현상

(1) Müler – Lyer의 착시

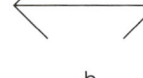

a가 b보다 길게 보인다.
(동화 착오)

(2) Helmhölz의 착시

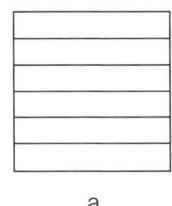
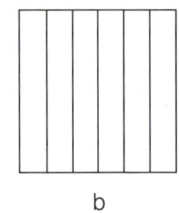

a는 가로로 길고
b는 세로로 길어보이다.

(3) Herling의 착시

a는 양단이 벌어져 보이고
b는 중앙이 벌어져 보인다.
(분할 착오)

(4) Köhler의 착시

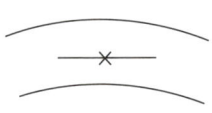

우선 평행의 호를 보고 이어 직선을 본 경우에 직선은 호의 반대방향으로 굽어 보인다.(윤곽 착오)

(5) Poggendorf의 착시

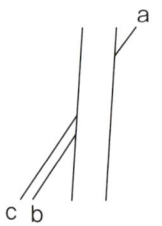

a와 c가 일직선으로 굽어 보인다.
(위치 착오)

(6) Zöller의 착시

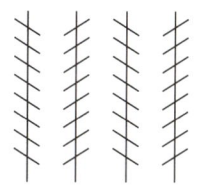 세로 선이 굽어 보인다.(방향 착오)

안전 심리

1. 안전 심리의 5요소
① 개인이 갖는 습관은 동기, 기질, 감정, 및 습성의 차이에 큰 영향을 준다.
② 동기, 기질, 감정, 습성, 습관의 5대 요소는 안전과 직접 관련되어 있으며, 안전 사고를 막는 방법은 이 5대 요소를 통제하는 것이다.
③ 동기 유발

동기 부여 또는 동기 조성이라고도 하며, 동기를 유발시키는 일, 즉 동기를 불러일으키게 하고, 일어난 행동을 유지시키고, 나아가서는 이것을 일정한 목표로 방향지어 이끌어 나가게 하는 과정을 말한다.

2. 안전 동기의 유발 방법(동기 부여 요인)
① 안전의 근본 이념을 인식시킬 것
② 안전 목표를 명확히 설정할 것
③ 결과를 알려줄 것(K.R.법 : Knowledge Result)
④ 상과 벌을 줄 것
⑤ 경쟁과 협동을 유도할 것
⑥ 동기 유발 수준을 유지할 것

3. 모럴 서베이의 주요 방법
(1) 통계에 의한 방법
사고 상해율, 생산량, 결근, 지각, 조퇴, 이직 등을 분석하여 파악하는 방법

(2) 사례 연구법
경영 관리상의 여러 가지 제도에 나타나는 사례에 대해 케이스 스터디로서 현상을 파악하는 방법

(3) 관찰법
종업원의 근무 실태를 계속 관찰함으로써 문제점을 찾아내는 방법

(4) 실험연구법
실험 그룹과 통제 그룹으로 나누고 정황, 자극을 주어 태도 변화 여부를 조사하는 방법

(5) 태도 조사법(의견 조사)
질문지법, 면접법, 집단 토의법, 투시법 등에 의해 의견을 조사하는 방법

4. 카운슬링(counseling)

(1) 개인적 카운슬링 방법
① 직접 충고(수칙 불이행시 적합)
② 설득적 방법
③ 설명적 방법

(2) 카운슬링의 순서
장면 구성 → 내담자 대화 → 의견 재분석 → 감정 표출 → 감정의 명확화

(3) 색과 심도에 대한 지각, 지각적 항구성, 공간적 식별, 반사 작용 시간, 근육활동 및 특히 이와 유사한 정신 물리학적 현상은 위험을 피하는 데 직접적으로 관련을 갖는 인체의 내적 현상이다.

(4) 인간의 발전, 성장, 성숙 과정 및 연령은 안전 사고를 유발하는 원인을 분석하는 데 필요한 요건이다.

5. 연령에 따른 근로자의 성장(성장 과정)

(1) 탐색의 단계(10~25세) : 청년기

① 자기의 적성, 흥미, 개성(personality) 등에 일맞은 역할을 탐색한다.
② 규율, 근면, 시간 엄수, 책임감, 신뢰성 등의 태도를 습득한다.
③ 모험심, 시행 착오의 단계이다.

(2) 확립의 단계(25~40세) : 영속적인 직업을 얻어 안정을 도모한다.

(3) 유지의 단계(45세 전후) : 직업상의 안정을 얻어 자기 실현의 만족을 누리는 시기이다.

(4) 하강의 단계(50세 이후) : 신체적으로나 정신적으로 능력이 저하하고 인내력, 기억력, 사고력 등이 감퇴하는 시기이다.

6. 인사 관리의 중요한 기능

① 조직과 리더십　　　② 선발
③ 배치　　　　　　　④ 작업 분석
⑤ 업무 평가　　　　　⑥ 상담 및 노사간의 이해

7. 심리적 전염

유행과 비슷하게 행동 양식이 이상적이며, 비합리성이 강한 것으로, 어떤 사상이 상당한 기간을 걸쳐 광범위하게 논리적, 사고적 근거 없이 무비판하게 받아들여지는 것을 의미한다.

7 동기 이론

1. Maslow의 욕구 단계 이론

(1) 생리적 욕구(1단계) : 기아, 갈증, 호흡, 배설, 성욕 등 인간의 가장 기본적인 욕구 (종족 보존)

(2) 안전 욕구(2단계) : 안전을 추구하려는 욕구

(3) 사회적 욕구(3단계) : 애정, 소속에 대한 욕구(친화 욕구)

(4) 인정받으려는 욕구(4단계) : 자기 존경의 욕구로 자존심, 명예, 성취 지위에 대한 욕구(승인의 욕구)

(5) 자아 실현의 욕구(5단계) : 잠재적인 능력을 실현하고자 하는 욕구(성취 욕구)

2. Alderfer의 ERG 이론

(1) 생존 욕구(E) : 신체적인 차원에서 유기체의 생존과 유지에 관련된 욕구

(2) 관계 욕구(R) : 타인과 상호 작용을 통해 만족되는 대인 욕구

(3) 성장 욕구(G) : 개인적인 발전과 증진에 관한 욕구

3. McGregor의 X,Y 이론

X 이론	Y 이론
① 인간 불신감	① 상호 신뢰감
② 성악설	② 성선설
③ 인간은 원래 게으르고 태만하여 남의 지배 받기를 즐긴다.	③ 인간은 부지런하고, 근면, 적극적이며, 자주적이다.
④ 물질 욕구(저차적 욕구)	④ 정신 욕구(고차적 욕구)
⑤ 명령 통제에 의한 관리	⑤ 목표 통합과 자기 통제에 의한 자율 관리
⑥ 저개발국형	⑥ 선진국형

4. Herzberg의 동기 – 위생 요인

(1) 위생 요인(또는 유지 욕구)
인간의 동물적인 욕구를 반영하는 것으로서 Maslow의 욕구 단계에서 생리적, 안전, 사회적 욕구와 비슷하다.

(2) 동기 요인(또는 만족 욕구)
자아 실현을 하려는 인간의 독특한 경향을 반영한 것으로 Maslow의 자아 실현 욕구와 비슷한 개념이다.

(3) 동기부여 요인은 만족 요인이고, 위생 요인은 불만족 요인이다.
(4) 직업 만족도(job satisfaction)
  ① 직업 확대(job enlargement)
  ② 직업 윤택화(job enrichment)
  ③ 직업 순환(job rotation)

8 집단 기능과 인간 관계

1. 사회 행동의 기본 형태
(1) 협력(cooperation) : 조력, 분업
(2) 대립(opposition) : 공격, 경쟁
(3) 도피(escape) : 고립, 정신병, 자살
(4) 융합(accommodation) : 강제, 타협, 통합
(5) 사회 행동의 기초
  ① 요구　　　　　　　② 개성(personality)
  ③ 인지　　　　　　　④ 신념
  ⑤ 태도

2. 인간 관계의 메커니즘

(1) 동일화(identification)
다른 사람의 행동 양식이나 태도를 투입시키거나 다른 사람 가운데서 자기와 비슷한 것을 발견하는 것을 말한다.

(2) 투사(投射 : projection)
자기 속의 억압된 것을 다른 사람의 것으로 생각하는 것을 투사(또는 투출)라고 한다.

(3) 커뮤니케이션(communication)
갖가지 행동 양식이 기호를 매개로 하여 어떤 사람으로부터 다른 사람에게 전달되는 과정을 말한다.

(4) 모방(imitation)
남의 행동이나 판단을 표본으로 하여 그것과 같거나 또는 그것에 가까운 행동 또는 판단을 취하려는 것이다.

(5) 암시(Suggestion)
다른 사람으로부터의 판단이나 행동은 무비판적으로 논리적, 사실적 근거없이 받아들이는 것을 말한다.

(6) 호손(Hauthorne) 실험
메이오(G.E. Mayo)에 의한 실험으로, 작업자의 작업 능률(생산성 향상)은 물리적인 작업 조건보다는 사람의 심리적인 태도, 감정을 규제하고 있는 인간 관계에 의하여 결정됨을 밝혔다.

3. 집단 효과
① 동조(同調) 효과
② Synergy 효과(system + energy)
③ 견물 효과

4. 집단의 기능

(1) 응집력 : 집단의 내부로부터 생기는 힘을 말한다.

(2) 행동의 규범

집단 규범은 집단을 유지하고 집단의 목표를 달성하기 위한 것으로, 집단에 의해 지지되며 통제가 행하여진다.

(3) 집단 목표

집단이 하나의 집단으로서의 역할을 다하기 위해서는 집단의 목표가 있어야 한다.

5. 적응과 역할(Super, D.E.의 역할 이론)

(1) 역할 연기(role playing)

자아 탐색(self - exploration)인 동시에 자아 실현의 수단이다.

(2) 역할 기대(role expectation)

자가의 역할을 기대하고 감수하는 사람은 그 직업에 충실한 것이다.

(3) 역할 조성(role shaping)

개인에게 여러 개의 역할 기대가 있을 경우 그 중의 어떤 역할 기대는 불응, 거부하는 수도 있으며, 혹은 다른 역할을 해내기 위해 다른 일을 구할 때도 있다.

(4) 역할 갈등(role conflict)

직업 중에는 상반된 역할이 기대되는 경우가 있으며 그럴 때 갈등이 생기게 된다.

9 직업 적성 및 적성의 분류

1. 직업 적성

(1) 기계적 적성

기계 작업에 성공하기 쉬운 특성으로 기계 작업에서의 성공에 관계되는 요인으로서는 다음과 같은 것이 있다.
① 손과 팔의 솜씨 : 빨리 그리고 정확히 잔일이나 큰일을 해내는 능력
② 공간 시각화 : 형상이나 크기의 관계를 확실히 판단하여 각 부분을 뜯어서 다시 맞추어 통일된 형태가 되도록 손으로 조작하는 과정
③ 기계적 이해 : 공간 지각화, 지각 속도, 추리, 기술적 지식, 기술적 경험 등의 복합적 인자가 합쳐져서 만들어진 적성

(2) 사무적(서기적) 적성

사무적 일에는 지능도 중요하지만 그와 함께 손과 팔의 솜씨나 지각의 속도 및 정확도 등이 중요하다.

2. 지능(Intelligence)

① 지능은 학습 능력, 추상적 사고 능력, 환경 적응 능력 등으로 간주되는데, 일반적으로 지능이란 새로운 문제 같은 것을 효과적으로 처리해 가는 능력을 말한다.
② 지능의 척도는 지능 지수(intelligence quotient : IQ)로 표시하며 그 식은 다음과 같다.

$$IQ = \frac{지능\ 연령}{생활\ 연령} \times 100$$

3. 흥미(Interest)

① 흥미는 직무 선택, 직업의 성공, 만족 등 직무적 행동의 동기를 조성한다.
② 직무에 대한 흥미는 그 직무에 전념하는 태도에 큰 영향을 미친다.

4. 인간성(Personality)

① 개인의 인간성은 직장의 적응에서 중요한 역할을 한다.
② 안정성을 성공의 지표로 할 경우 비이동적 인간은 이동적 인간보다 사회적으로 인격이 통합되어 있다고 할 수 있다.

5. 적성 발견의 방법

(1) 자기 이해

인간은 제각기 뛰어난 면, 즉 적성을 가지고 있으며 그것을 자신이 자기의 것으로 이해하고 인지하는 것을 자기 이해라 한다.

(2) 계발적 경험

직장 경험, 교육 활동이나 단체 활동의 경험, 여가 활동의 경험 등 자기 경험을 통하여 내적인 능력을 탐색하는 것을 계발적 경험이라 한다.

(3) 적성 검사

① 특수 직업 적성 검사 : 어느 특정의 직무에서 요구되는 능력을 가졌는가의 여부를 검사하는 것이다.
② 일반 직업 적성 검사 : 어느 직업 분야에서 발전할 수 있겠느냐 하는 가능성을 알기 위한 검사이다.
③ 적성 요인이 아닌 것 : 연령, 개인차
④ 적성 요인 : 지능, 직업 적성, 흥미, 인간성

(4) Y – G(시전부 – Guilford) 성격 검사

① A형(평균형) : 조화적, 적응적
② B형(우편형) : 정서 불안정, 활동적, 외향적(불안전, 부적응, 적극적)
③ C형(좌편형) : 안정 소극형(온순, 소극적, 안정 비활동, 내향적)
④ D형(우하형) : 안정 적응 적극형(정서 안정, 사회 적응, 활동적, 대인 관계 양호)
⑤ E형(좌하형) : 불안정, 부적응 우동형(D형과 반대)

Y-K(Yutaka-Kohata) 성격 검사

작업 성격 유형	작업 성격 인자	적성 직종의 일반적 경향
C, C´형	1. 운동, 결단, 기민, 빠르다. 2. 적응 빠르다. 3. 세심하지 않다. 4. 내구력, 집념 부족 5. 담력, 자신감 강함	1 대인적(對人的) 직업 2. 창조적, 관리자적 직업 3. 변화있는 기술적, 가공작업 4. 변화있는 물품을 대상으로 하는 불연속 작업
M, M´형 (신경질형)	1. 운동성 느리고 지속성 풍부 2. 적응 느리다. 3. 세심, 억제, 정확하다. 4. 내구성, 집념, 지속성 5. 담력, 자신감 강하다.	1. 연속적, 신중적, 인내적 작업 2. 연구 개발적, 과학적 작업 3. 정밀, 복잡성 작업
S, S´형, 다혈질 (운동성형)	1. 2, 3, 4 : C, C´형과 동일 5. 담력, 자신감 약하다.	1. 변화하는 불연속 작업 2. 사람 상대 상업적 작업 3. 기민한 동작을 요하는 작업
P, P´형 (평범 수동성형)	1. 2, 3, 4 : C, C´형과 동일 5. 약하다.	1. 경리사무, 흐름작업 2. 계기관리, 연속작업 3. 지속적 단순작업
Am형 (비정상질)	1. 극도로 나쁘다. 2. 극도로 느리다. 3. 극도로 강하거나 약하다. 4. 극도로 결핍	1. 위험을 수반하지 않는 단순한 기술적 작업 2. 직업상 부적응적 성격자는 정신위생적 치료 요함

피로의 증상 및 대책

1. 피로(Fatigue)

피로란 어느 정도 일정한 시간 작업 활동을 계속하면 객관적으로 작업 능률의 감퇴 및 저하, 착오의 증가, 주관적으로는 주의력 감소, 흥미의 상실, 권태 등으로 일종의 복잡한 심리적 불쾌감을 일으키는 현상을 말한다.

2. 피로의 분류

(1) 정신 피로와 육체 피로

① 정신 피로 : 정신적 긴장에 의해서 일어나는 중추 신경계의 피로를 말한다.
② 육체 피로 : 육체적으로 근육에서 일어나는 피로를 말한다(신체 피로).

(2) 급성 피로와 만성 피로

① 급성 피로 : 보통의 휴식에 의해서 회복되는 것으로서 정상 피로 또는 건강 피로라고도 한다.
② 만성 피로 : 오랜 기간에 걸쳐 축적되어 일어나는 피로로서 휴식에 의해서 회복되지 않으며, 축적 피로라고도 한다.

3. 작업 강도에 따른 에너지 소비량

(1) 1일 보통 사람의 소비 에너지는 약 4,300[kcal/day] 정도이며, 여기서 기초 대사와 여가에 필요한 에너지 2,300[kcal]를 뺀 나머지 2,000[kcal/day] 정도가 작업 시의 소비 에너지가 된다. 이것을 480분(8시간)으로 나누면 약 4[kcal/분]이 된다(기초 대사를 포함한 상한은 약 5[kcal/분]이다.)

(2) 휴식 시간 산출

작업에 대한 평균 에너지 값을 4[kcal/분]이라 할 때 어떤 활동이 이 한계를 넘는다면 휴식 시간을 삽입하여 초과분을 보상해 주어야 하며, 휴식 시간 산출식은 음과 같다.

$$R = \frac{60(E-4)}{E-1.5}$$

여기서 R : 휴식 시간[분]

E : 작업시 평균 소비에너지 소비량[kcal/분]

총 작업 시간 : 60[분]

휴식 시간 중의 에너지 소비량 : 1.5[kcal/분]

> **참고**
>
> 분당 4.5[kcal/분]의 열량을 소모하는 작업시의 시간당 휴식 시간은?
>
> $R = \dfrac{60(4.5-4)}{4.5-1.5} = 10$[분]

4. 생체 리듬(Biorhythm) : 인간의 신체·감정·지성(知性)의 주기(週期)

① 혈액의 수분, 염분량 : 주간에 감소, 야간에 상승

② 체온, 혈압, 맥박 : 주간에 상승, 야간에 감소

③ 야간에는 체중 감소, 소화 분비액 불량

④ 야간에는 말초 운동 기능 저하, 피로의 자각 증상 증대

5. 바이오 리듬 곡선의 표시방법

인간주기율(人間週期律)이라고도 하며, 신체(physical)·감정(sensitivity)·지성(intellectual)의 머리글자를 따서 PSI 학설이라고도 한다. 또, 통속적으로는 생물시계·체내시계라고도 한다. 1906년 독일의 W.프리즈가 환자의 기록 카드를 조사해본 결과 설사·발열·심장발작·뇌졸중 등에 규칙적인 주기가 있다는 사실을 발견하고 조사한 결과 남자와 여자는 각각 남성인자(신체 리듬 : P)와 여성인자(감정 리듬 : S)에 의해서 지배되며 남성인자에는 23일, 여성인자에는 28일의 주기가 있다는 것을 알아냈다.

또한, 기억력 등 지적인 면에도 33일을 주기(I)로 하는 주파가 있다는 것을 발견하고, 또 1928년에 신체·감정·지성의 컨디션을 탄생일로부터 간단히 산출해 내는 표를 만들어 스포츠나 의학에서 이용할 수 있는 길을 열었다. 그 후 직장에서의 능률유지·안전관리 등에도 폭넓게 이용되게 되었다.

바이오 리듬 곡선의 표시방법은 국제적으로 통일이 되어 있으며, 색이나 또는 선으로 표시하는 두 가지 방법이 사용된다. 육체적 리듬인 P는 청색, 감성적 리듬인 S는 적색, 지성적 리듬 I는 녹색으로 나타내고, P는 실선으로 ─────, S는 점선 ············으로, I는 실선과 점선, -·-·-·-·- 으로 나타내며, 위험한 날은 점 ·, 하트형, 클로버형 등으로 나타내게 되어 있다.

> **참고**
> - 24시간 중 사고 발생률이 가장 심한 시간대 03~05시 사이
> - 주간일과 중 사고 발생률이 가장 심한 시간대 오전 10시~11시 오후 15시~16시 사이

그림 SHIN BIO RHYTHM COMPUTER

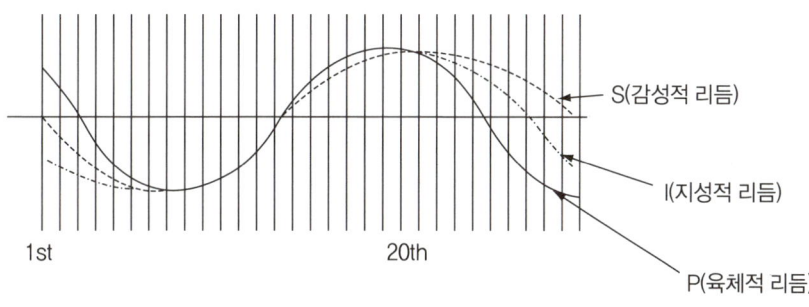

그림 바이오 리듬 차트

PART 05
안전보건교육

1. 인간에 대한 기본적 안전 대책
2. 교육의 3요소
3. 안전보건교육의 기본 방향
4. 안전보건교육의 3단계
5. 안전보건교육 추진 순서
6. 학습 성과 설정시 유의하여야 할 사항
7. 강의 계획의 4단계
8. 학습 목적에 포함 사항
9. 전개 과정의 4가지 사항
10. 학습 지도의 원리
11. 사업장의 안전보건교육
12. 지도 교육의 8원칙
13. 하버드학파의 5단계 교수법
14. 듀이의 사고 과정의 5단계
15. 교시법의 4단계
16. 의사 전달 방법의 2가지
17. 강의법
18. 토의법
19. TWI
20. MTP
21. ATT
22. CCS
23. OJT와 OffJT
24. 수업 방법
25. 단계법에 의한 교육의 4단계
26. 안전 태도 교육의 기본 과정
27. 교육 계획
28. 교육 효과
29. 학습평가 방법
30. 학습평가의 기본적인 기준 4가지
31. 안전 교육 추진시 유의 사항
32. 무재해 운동

PART 05 안전보건교육

인간에 대한 기본적 안전 대책

① 안전보건 관리 체제 확립
② 안전보건 관리 규정, 표준 작업 작성, 안전보건 규칙 제정
③ 안전보건교육 훈련 실시
④ 안전보건 활동 전개, 의식 제고

2 교육의 3요소

① 교육의 주체(subject of education) : 강사
② 교육의 객체(object of education) : 수강자
③ 교육의 매개체(educational of materials)
   : 교육 내용(학습 내용 또는 교재)

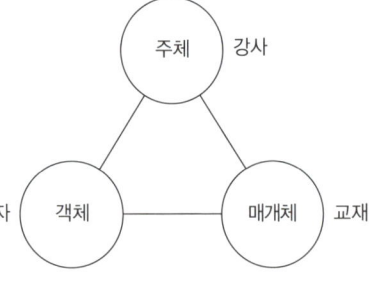

그림 교육의 3요소

안전보건교육의 기본 방향

안전보건교육은 인간 측면에 대한 사고 예방 수단의 하나인 동시에 안전 인간 형성을 위한 항구적인 목표라고도 할 수 있다. 기업의 규모나 특성에 따라 안전보건교육 방향을 설정하는 데는 차이가 있으나 원칙적으로 다음과 같이 3가지로 기본 방향을 정하고 있다.

① 사고 사례 중심의 안전보건교육
② 안전 작업(표준 작업)을 위한 안전보건교육
③ 안전 의식 향상을 위한 안전보건교육

안전보건교육의 3단계

① 지식교육(제1단계) : 강의, 시청각 교육을 통한 지식의 전달과 이해
② 기능교육(제2단계) : 시범, 견학, 실습, 현장 실습 교육을 통한 경험 체득과 이해
③ 태도교육(제3단계) : 작업 동작 지도, 생활 지도 등을 통한 안전의 습관화

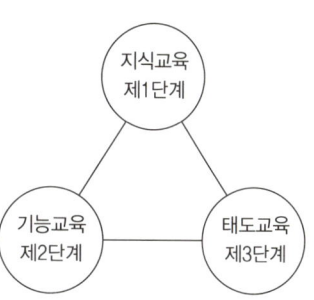

그림 교육체계도

▎안전보건교육의 종류와 내용

종류	교육내용	생각의 포인트
제1단계 지식교육	• 취급 기계와 설비의 구조, 성능의 개념을 이해시킨다. • 재해 발생의 원리를 이해시킨다. • 작업에 필요한 법규, 규정, 기준을 습득시킨다.	알고 싶은 것의 개념을 주지시킨다.
제2단계 기능교육	(실기 교육) • 작업방법, 기계장치, 계기류의 조작 행위를 몸으로 습득시킨다. (문제 해결의 종류) • 과거, 현재의 문제를 대상으로 하여 사실의 확인과 문제점의 발견 원인과 탐구로부터 대책을 세우는 순서를 알고, 문제 해결의 능력을 향상시킨다.	협력 대응 능력의 육성, 실기를 주체로 행한다.
제3단계 태도교육	• 안전작업에 임하는 자세와 동작을 습득시킨다. • 직장규칙, 안전규칙을 몸으로 습득시킨다. • 의욕을 가지고 행한다.	가치관 형성 교육을 한다.

안전보건교육 추진 순서

① 교육의 필요점을 발견한다.
② 교육 대상, 교육 내용, 교육 방법을 결정한다.
③ 교육을 준비한다.
④ 교육을 실시한다.
⑤ 교육의 성과를 평가한다.

 ## 학습 성과 설정시 유의하여야 할 사항

① 반드시 주제와 학습 정도가 포함되어야 한다.
② 학습 목적에 적합하고 타당해야 한다.
③ 구체적으로 서술해야 한다.
④ 수강자의 입장에서 기술해야 한다.

강의 계획의 4단계

강의 성과는 강의 계획의 준비 정도에 의해 결정된다. 강의 계획의 4단계는 다음과 같다.
① 학습 목적과 학습 성과의 설정
② 학습 자료의 수집 및 체계화
③ 교수 방법의 선정
④ 강의안 작성

학습 목적에 포함 사항

① 목표
② 주제
③ 학습 정도[㉠ 인지(to aquaint) ㉡ 지각(to know) ㉢ 이해(to understand) ㉣ 적용(to apply)]

 전개 과정의 4가지 사항

안전 학습 과정은 도입·전개·종결의 3단계로 나누어 체계화하는 것이 가장 이상적인 방법으로 알려져 있다. 이 중 전개 과정은 학습의 본론 부분으로서 가장 중요한 부분이다. 이 전개 과정의 4가지 사항은 다음과 같다.
① 주제를 과거의 것으로부터 현재의 것으로 배열하거나 또는 현재의 것으로부터 과거의 것으로 배열할 것
② 주제를 간단한 것으로부터 시작하여 점차 복잡한 것으로 배열한다.
③ 주제를 미리 알려져 있는 것으로부터 점차 미지의 것으로 배열한다.
④ 가장 많이 사용되는 것으로부터 시작하여 가장 적게 사용되는 것으로 배열한다.

 학습 지도의 원리

① 자기 활동의 원리(자발성의 원리) : 학습자 자신이 스스로 자발적으로 학습에 참여하는 데 중점을 둔 원리이다.
② 개별화의 원리 : 학습자가 지니고 있는 각자의 요구와 능력 등에 알맞은 학습 활동의 기회를 마련해 주어야 한다는 원리이다.
③ 사회화의 원리 : 학습 내용을 현실 사회의 사상과 문제를 기반으로 하여 학교에서 경험한 것을 교류시키고 공동 학습을 통해서 협력적이고 우호적인 학습을 진행하는 원리이다.

④ 통합의 원리 : 학습을 총합적인 전체로서 지도하자는 원리로, 동시 학습 원리와 같다.
⑤ 직관의 원리 : 구체적인 사물을 직접 제시하거나 경험시킴으로써 큰 효과를 볼 수 있다는 원리이다.

11 사업장의 안전보건교육

1. 채용시의 교육 및 작업내용 변경시의 교육내용
① 산업안전 및 사고 예방에 관한 사항
② 산업보건 및 직업병 예방에 관한 사항
③ 위험성 평가에 관한 사항
④ 산업안전보건법령 및 산업재해보상보험 제도에 관한 사항
⑤ 직무스트레스 예방 및 관리에 관한 사항
⑥ 직장 내 괴롭힘, 고객의 폭언 등으로 인한 건강장해 예방 및 관리에 관한 사항
⑦ 기계ㆍ기구의 위험성과 작업의 순서 및 동선에 관한 사항
⑧ 작업 개시 전 점검에 관한 사항
⑨ 정리정돈 및 청소에 관한 사항
⑩ 사고 발생 시 긴급조치에 관한 사항
⑪ 물질안전보건자료에 관한 사항

2. 근로자의 정기교육
① 산업안전 및 사고 예방에 관한 사항
② 산업보건 및 직업병 예방에 관한 사항
③ 위험성 평가에 관한 사항
④ 건강증진 및 질병 예방에 관한 사항
⑤ 유해ㆍ위험 작업환경 관리에 관한 사항
⑥ 산업안전보건법령 및 산업재해보상보험 제도에 관한 사항
⑦ 직무스트레스 예방 및 관리에 관한 사항
⑧ 직장 내 괴롭힘, 고객의 폭언 등으로 인한 건강장해 예방 및 관리에 관한 사항

3. 관리감독자 정기교육

① 산업안전 및 사고 예방에 관한 사항
② 산업보건 및 직업병 예방에 관한 사항
③ 위험성평가에 관한 사항
④ 유해·위험 작업환경 관리에 관한 사항
⑤ 산업안전보건법령 및 산업재해보상보험 제도에 관한 사항
⑥ 직무스트레스 예방 및 관리에 관한 사항
⑦ 직장 내 괴롭힘, 고객의 폭언 등으로 인한 건강장해 예방 및 관리에 관한 사항
⑧ 작업공정의 유해·위험과 재해 예방대책에 관한 사항
⑨ 사업장 내 안전보건관리체제 및 안전·보건조치 현황에 관한 사항
⑩ 표준안전 작업방법 결정 및 지도·감독 요령에 관한 사항
⑪ 현장근로자와의 의사소통능력 및 강의능력 등 안전보건교육 능력 배양에 관한 사항
⑫ 비상시 또는 재해 발생 시 긴급조치에 관한 사항
⑬ 그 밖의 관리감독자의 직무에 관한 사항

4. 관리감독자 채용 시 교육 및 작업내용 변경 시 교육

① 산업안전 및 사고 예방에 관한 사항
② 산업보건 및 직업병 예방에 관한 사항
③ 위험성평가에 관한 사항
④ 산업안전보건법령 및 산업재해보상보험 제도에 관한 사항
⑤ 직무스트레스 예방 및 관리에 관한 사항
⑥ 직장 내 괴롭힘, 고객의 폭언 등으로 인한 건강장해 예방 및 관리에 관한 사항
⑦ 기계·기구의 위험성과 작업의 순서 및 동선에 관한 사항
⑧ 작업 개시 전 점검에 관한 사항
⑨ 물질안전보건자료에 관한 사항
⑩ 사업장 내 안전보건관리체제 및 안전·보건조치 현황에 관한 사항
⑪ 표준안전 작업방법 결정 및 지도·감독 요령에 관한 사항
⑫ 비상시 또는 재해 발생 시 긴급조치에 관한 사항
⑬ 그 밖의 관리감독자의 직무에 관한 사항

안전보건교육 교육과정별 교육시간(근로자 안전보건교육)

교육과정	교육대상		교육시간
가. 정기교육	1) 사무직 종사 근로자		매반기 6시간 이상
	2) 그 밖의 근로자	가) 판매업무에 직접 종사하는 근로자	매반기 6시간 이상
		나) 판매업무에 직접 종사하는 근로자 외의 근로자	매반기 12시간 이상
나. 채용시의 교육	1) 일용근로자 및 근로계약기간이 1주일 이하인 기간제 근로자		1시간 이상
	2) 근로계약기간이 1주일 초과 1개월 이하인 기간제 근로자		4시간 이상
	3) 그 밖의 근로자		8시간 이상
다. 작업내용 변경시의 교육	1) 일용근로자 및 근로계약기간이 1주일 이하인 기간제 근로자		1시간 이상
	2) 그밖의 근로자		2시간 이상
라. 특별교육	1) 일용근로자 및 근로계약기간이 1주일 이하인 기간제근로자 : 별표 5 제1호라목(제39호는 제외한다)에 해당하는 작업에 종사하는 근로자에 한정한다.		2시간 이상
	2) 일용근로자 및 근로계약기간이 1주일 이하인 기간제근로자 : 별표 5 제1호라목제39호에 해당하는 작업에 종사하는 근로자에 한정한다.		8시간 이상
	3) 일용근로자 및 근로계약기간이 1주일 이하인 기간제근로자를 제외한 근로자 : 별표 5 제1호라목에 해당하는 작업에 종사하는 근로자에 한정한다.		가) 16시간 이상(최초 작업에 종사하기 전 4시간 이상 실시하고 12시간은 3개월 이내에서 분할하여 실시 가능) 나) 단기간 작업 또는 간헐적 작업인 경우에는 2시간 이상
마. 건설업 기초 안전보건교육	건설 일용근로자		4시간 이상

안전보건교육 교육과정별 교육시간(관리감독자 안전보건교육)

교육과정	교육시간
가. 정기교육	연간 16시간 이상
나. 채용시 교육	8시간 이상
다. 작업내용 변경 시 교육	2시간 이상
라. 특별교육	16시간 이상(최초 작업에 종사하기 전 4시간 이상 실시하고, 12시간은 3개월 이내에서 분할하여 실시 가능)
	단기간 작업 또는 간헐적 작업인 경우에는 2시간 이상

 ## 지도 교육의 8원칙

① 상대의 입장에서 지도 교육한다.
② 동기 부여를 충실히 한다.
③ 쉬운 것에서 어려운 것으로 지도한다.
④ 반복해서 교육한다.
⑤ 한 번에 하나씩을 가르친다.
⑥ 5감을 활용한다.
⑦ 인상의 강화를 한다.
⑧ 기능적인 이해를 돕는다.

 ## 하버드학파의 5단계 교수법

① 제1단계 : 준비시킨다(preparation).
② 제2단계 : 교시한다(presentation).
③ 제3단계 : 연합한다(association).
④ 제4단계 : 총괄시킨다(generalization).
⑤ 제5단계 : 응용시킨다(application).

듀이의 사고 과정의 5단계

① 제1단계 : 시사를 받는다(suggestion).
② 제2단계 : 머리로 생각한다.
③ 제3단계 : 가설을 설정한다.
④ 제4단계 : 추론한다(reasoning).
⑤ 제5단계 : 행동에 의하여 가설을 검토한다.

 ## 교시법의 4단계

① 제1단계 : 준비 단계(preparation)
② 제2단계 : 일을 하여 보이는 단계(presentation)
③ 제3단계 : 일을 시켜 보는 단계(performance)
④ 제4단계 : 보습 지도의 단계(follow - up)

 ## 의사 전달 방법의 2가지

안전보건 관리 및 교육에 있어 의사 전달은 중요한 의미를 갖는다. 의사 전달 방법의 2가지는 다음과 같다.
① 일방적 의사 전달 방법 : 전달자가 수의자(受意者)에게 의사를 일방적으로 전하는 방법
② 쌍방적 의사 전달 방법 : 전달자가 수의자에게 의사를 전하고 수의자가 그 내용을 이해함으로써 완성되는 의사 전달 방법

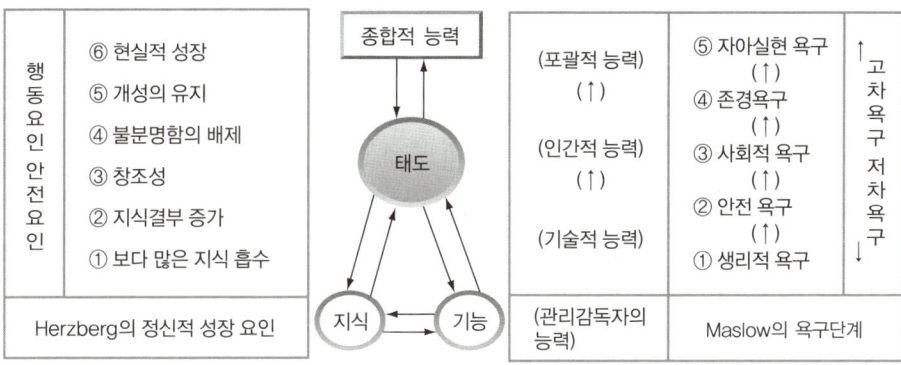

그림 안전보건교육 종합 체계도

  강의법
  (Lecture Method)

많은 인원의 수강자(최적 인원 : 40~50명)를 단기간의 교육 기간에 비교적 많은 내용의 교육 내용을 전수하기 위한 방법이다.

  토의법
  (Group Discussion Method)

쌍방적 의사 전달 방식에 의한 교육(최적 인원 : 10~20명)으로 적극성, 지도성, 협동성을 기르는 데 유효하다.

① 문제법(problem method) : 문제법의 단계는 첫째 문제의 인식, 둘째 해결 방법의 연구 계획, 셋째 자료의 수집, 넷째 해결 방법의 실시, 다섯째 정리와 결과의 검토 단계를 거친다.

② case study(case method) : 먼저 사례를 제시하고 문제적 사실들과 그의 상호 관계에 대해서 검토하고 대책을 토의한다.

③ forum : 새로운 자료나 교재를 제시하고 거기서의 문제점을 피교육자로 하여금 제시하게 하거나 의견을 여러 가지 방법으로 발표하게 하고 다시 깊이 파고들어 토의를 행하는 방법이다.

④ symposium : 몇 사람의 전문가에 의하여 과제에 관한 견해를 발표한 뒤 참가자로 하여금 의견이나 질문을 하게 하여 토의하는 방법이다(각 주제 발표 후 토론).
⑤ panel discussion : 패널 멤버(교육 과제에 정통한 전문가 4~5명)가 피교육자 앞에서 자유로이 토의를 하고 뒤에 피교육자 전원이 참가하여 사회자의 사회에 따라 토의하는 방법이다.
⑥ buzz session : 6 - 6 회의라고도 하며, 먼저 사회자와 기록계를 선출한 후 나머지 사람은 6명씩의 소집단으로 구분하고, 소집단별로 각각 사회자를 선발하여 6분간씩 자유 토의를 하여 의견을 종합하는 방법이다.

TWI
(Training Within Industry, 초급 관리자 훈련)

① 작업 방법 훈련(Job Method Training : JMT)
② 작업 지도 훈련(Job Instruction Training : JIT)
③ 인간 관계 훈련(Job Relations Training : JRT)
④ 작업 안전 훈련(Job Safety Training : JST)

MTP
(Management Training Program)

① FEAF라고도 하며, 대상은 TWI보다 약간 높은 계층을 목표로 하고, TWI와는 달리 관리 문제에 보다 치중하고 있다.
② 교육 내용 : 관리의 기능, 조직의 원칙, 조직의 운영, 시간 관리 학습의 원칙과 부하 지도법, 훈련의 관리, 신인을 맞이하는 방법과 대행자를 육성하는 요령, 회의의 주관, 작업의 개선, 안전한 작업, 과업의 관리, 사기 앙양 등
③ 한 클래스는 10~15명 2시간씩 20회에 걸쳐 40시간 훈련하도록 되어 있다.

ATT
(American Telephone & Telegram CO)

① 중요 특징 : 대상 계층이 한정되어 있지 않고 또 한 번 훈련을 받은 관리자는 그 부하인 감독자에 대해 지도원이 될 수 있다.
② 교육 내용 : 계획적 감독, 작업의 계획 및 인원 배치, 작업의 감독, 공구 및 자료 보고 및 기록, 개인 작업의 개선, 종업원의 향상, 인사 관계, 훈련, 고객 관계, 안전 부대 군인의 복무 조정 등 12가지로 되어 있다.
③ 코스는 1차 훈련(1일 8시간씩 2주간), 2차 과정에서는 문제가 발생할 때마다 하도록 되어 있으며, 진행 방법은 통상 토의식에 의하여 지도자의 유도로 과제에 대한 의견을 제시하게 하여 결론을 내려가는 방식을 취한다.

 ## CCS
(Civil Communication Fringing Program)

① ATP라고도 하며, 당초에는 일부 회사의 톱 매니지먼트에 대해서만 행하여졌던 것이 널리 보급된 것이라고 한다.
② 교육 내용 : 정책의 수립, 조직(경영 부분, 조직 형태, 구조 등), 통계(조직 통계의 적응, 품질 관리, 원가 통제의 적용 등) 및 운영(운영 조직, 협조에 의한 회사 운영) 등
③ 방법은 주로 강의법에 토의법이 가미된 것으로 매주 4일, 4시간씩으로 8주간(합계 128시간)에 걸쳐 실시하도록 되어 있다.

 ## OJT와 OffJT

1. OJT

① 개개인에게 적절한 지도 훈련이 가능하다.
② 직장의 실정에 맞는 실제적 훈련이 가능하다.
③ 즉시 업무에 연결되는 몸과 관계가 있다.

④ 훈련에 필요한 계속성이 끊어지지 않는다.
⑤ 효과가 곧 업무에 나타나며 결과에 따른 개선이 쉽다.
⑥ 훈련 효과를 보고 상호 신뢰 이해도가 높아지는 것이 가능하다.

2. OffJT

① 다수의 근로자에게 조직적 훈련 시행이 가능하다.
② 훈련에만 전념하게 된다.
③ 전문가를 강사로 초빙하는 것이 가능하다.
④ 특별한 설비나 기구를 이용하는 것이 가능하다.
⑤ 각 직장의 근로자가 많은 지식이나 경험을 교류할 수 있다.
⑥ 교육 훈련 목표에 대하여 집단적 노력이 흐트러질 수도 있다.

 수업 방법

① 도입 : 강의, 시범
② 전개, 정리 : 반복, 토의, 실연
③ 도입, 전개, 정리 : 프로그램 학습법, 모의 학습법

▌ 효과적 수업 방법의 선택

수업 방법 \ 수업 단계	도입	전개	정리
강의법	○		
시범	○		
반복법		○	○
토의법		○	○
실연법		○	
자율 학습법			○
프로그램 학습법	○	○	○
학생 상호 학습법	○	○	○
모의 학습법	○	○	○

단계법에 의한 교육의 4단계

① 도입
② 제시
③ 적용
④ 확인

 ## 안전 태도 교육의 기본 과정

① 청취한다(hearing)
② 이해 납득시킨다(understanding)
③ 모범을 보인다(example)
④ 평가한다(evaluation)

 ## 교육 계획

(1) 교육 계획 포함 사항

① 교육 목표 : 첫째 과제
② 교육 대상
③ 강사
④ 교육 방법
⑤ 교육 시간, 시기
⑥ 교육 장소

(2) 계획 작성

① 준비 계획
   ㉮ 교육 목표 설정
   ㉯ 교육 대상자 범위 결정
   ㉰ 교육 과정 결정
② 실시 계획 - 소요 예산 책정

28 교육 효과

(1) 이해도

① 귀 : 20[%]　　② 눈 : 40[%]
③ 귀+눈 : 60[%]　　④ 입 : 80[%](귀+눈+입)
⑤ 머리+손·발 : 90[%]

(2) 감지 효과

① 시각 : 60[%]　　② 청각 : 30[%]
③ 촉각 : 5[%]　　④ 후각 : 3[%]
⑤ 미각 : 2[%]

29 학습평가 방법

교육구분	우수	보통	불량
지식 교육	평가 시험, 테스트	관찰, 면접, 질문	
기능 교육	노트, 테스트	관찰	
태도 교육	관찰, 면접	질문, 평가 시험	테스트

30 학습평가의 기본적인 기준 4가지

① 타당도(妥當度)　　② 신뢰도(信賴度)
③ 객관도(客觀度)　　④ 실용도(實用度)

안전 교육 추진시 유의 사항

(1) 교육 대상자의 지식이나 기능 정도에 따라 교재를 준비한다.

　기초적인 지식 교육이 필요한 대상은 신입 작업자인 경우이며 기초 지식보다 현장 실무에 필요한 기능 교육 또는 모두가 안전에 대한 정신적인 안전 의식을 높이는 홍보 활동을 위한 경우도 있을 것이다. 또 문제 의식을 검토하여 정보 자료가 필요한 경우도 있다.

(2) 계속적이고 반복적으로 끈기있게 교육한다.

　피교육자 입장에서는 건성으로 흘려보내는 경우가 있다. 따라서 몇 번이고 되풀이하여 반복적인 강의와 시청각 자료를 활용하여 꾸준히 교육한다. 한 번의 강의만으로 듣는 효과는 1시간 후에 40[%]가 남아 있으며 한 달이 지나면 20[%]밖에 기억에 남지 않으므로 실행에 옮기지 않을 때도 있다.

(3) 상상력 있는 구체적인 내용으로 실시한다.

　안전·보건 교육은 태도 교육으로 탈바꿈시킴으로써 효과를 얻을 수 있다. 듣고 몸에 익히도록 구체적인 것이어야 한다. 생산 계획에 따른 안전 방법을 생각하도록 신경을 써야 한다. 오관을 통하여 지식을 계속해서 몸에 익히도록 노력한다.

(4) 실제 사례 중심으로 자신의 행동과 비교할 수 있는 평가를 한다.

　안전·보건 교육은 지도한 것이 확실하게 피교육자에게 이해되면 행동으로 옮기는 데 효과가 있다. 가르친 내용에 대한 이해 정도를 파악할 수 있는 간단한 평가는 교육을 진지하게 받는 태도에 도움이 된다. 만약에 가르친 것을 평가하여 이해도가 부족할 때는 재교육을 시키는 계획이 필요하다. 이해했으면 행동에 옮길 수 있는지 교육한 대로 시켜보고 시정해 주어야 한다.

　무조건 강요당한다는 것은 오히려 역효과를 나타내므로 다시 잘 설명하여 납득시키고, 지도자는 말과 행동이 일치하도록 노력하지 않으면 안 된다. 특히 안전 교육을 보다 효과적으로 실시하기 위해서 항상 최근의 정보를 제시하여 모든 근로자들의 수준을 향상시키며, 또 사내 회보를 발행하여 사고 사례 분석을 통한 식견을 높이도록 하고, 모두가 참여할 수 있는 표어, 포스터 모집이나 안전 경진 대회를 개최하여 의욕을 향상시켜 주고, 정기적으로 집단 안전 교육을 실시하며, 현장에서는 안전 회합을 매일 실시하여 안전 태도를 길러준다.

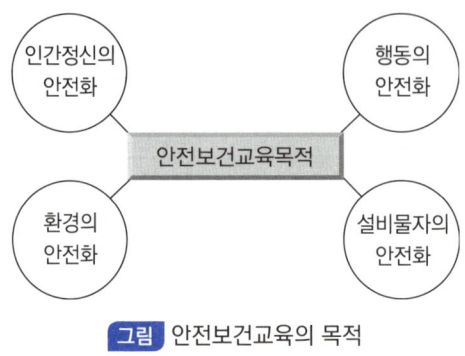

안전보건교육의 목적

무재해 운동

1. 무재해 운동의 개요(2019.1.1 기록인증제 폐지, 사업장 자율운동전환)

무재해란 근로자가 상해를 입지 않을 뿐만 아니라 상해를 입을 수 있는 위험 요소가 없는 상태를 말하는 것이다. 여기서부터 무재해 운동이 출발하지 않으면 무재해 운동은 일시적인 것에 불과하다.

근로자가 상해를 입지 않는다는 말과 상해를 입을 수 있는 위험 요소 없는 상태라는 말은 근로자가 작업으로 인해 재해를 입어서는 안 되며 본래의 건강이 보장되어야 한다는 뜻이다. 그렇게 될 때 기업이 요구하는 생산성을 최대한으로 보장할 수 있는 것이다.

사업장의 무재해 운동의 의의는 바로 인간 존중에 있으며 합리적인 기업 경영에 있다고 볼 수 있다. 따라서 무재해 운동은 인간 존중의 이념을 바탕으로 경영자, 관리 감독자, 작업자 등 사업장의 전원이 적극적으로 참가하여 직장의 안전과 보건을 선취하며 일체의 산업 재해를 근절하여 인간 중심의 밝고 활기찬 직장 풍토를 조성하는 것을 목적으로 한다.

(1) 무재해의 본질

무재해란 직장에서 중증 장해나 4일 이상의 상해만 없으면 된다는 뜻이 아니라 잠재하고 있는 모든 위험을 발견하여 사전에 예방 대책을 수립함으로써 산업 재해를 근절하자는 것이다. 어느 한 사람도 다치지 않는 무재해뿐만 아니라 어느 한 사람도 질병에 걸리지 않는 무질병, 이것은 인간의 가장 궁극적이며 기본 욕구인 것이다.

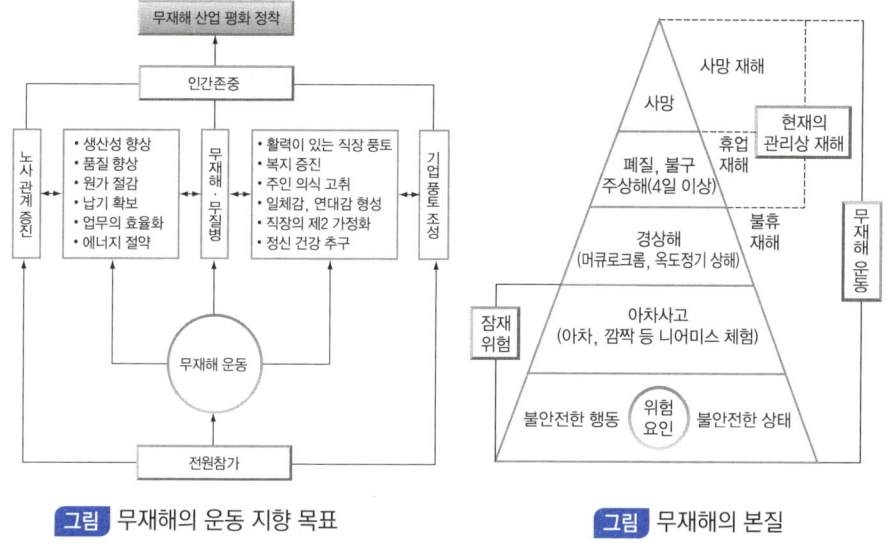

[그림] 무재해의 운동 지향 목표

[그림] 무재해의 본질

(2) 무재해 운동의 이념

무재해 운동은 인간 존중의 이념에서 출발한다. 그러므로 경영주는 먼저 인간 존중의 경영 철학을 기반으로 해서 자신이 고용한 근로자가 단 한 사람도 재해를 당하는 일이 있어서는 안 된다는 기본 이념을 가져야 하며, 관리 감독자는 자신의 노력에 의하여 한 사람의 근로자라도 불행한 일을 당하지 않도록 한다는 숭고한 인간애적 사상을 갖지 않으면 안 된다.

즉, 인간 존중이라는 기본 이념을 경영 지표로 삼고 무재해 운동의 기법을 도입하여 실천할 때 근로자에게까지 그 사상이 깊이 침투하여 안전과 보건을 확보하고 직장을 활성화시키며 생산성을 높이게 되는 것이다.

① 인간 존중의 철학 : 인간 존중이란 한 사람 한사람의 인간을 너나 할 것 없이 차별하지 않고 소중히 하는 것을 말한다. 직장에 있는 한 사람 한사람은 그 무엇과도 바꿀 수 없는 소중한 인격자들다. 누구하나 다쳐도 죽어서도 안 된다. 이것이 무재해의 기본 이념이며 전원 참가로 안전과 건강을 선취하는 출발점이 되어야 한다.

이 이념은 정신 운동의 기법으로 끝날 것이 아니라 실제 행동에 의한 실천 운동으로 추진되어야 효과를 얻을 수 있다.

② 무재해 운동의 3원칙 : 무재해 운동에는 무(無), 선취(先取), 참가(參加)의 3대 원칙이 있다.
  ㉮ 무(無)의 원칙 : 무재해란 단순히 사망 재해, 휴업 재해만 없으면 된다는 소극적인 사고가 아니라, 불휴 재해는 물론 직장의 일체 잠재 위험 요인까지도 사전에 발견하여 뿌리가 되는 요인까지 모두 제거한다는 뜻이다.

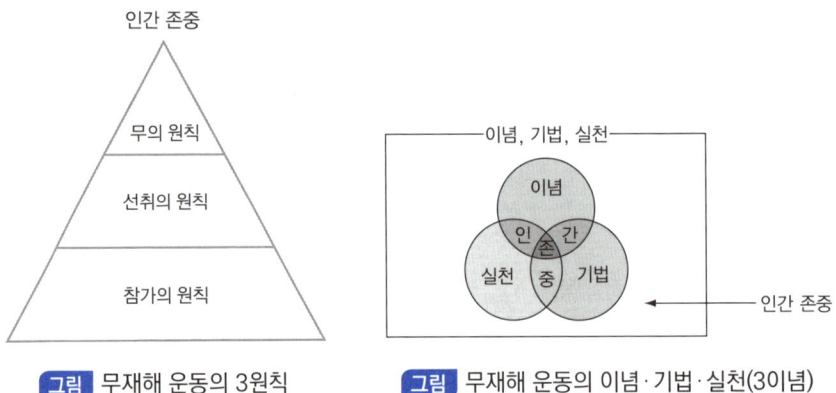

[그림] 무재해 운동의 3원칙   [그림] 무재해 운동의 이념·기법·실천(3이념)

  ㉯ 안전제일[선취(先取)]의 원칙 : 무재해 운동에 있어서 선취란 무재해, 무질병의 직장을 실현하기 위하여 직장의 위험 요인을 행동하기 전에 예지하여 발견, 파악, 해결함으로써 재해 발생을 예방하거나 방지하는 것을 말한다.
  ㉰ 참가(參加)의 원칙 : 「없앨 무를 지향하고 안전과 건강을 선취하고자」고 할 때 꼭 필요한 것은 전원 참가이다. 참가란 작업에 따르는 위험을 해결하기 위하여 각자의 처지에서 하겠다는 의욕을 갖고 문제나 위험을 해결하는 것을 뜻한다.

2. 원 포인트(One Point) 위험 예지 훈련

(1) 원 포인트 위험 예지 훈련이란?

위험 예지 훈련 4라운드 중 2R, 3R, 4R을 모두 원 포인트로 요약하여 실시하는 TBM(Tool Box Meeting) 위험 예지이다.

흑판이나 용지를 사용하지 않고 또한 삼각 위험 예지 훈련과 같이 기초나 메모를 사용하지 않고 구두로 실시한다. 선 채로 2분간이면 할 수 있으므로 누구든지, 언제든지, 어디서나 할 수 있다.

(2) 훈련의 진행 방법

① 서브팀(sub-team)의 편성 : 먼저 팀을 3명(또는 2명)씩의 서브팀으로 나눈다. 인원수를 3명으로 하는 것은
  ㉮ 대화의 참가도를 높이고
  ㉯ 단시간에 할 수 있도록 하고,
  ㉰ 훈련의 회전을 빠르게 한다.
  등의 이유 때문이다. 멤버 중 1명이 서브리더(sub-leader)가 된다.
② 사용할 도해 : 도해는 가급적 포인트를 하나로 요약할 수 있고 쉽고 단순한 도해를 준비한다. 가급적 회사에서 손수 만든 도해가 좋다.
③ 관찰 방식의 활용 : 처음 2~3회는 서브팀이 동시에 훈련해서 워밍업한 뒤 관찰 방식으로 진지하게 역할 연기하여 서로 강평하는 것이 좋다. 실시 시간을 4분으로 계산하고 있으나 통상 2~3분으로 완료하고 있다.

3. TBM – 위험 예지 훈련

(1) TBM – 위험 예지(즉시 즉응법)란?

TBM으로 실시하는 위험 예지 활동을 말한다. 이는 현장에서 그때 그 장소의 상황에 즉응하여 실시하는 위험 예지 활동으로서 즉시 즉응법이라고도 한다.

(2) TBM – 위험 예지 진행 방법(요약)

① 미팅의 형식
  ㉮ 조회, 아침, 점심, 저녁 교체하여 시행한다.
  ㉯ 토의는 소수인(10명 이하)이 좋다.
  ㉰ 10분 정도가 바람직하다.
② 사전 준비
  ㉮ 주제를 정하고 자료 등을 준비한다.
  ㉯ 흑판이나 차트 등을 활용한다.
  ㉰ 리더는 주제의 주안점에 대해서 연구해 둔다.
  ㉱ 예정표를 작성해 둔다.
③ 진행 방법
  ㉮ 계획적으로 「도입」, 「의견을 끌어내고」, 「종합」의 3단계로 진행한다.
  ㉯ 주제는 적절한 것으로 하며 자료를 활용한다.

㉰ 리더는 열의를 표시한다.
㉱ 토의는 한 사람 한 사람 발언시키며 목적 이외의 토의는 피하도록 한다.
㉲ 리더는 아는 체하지 말고 또 자기의 의견을 고집하지 말며 결론을 확실하게 말한다.
㉳ 질문은 참가자의 능력에 따라서 하고 말재주 없는 사람에게는 무리한 발언을 요구하지 않는다.
㉴ 결론이 아닌 것도 있으므로 결론을 서두르지 않는다. 이 경우에는 기록을 보존하여 다음 기회로 하고 새로운 자료를 작성한다.
㉵ 모두가 미팅 방법을 검토하여 즐겁고 효과적인 운영을 연구한다.

4. 1인 위험 예지 훈련

(1) 1인 위험 예지 훈련이란?

한 사람 한 사람의 위험에 대한 감수성 향상을 도모하기 위하여 삼각 및 원 포인트 위험 예지 훈련을 통합한 활용 기법의 하나이다.

한 사람 한 사람(리더 제외)이 동시에 공통의 도해로 4라운드까지의 1인 위험 예지를 직접 확인하면서 단시간에 실시한 뒤 그 결과를 리더의 사회로 서로서로 발표하고 강평함으로써 자기 개발의 도모를 겨냥하고 있다.

(2) 1인 위험 예지 훈련의 진행 방법(1분 30초~2분 이내)

① 팀의 편성
  ㉮ 3~4인의 팀으로 실시한다. 팀 인원수가 많은 경우에는 세분한다.
  ㉯ 팀에 감독역으로 리더를 둔다(리더는 도해마다 교대로 훈련한다).

② 1인 위험 예지 훈련의 실천
  ㉮ 리더는 도해를 각자에게 배포하고 상황을 읽어준다. 리더는 사회 진행역이 되어 시간 관리에 임한다.
  ㉯ 각자(리더 제외)는 도해에 자신이 알게 된 위험 요인 개소에 △(삼각)표를 한다(1R). 삼각 위험 예지훈련의 요령으로 3~5항목 정도 원인이나 현상에 대해서 메모를 기입한다.
  ㉰ 특히 위험의 포인트라고 생각되는 항목(가급적 원 포인트로 합의 요약한다)을 ◉표로 하여「위험의 포인트, ~해서~ㄴ다!」라고 혼자서 지적 확인한다(2R).

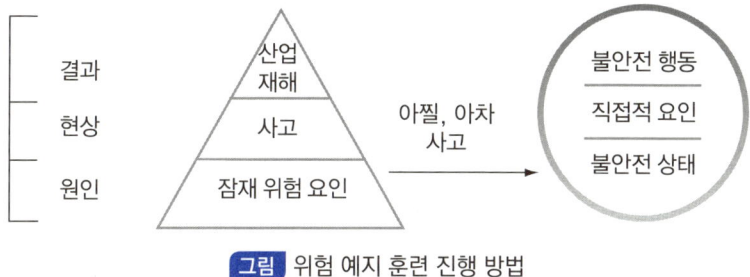

그림 위험 예지 훈련 진행 방법

이때 절도 있는 태도로 실시해야 한다.
아차 사고에 대한 브레인 스토밍(BS) 미팅 진행 방법은 다음과 같다

ⓐ 직장의 아차 사고 체험은 선취를 위하여 가치있는 정보이다. 그러나 일반적으로 아차 사고 체험은 은폐하기 쉽다. 아차 사고 메모도 잘 제출하지 않고 선취에 활용되지 못하는 실정이다.

ⓑ 작업자의 아차 사고 체험을 어떻게 발굴하고 어떻게 살리는가는 무재해 운동의 중요한 과제라 할 수 있다.

ⓒ 무재해 운동에서 실시하고 있는 아차 사고 브레인 스토밍법은 문제 해결의 「제1단계→문제 제기」를 응용하여 브레인 스토밍으로 아차 사고 체험을 제출하게 하여 테마를 정해서 재해 사례 검토 4R법에 의하여 문제 해결을 실행한다.

ⓓ 안전 미팅에서 브레인 스토밍뿐이라면 30분 정도로 실시할 수 있다. 사전 준비로서는 미리 안전 미팅에서 팀 멤버에게 아차 사고 체험에 대해서 대화하는 것을 예고해 둔다(각자 1건 이상 자신의 아차 사고 체험을 생각하게 하고 메모해 두게 하는 것이 좋다).

ⓔ ●표 항목에 대한 대책을 생각하여(3R), 특히 중점 실시항목 ※ 표를 하나로 하여 도해에 메모한 뒤「나의 행동 목표, ~을 ~하여 ~하자, 좋아!」라고 혼자 큰소리로 지적 확인한다.

ⓕ 원 포인트 지적 확인 항목을 정하여 3회 큰소리로 복창하고 도해에 메모한다.

ⓖ 도해의 메모를 근거로 하여 2R 이하를 「1인 위험 예지 카드」양식에 보고서를 작성한다.

5. 아차 사고(Near Accident) 사례 기법

산업 현장에는 수많은 잠재 위험 요인이 산재하고 있다. 이 위험 요인이 직접적인 원인(불안전한 행동 및 불안전한 상태)에 의하여 현상화될 때 사고가 발생하고 이러한 사고가 곧 산업 재해로 이어지는 것이다.

이 과정에서 비록 재해로 이어지지는 않았지만 하마터면 재해가 발생할 뻔한 깜짝 놀랐던 경험을 아차 사고(뻔 사고)라 한다.

(1) 하인리히 1 : 29 : 300 법칙

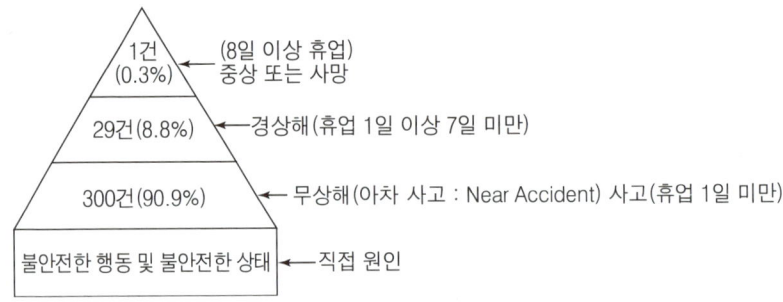

재해의 발생 = 물적 불안전 상태 + 인적 불안전 행동 + α

$$\alpha = \frac{1}{1+29+300} = \frac{1}{330}$$

α : 숨은 위험한 요인(잠재 위험 요인)

(2) ILO의 재해 구성 비율(1 : 20 : 200)

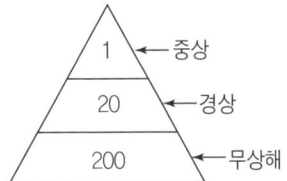

(3) 버드 이론 1 : 10 : 30 : 600의 법칙

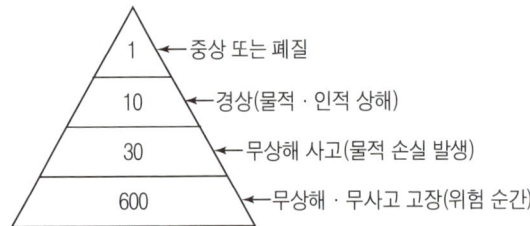

PART 06
인간공학
(Human Engineering)

❶ 인간공학의 정의
❷ 인체 계측 및 응용 원칙
❸ 인간 – 기계 체계
❹ 신뢰도
❺ 작업 표준

PART 06 인간공학(Human Engineering)

1 인간공학의 정의

(1) 인간이 편리하게 사용할 수 있도록 기계설비 및 환경을 설계하는 과정을 인간공학이라 한다.(인간의 편리성을 위한 설계).

(2) 표기 방법

① Ergonomics(그리스어의 ergon과 nomics의 합성어) : 「ergon(노동 또는 작업, work)+nomos(법칙 또는 관리, laws)+ics(학문 또는 학술)」안건의 특성에 맞게 일을 수행하도록 하는 학문
② Humman Factor(인간요소) : 미국을 중심으로 사용
③ Humman Engineering
④ Human Factors Engineering : 미국에서 가장 많이 사용

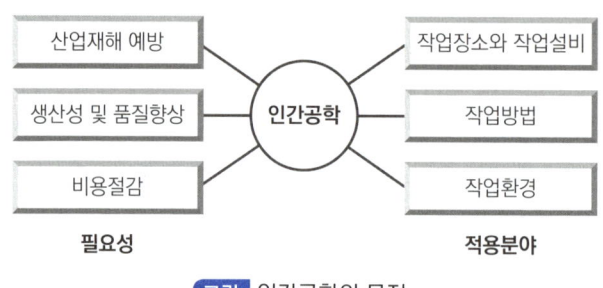

그림 인간공학의 목적

2 인체 계측 및 응용 원칙

1. 인체 계측 방법 3가지

① 정적 인체 계측(구조적 인체치수)
② 동적 인체 계측(기능적 인체치수)
③ 생리학적 인체 계측

2. 인체 측정 자료의 응용 원칙 3가지

① 최대 치수와 최소 치수(극단치를 이용한 설계)

㉮ 극단치 설계(인체 측정 특성의 극단에 속하는 사람을 대상으로 설계하면 거의 모든 사람을 수용가능)

구분	최대 집단치	최소 집단치
개념	대상 집단에 인체 측정 변수의 상위 백분위수(percentile)를 기준으로 90, 95, 99[%]치가 사용	관련 인체 측정 변수 분포의 하위 백분위수를 기준으로 1, 5, 10[%]치가 사용
사용 예	① 출입문, 통로, 의자사이의 간격 등의 공간 여유의 결정 ② 줄사다리, 그네 등의 지지물의 최소 지지 중량(강도)	선반의 높이 또는 조종장치까지의 거리, 버스나 전철의 손잡이 등의 결정

㉯ 효과와 비용을 고려 : 보통 95[%]나 5[%]치를 사용

② 조절 범위(조절식) 설계

③ 평균치를 기준으로 한 설계

인간 - 기계 체계

1. 인간 - 기계 체계의 기본 기능

(1) 정의

인간 - 기계 체계가 목적을 달성하기 위해 필요한 기능이다.

(2) 인간 - 기계 체계 기본 기능의 종류

① 감지 기능(sensing function)

② 정보 보관 기능(information storage function)

③ 정보 처리 및 의사 결정 기능(information processing and decision function)

④ 행동 기능(action function)

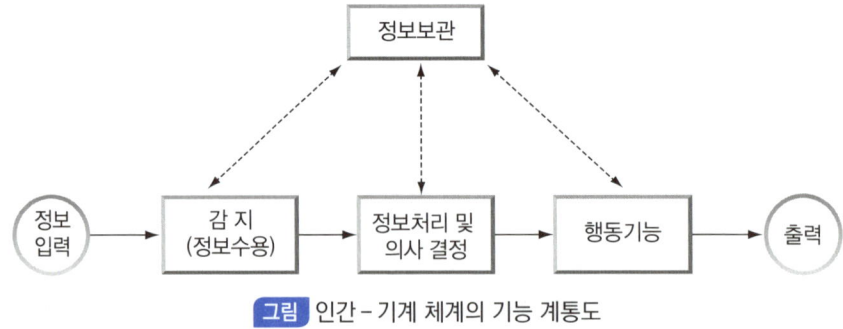

[그림] 인간-기계 체계의 기능 계통도

(3) 기능의 정의

① 감지 기능(sensing function) : 정보 입수의 기능으로 인간에 의한 감지는 시각, 청각 등의 감각 기관이 사용되며 기계의 감지 기능은 전자 장치, 사진 자동 개폐, 제동 장치 등을 들 수 있다.

② 정보 보관 기능(information storage function) : 인간의 정보 보관은 기억이고, 기계는 펀치 카드, 자기 테이프, 기록 장치, 문서 등으로 보관된다.

③ 정보 처리 및 의사 결정 기능(information processing and decision function) : 정보 처리란 감지한 정보를 수행하는 여러 종류의 조작을 말한다.

인간이 정보를 처리하는 경우에는 처리 과정의 단순 유무를 떠나 행동을 한다는 결심이 따른다. 기계인 경우 가능한 모든 입력 정보에 대해 정보 처리 과정이 미리 프로그램되어 있어야 한다.

④ 행동 기능(action function) : 의사 결정의 결과로 얻어지는 조작 행위이다.

이 기능은 대체로 2가지로 대별되며 첫째는 조종 장치의 작동 등 물리적 조작 행위이고 둘째는 음성, 신호, 기록 등의 방법이다.

2. 인간-기계의 통합 체계 유형

(1) 수동 체계(manual system)

수동 체계는 수공구나 기타 보조물로 이루어지며 자신의 신체적인 힘을 동력원으로 사용하여 작업을 통제하는 방식이다.

(2) 기계화 체계(mechanical system : 일명 반자동 체계)

작업 공정의 일부분을 기계화한 것으로 동력은 기계가 제공하고 이의 조종 및 통제는 인간이 하는 통제 방식이다.

(3) 자동 체계(automatic system)

모든 작업 공정이 자동화되어 감지, 정보 보관, 정보 처리 및 의사 결정, 행동 기능을 기계가 수행하며 인간은 감시 및 프로그램 제어 등의 기능을 담당하는 통제 방식이다.

3. 기계의 통제 방법 종류

(1) 개폐에 의한 통제

개폐에 의한 방식을 이용하여 기계를 통제하는 수단으로서 주로 ON - OFF 스위치로 푸시 버튼, 토글 스위치, 로터리 스위치 등이 있으며 조작에 의해 작동을 통제한다.

(2) 양의 조절에 의한 통제

투입되는 원료, 연료량, 전기량 등의 조절에 의해서 기계의 작동을 통제하는 방식으로 이의 통제 수단으로는 노브, 크랭크, 핸들, 레버, 페달 등이 있다.

(3) 반응에 의한 통제

신호 또는 감응에 의하여 기계를 통제하는 방식이다.

4. 통제 표시비(Control Display Ratio)

(1) 통제 표시비의 정의

① 통제 표시비는 통제비 또는 C/D비라고도 하며 통제 기기의 변위량과 표시 계기 지침의 변위량을 나타내는 비율이다.
② 통제 기기의 변위량을 X로 하고 표시 계기의 지침의 변위량을 Y라 하면 통제비는 다음 식과 같다.

$$통제비 = \frac{X}{Y} = \frac{C}{D}$$

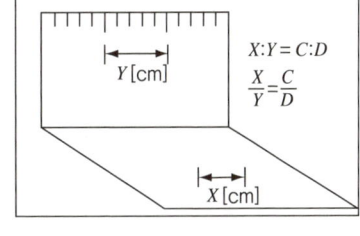

그림 통제 표시비

(2) 통제 표시비 설계시 고려 사항

① 계기의 크기
② 공차
③ 목시 거리
④ 조작 시간
⑤ 방향성

신뢰도

(인간 – 기계 신뢰도)

1. 인간 및 기계의 신뢰도 결정 요소

(1) 인간의 신뢰도 결정 요소

① 주의력
② 의식 수준
③ 긴장 수준

(2) 기계의 신뢰도 결정 요소

① 재질
② 기능
③ 작동 방법

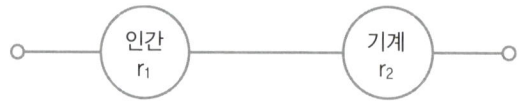

그림 시스템의 설계과정의 주요 단계

2. 인간 – 기계의 신뢰도 측정 방법

(1) 직렬 연결시의 신뢰도

인간과 기계가 직렬로 구성된 경우의 신뢰도는 다음과 같다.

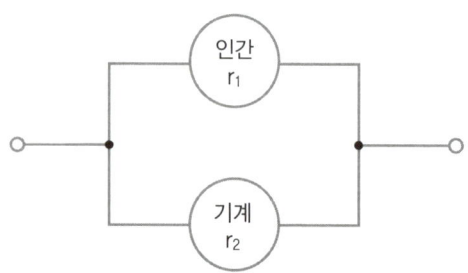

그림 직렬 신뢰도

이때의 신뢰도 $(R_s) = r_1 \times r_2$ ($r_1 < r_2$ 이면 $R \leqq r_1$)

(2) 병렬 연결시의 신뢰도

인간과 기계가 병렬로 구성된 경우의 신뢰도는 다음과 같다.

이때의 신뢰도 $(R_s) = r_1 + r_2(1 - r_1)$

($r_1 < r_2$ 이면 $R \leqq r_2$)

그림 병렬 신뢰도

(3) 인간에 대한 감시(monitoring) 방법

① 자기 감시(self - monitoring) 방법 : 인간은 감각으로 자기 자신의 상태를 파악할 수가 있다. 자극, 고통, 피로, 권태, 이상 감각 등의 지각에 의해서 자신의 상태를 알고 행동하는 감시 방법이다.

② 생리학적 감시(physiological monitoring) 방법 : 맥박수, 호흡 속도, 체온, 뇌파 등으로 인간 자체의 상태를 생리적으로 감시하는 방법이다.

③ 시각적 감시(visual monitoring) 방법 : 동작자의 태도를 보고 동작자의 상태를 파악하는 것으로서 졸린 상태는 생리적으로 분석하는 것보다 태도를 보고 상태를 파악하는 것이 쉽고 정확하다(태도 교육에 적합한 방법).

④ 반응적 감시(reactional monitoring) 방법 : 인간에게 어떤 종류의 자극을 가하여 이에 대한 반응을 보고 정상 또는 비정상을 판단하는 방법이다.
자극은 청각 또는 시각에 자극을 주어 반응을 판단하는데 최근에는 자극 없이 동작 자체를 반응으로 하여 체크하는 방법도 사용되고 있다.

⑤ 환경적 감시(environmental monitoring) 방법 : 간접적인 감시 방법으로서 환경 조건의 개선으로 인체의 안락과 기분을 좋게 하여 정상 작업을 할 수 있도록 만드는 방법이다.

(4) Lock System의 활용

인간과 기계 시스템의 활용 가능한 Lock System에는 ① Interlock System, ② Intralock System, ③ Translock System 등 3가지가 있다.

먼저 Interlock System은 인간과 기계 사이에서, Intralock System은 인간 사이에서, 그리고 Translock System은 Interlock System과 Intralock System 사이에서 적용된다.

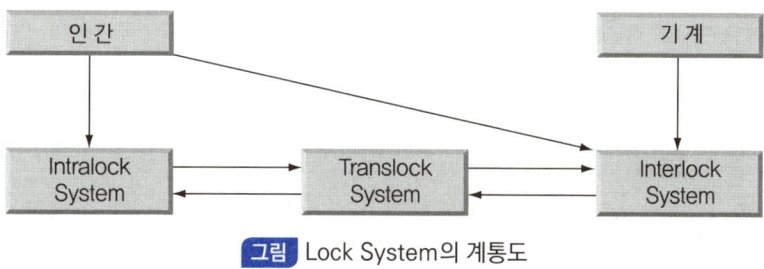

그림 Lock System의 계통도

5 작업 표준

1. 작업 표준의 정의 및 목적

(1) 작업 표준(operation standard)의 정의

작업 표준이란 작업 조건, 작업 방법, 관리 방법, 사용 재료, 사용 설비, 기타 취급상의 주의 사항 등에 관한 기준을 규정한 것으로 생산의 표준화 또는 표준화 생산을 말하는 것이다. 즉, 생산에 필요한 인(人), 물(物), 방법, 관리의 기준을 규정한 것이다.

① 일반적으로 작업 표준에는 기술 표준, 동작 표준, 작업 순서, 작업 요령, 작업 지도서, 작업 지시서 등이 모두 포함된다.
② 표준 작업 제도는 손실이나 위험 요인을 최대한으로 예방 내지는 감소시키기 위한 생산 수단의 한 방법이다.
③ 안전 작업 표준은 작업자의 안전 작업을 중심으로 품질, 원가, 능률 등을 표준화한 것을 말한다.

(2) 작업 표준의 목적

① 작업의 효율화
② 위험 요인의 제거
③ 손실 요인의 제거

2. 작업 개선 4단계

① 1step : 작업 분해
② 2step : 세부 내용 검토
③ 3step : 작업 분석
④ 4step : 새로운 방법의 적용

3. 작업 분석 방법(E. C. R. S.)

① 제거(Eliminate)
② 결합(Combine)
③ 재조정(Rearrange)
④ 단순화(Simplify)

4. 작업 위험 분석

① 설비, 환경, 인간의 위험 분석

② 과업에 절차를 포함

③ 안전 작업 표준화가 목적

④ 비정규 작업에는 적용 곤란

> **참고**
>
> 작업 위험 분석 방법 종류
> ① 면접법   ② 관찰법   ③ 설문 방법   ④ 혼합 방식

5. 작업 위험 분석 필요점

① 위험 정도

② 피해 정도

③ 피폭 인원

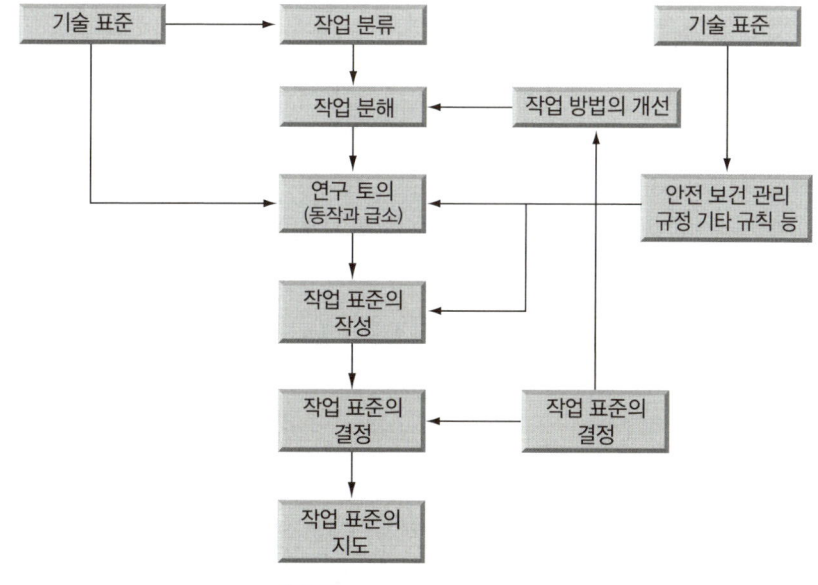

그림 작업 표준의 작성 순서

6. 동작 경제의 원칙(Barnes)

(1) 신체의 사용에 관한 원칙

① 양손은 동시에 동작을 시작하고, 또 끝마쳐야 한다.

② 휴식시간 이외에 양손이 동시에 노는 시간이 있어서는 안 된다.
③ 양팔은 각기 반대방향에서 대칭적으로 동시에 움직여야 한다.
④ 손의 동작은 작업을 수행할 수 있는 최소 동작 이상을 해서는 안 된다.
⑤ 작업자들을 돕기 위하여 동작의 관성을 이용하여 작업을 하는 것이 좋다.
⑥ 구속되거나 제한된 동작 또는 급격한 방향전환보다는 유연한 동작이 좋다.
⑦ 작업동작은 율동이 맞아야 한다.
⑧ 직선동작보다는 연속적인 곡선동작을 취하는 것이 좋다.
⑨ 탄도동작(ballistic movement)은 제한되거나 통제된 동작보다 더 신속·정확·용이하다.

(2) 작업역의 배치에 관한 원칙
① 모든 공구와 재료는 일정한 위치에 정돈되어야 한다.
② 공구와 재료는 작업이 용이하도록 작업자의 주위에 있어야 한다.
③ 중력을 이용한 부품상자나 용기를 이용하여 부품을 부품 사용장소에 가까이 보낼 수 있도록 한다.
④ 가능하면 낙하시키는 방법을 이용하여야 한다.
⑤ 공구 및 재료는 동작에 가장 편리한 순서로 배치하여야 한다.
⑥ 채광 및 조명 장치를 잘 하여야 한다.
⑦ 의자와 작업대의 모양과 높이는 각 작업자에게 알맞도록 설계되어야 한다.
⑧ 작업자가 좋은 자세를 취할 수 있는 모양, 높이의 의자를 지급해야 한다.

(3) 공구 및 설비의 설계에 관한 원칙
① 치구, 고정 장치나 발을 사용함으로써 손의 작업을 보존하고 손은 다른 동작을 담당하도록 하면 편리하다.
② 공구류는 될 수 있는 대로 두 가지 이상의 기능을 조합한 것을 사용하여야 한다.
③ 공구류 및 재료는 될 수 있는 대로 다음에 사용하기 쉽도록 놓아두어야 한다.
④ 각 손가락이 사용되는 작업에서는 각 손가락의 힘이 같지 않음을 고려하여야 할 것이다.
⑤ 각종 손잡이는 손에 가장 알맞게 고안함으로써 피로를 감소시킬 수 있어야 한다.
⑥ 각종 레버나 핸들은 작업자가 최소의 움직임으로 사용할 수 있는 위치에 있어야 한다.

7. 인간공학의 3단계

(1) **제1단계** : 인간의 특성을 결정하여 고려한다.

(2) **제2단계** : 인간공학의 목표를 설정하여 정의한다.

(3) **제3단계** : 인간공학의 접근 방법은 인간의 특성, 행동에 적절한 정보를 체계적으로 적용한다.

보충학습

길브레드(Gilbreth) 동작 경제의 3원칙

1. 동작능력 활용의 원칙
   ① 발 또는 왼손으로 할 수 있는 것은 오른손을 사용하지 않는다.
   ② 양손으로 동시에 작업하고 동시에 끝낸다.

2. 작업량 절약의 원칙
   ① 적게 운동할 것
   ② 재료나 공구는 취급하는 부근에 정돈할 것
   ③ 동작의 수를 줄일 것
   ④ 동작의 양을 줄일 것
   ⑤ 물건을 장시간 취급할 시 장구를 사용할 것

3. 동작개선의 원칙
   ① 동작을 자동적으로 리드미컬한 순서로 할 것
   ② 양손은 동시에 반대의 방향으로, 좌우 대칭적으로 운동하게 할 것
   ③ 관성, 중력, 기계력 등을 이용할 것

PART 07
시스템 안전 (System safety) 공학

1. 시스템 안전의 개요
2. 시스템 안전의 달성 방법
3. 시스템 안전의 우선도
4. 세이프티 어세스먼트
5. 리스크 어세스먼트
6. 위험성 강도의 범주(Category)
7. 시스템 안전에서의 사실의 발견 방법
8. FMEA와 FMECA
9. ETA
10. FTA
11. FTA의 실시 순서
12. FTA에 의한 재해 사례 연구 순서
13. 다음 FT도에 있어 A의 고장 발생 확률은?
14. FTA의 기호 및 의미
15. MIL-STD-882B의 목적

PART 07 시스템 안전(System safety)공학

1 시스템 안전의 개요

(1) 시스템(system)
시스템이란 요소의 집합에 의해 구성되고, 시스템 상호간에 관계를 유지하면서, 정해진 조건하에서 주어진 일을 수행하고 어떤 목적을 달성하기 위하여 작용하는 집합체라 할 수 있다.

(2) 시스템 안전(system safety)
어떤 시스템에 있어서 기능 시간, 코스트(cost) 등의 제약 조건하에서 인원 및 설비가 당하는 상해 및 손상을 최소한으로 줄이기 위한 것으로 시스템 전체에 대하여 종합적이고 균형이 잡힌 안전성을 확보하는 것이다(요소 안전 : 개개의 기계, 설비나 작업 등의 각 요소에 대한 안전을 말한다).

(3) 시스템 안전 관리
시스템의 안전을 전체의 프로그램 요건과 모순됨이 없이 달성하기 위하여 시스템 안전 프로그램 요건을 설정하고 일과 활동의 계획, 실행 및 완성을 확보하는 관리 업무의 한 요소로 다음과 같은 시스템 안전 업무를 수행한다.
① 안전 활동의 계획·조직 및 관리
② 시스템 안전에 필요한 사항의 동일성의 식별(identification)
③ 목표를 실현하기 위한 프로그램의 해석 검토 및 평가
④ 타시스템 프로그램 영역과의 조정

(4) 시스템 안전공학
시스템 내의 위험성을 적시에 식별하고 그 예방 또는 제어에 필요한 조치를 도모하기 위해서, 특별한 전문 지식, 기능을 가지고 과학적, 기술적 원리를 적용하는 시스템 공학의 한 분야이다.

(5) 시스템의 안전을 달성하기 위해서는 시스템의 계획, 설계, 제조, 운용 등의 전단계를 통하여 시스템의 안전 관리 및 시스템 안전공학을 정확히 적용시켜야 한다.

시스템 안전의 달성 방법

(1) 재해 예방 : 위험의 소멸, 위험 수준의 제한, 유해 위험물의 대체 사용 및 완전 차폐, 페일 세이프 설계, 고장의 최소화, 중지 및 회복 등
(2) 피해의 최소화 및 억제 대책 : 격리, 보호구 사용, 탈출 및 생존, 구조 등

시스템 안전의 우선도

① 위험의 최소화를 위해 설계할 것
② 안전 장치의 채택
③ 경보 장치의 채택
④ 특수한 수단의 개발(위험의 제어를 위한 순서 및 훈련)

세이프티 어세스먼트
(Safety Assessment : 안전성 평가)

(1) 세이프티 어세스먼트

설비의 전공정에 걸친 안전성의 사전 평가 행위를 말하며, 리스크 어세스먼트(risk assessment)라고도 한다.

(2) 안전성 평가의 기본 원칙

① 관계 자료의 정비 검토(제1단계)
② 정성적 평가(제2단계)
③ 정량적 평가(제3단계)
④ 안전 대책(제4단계)
⑤ 재해 정보에 의한 재평가(제5단계)
⑥ F.T.A.에 의한 재평가(제6단계)

리스크 어세스먼트
(Risk Assessment : 위험성 평가)

(1) 리스크 어세스먼트

리스크 매니지먼트(risk management : 위험 관리)와 동의어로서 산업안전에 속하는 위험 관리는 바로 안전성 평가가 되는 것이다.

(2) 위험성 평가의 순서
① 위험성의 검출과 확인
② 위험성 측정과 분석 평가
③ 위험성 처리(위험의 제거 내지 극소화)
④ 위험성 처리 방법의 선택
⑤ 계속적인 위험성 감시

 위험성 강도의 범주(Category)

(1) Category Ⅰ

파국적(catastrophic) : 사망 및 중상 또는 시스템의 상실을 일으킨다.

(2) Category Ⅱ

위기적(critical) : 상해 및 중한 직업병 또는 중요 시스템의 손상을 일으킨다(시정 조치 필요).

(3) Category Ⅲ

한계적(marginal) : 상해 또는 주요 시스템의 손상을 일으키지 않고 배제나 억제할 수 있다(control 가능 단계).

(4) Category Ⅳ

무시(negligible) : 상해 또는 시스템의 손상에는 이르지 않는다.

시스템 안전에서의 사실의 발견 방법

(1) FTA(Fault Tree Analysis) : 결함수 분석법(목분석법)

(2) ETA(Event Tree Analysis) : 귀납적, 정량적 기법

(3) FMEA(Failure Mode and Effect Analysis) : 고장의 유형과 영향 분석 기법

(4) FMECA(Failure Mode Effect and Criticality Analysis) : FMEA+CA(정성적+정량적)

(5) THERP(Technique for Human Error Rate Prediction) : 인간 과오율 예측 기법

(6) OS(Operability Study) : 안전 요건 결정 기법

(7) MORT(Management Oversight and Risk Tree) : 연역적, 정량적 분석기법

 FMEA와 FMECA

FMEA란 시스템을 구성하는 모든 부품의 목록을 만들고, 각 부품의 고장 형식(mode)과 이 고장이 시스템에 미치는 영향을 검토하는 방법으로서, 시스템에 중대한 영향을 미칠 가능성이 있는 부품을 찾아내고 개발의 초기 단계에서 대책을 강구하고자 하는 것을 목적으로 하는 귀납적 해석 수법의 일종이다.

FMECA는 FMEA와 같은 방법으로서 고장 영향의 중대성을 수량화하여 평가한다는 점이 다르다고 하겠다.

FMEA나 FMECA는 다같이 시스템을 구성하고 있는 부품에 고장이 발생하였을 경우 이 고장이 시스템의 신뢰성이나 안전성에 어떠한 영향을 미치는가를 해석하고 사전에 필요한 대책을 강구하고자 하는 방법으로 그 실시 방법은 아래와 같다.

① 시스템의 구성을 블록 선도로 나타내고 시스템과 부품의 기능을 명확히 한다.

② 시스템을 구성하는 부품의 목록을 만든다.

③ 고장의 중요도를 구분한다. 예를 들어 그 부품의 고장이 시스템의 고장을 초래하는 경우를 치명 고장이라고 한다.

④ 부품의 고장이 시스템의 기능에 어떠한 영향을 미치는가를 구체적으로 조사한다.
⑤ 고장의 상대 도수를 검토한다.
⑥ 그 부품의 대체품이나 리던던시(redundancy) 설계의 가능성을 검토한다.
⑦ 이상의 조사와 검토를 실시한 후 특히 문제가 있는 부품에 대하여는 고장 형식(mode) 해석을 실시하고 대책을 강구한다.
⑧ 고장이나 조작 과오(miss)시의 인명에 미치는 위험 등 안전 해석도 실시한다.

(1) FMEA의 적용 순서

① 대상으로 하는 시스템의 정의
② 논리도(logic block diagram)를 작성한다.
③ 고장 모드와 영향을 해석 해설표를 만든다.
④ 결과를 종합한다.

(2) FMEA의 포맷

① 품목
② 기능 목적
③ 고장 모드
④ 고장 원인
⑤ 고장률
⑥ 고장 검출 방법
⑦ 수복 시간
⑧ 고장의 영향
⑨ 보상 수단
⑩ 치명도

9 ETA

미국에서 개발된 DT(Decision Tree)에서 변천해 온 것으로 설비의 설계·심사·제작·검사·보전·운전·안전 대책의 과정에서 그 대응 조치가 성공인가 실패인가를 확대해 가는 과정을 검토한다. 귀납적 해석 방법으로 일반적으로 성공하는 것이 보통이고 실패가 드물게 일어나므로 실패의 확률만으로 계산하면 되게끔 되어 있다.

실패를 거듭할수록 피해가 커지는 것으로서, 그 발생 확률을 최소로 줄이기 위해서는 어디에 중점을 둘 것인가를 읽어낼 수 있다.

 **FTA**

　FTA는 시스템의 고장 상태를 먼저 상정하고 그 고장의 요인을 순차 하위 레벨로 전개하여 가면서 해석을 진행하여 나가는 Top - down 방식으로, 고장 발생의 인과 관계를 AND GATE나 OR GATE를 사용하여 논리표(logic diagram)의 형으로 나타내는 시스템 안전 해석 방법이다.
　FTA의 실시 절차는 아래와 같다.
　① 발생할 우려가 있는 재해의 상정
　② 상정된 재해에 관계되는 기계·설비·인간 작업 행동 등에 대한 정보 수집
　③ FT도 작성
　④ 작성된 FT도를 수식화하고 수학적 처리에 의해 간소화
　⑤ 기계 부품의 고장률, 인간의 작업 행동 가운데 mistake가 일어날 수 있는 자료 수집
　⑥ FT를 수식화한 식에 발생 확률을 대입하여 최초에 상정된 재해 확률을 구한다.
　⑦ 위 결과를 평가한다.

 FTA의 실시 순서

　① 대상으로 한 시스템의 파악
　② 정상 사상의 선정
　③ FT도의 작성과 단순화
　④ 정성적 평가
　⑤ 정량적 평가
　⑥ 종결(평가 및 개선 권고 등)

FTA에 의한 재해 사례 연구 순서

① Top 사상의 선정
② 사상의 재해 원인의 규명
③ FT도 작성
④ 개선 계획 작성

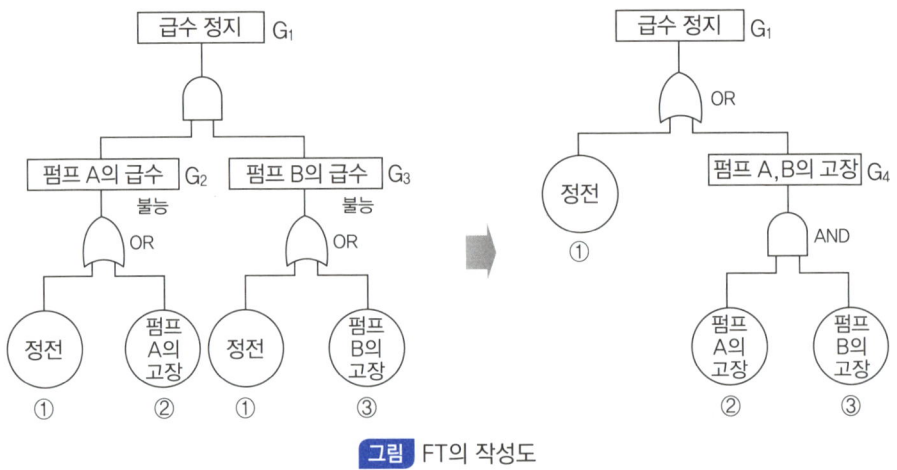

그림 FT의 작성도

13 다음 FT도에 있어 A의 고장 발생 확률은?

(단, ①과 ③이 일어날 확률은 0.1이고, ②와 ④가 일어날 확률은 0.2이다)

풀이 : $QA = QB_1 \times QB_2$

$QB_1 = Q_1 \times Q_2$

$QB_2 = 1-(1-Q_3)(1-Q_4)$ 이므로,

$QA = (0.1 \times 0.2) \times \{1-(1-0.1)(1-0.2)\}$

$= 0.0056$

답 : 0.0056

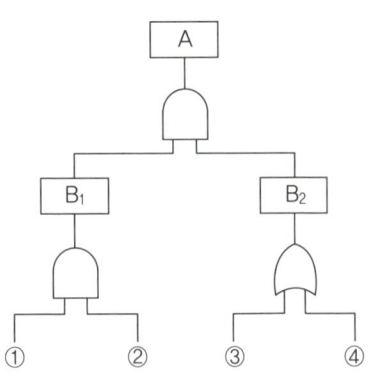

FTA의 기호 및 의미

번호	기 호	명 칭	설 명
1		결함 사상	개별적인 결함 사상
2		기본 사상	더 이상 전개되지 않는 기본적인 사상
3		기본 사상 (인간의 실수)	또는 발생 확률이 단독으로 얻어지는 낮은 레벨의 기본적인 사상
4		통상 사상	통상 발생이 예상되는 사상(예상되는 원인)
5		생략 사상	정보 부족, 해석기술의 불충분으로 더 이상 전개할 수 없는 사상. 작업 진행에 따라 해석이 가능할 때는 다시 속행한다.
6		생략 사상 (인간의 실수)	
7		전이 기호 (IN)	F.T. 도상에서 다른 부분에의 이행 또는 연결을 나타냄 삼각형 정상의 선은 정보의 전입 루트를 뜻한다.
8		전이 기호 (OUT)	F.T. 도상에서 다른 부분에의 이행 또는 연결을 나타냄 삼각형의 옆의 선은 정보의 전출을 뜻한다.
9		전이 기호 (수량이 다르다)	
10		AND GATE	모든 입력 사상이 공존할 때만이 출력 사상이 발생한다.
11		OR GATE	입력 사상 중 어느 것이나 하나가 존재할 때 출력 사상이 발생한다.

번호	기호	명칭	설명
12	(출력/입력)	수정 GATE	입력 사상에 대해서 이 게이트로 나타내는 조건이 만족하는 경우에만 출력 사상이 발생한다.
13	(Ai Aj Ak)	우선적 AND 게이트	입력 현상 중에 어떤 현상이 다른 현상보다 먼저 일어날 때에 출력 현상이 생긴다.
14	(2개의 출력, Ai Aj Ak)	조합 AND 게이트	3개 이상의 입력 현상 중에 언젠가 2개가 일어나면 출력이 생긴다.
15	(동시발생 없음)	배타적 OR 게이트	OR 게이트지만 2개 또는 그 이상의 입력이 동시에 존재하는 경우에는 출력이 생기지 않는다. '동시에 발생하지 않는다'라고 기입한다.
16	(위험지속시간)	위험지속 AND 게이트	입력 현상이 생겨서 어떤 일정한 기간이 지속될 때에 출력이 생긴다. 만약 2시간이 지속되지 않으면 출력은 생기지 않는다.

MIL-STD-882B의 목적

① 기준은 시스템 안전 프로그램을 발전시키고 수행하는 데 있어서 일정한 필요조건을 제공하는데 그것은 시스템의 위험도를 확인하고, 위험도를 없애거나 관련된 실수를 줄임으로써 재난을 막기 위한 설계 필요조건이나 경영조절을 하고, 관리활동(Managing Activity : MA)을 받아들일 수 있는 수준을 얻는 것이다.

② 관리활동이라는 용어는 일반적으로 정부 획득활동을 참조하는데 그들의 공급에 있어서 시스템 안전업무를 적용하고 싶어하는 계약자 및 부계약자를 포함한다.

③ 문서는 중요한 지침과 시스템 안전조건을 강요하고 개발하는 데 있어 정보를 어떻게 사용해야 하는지를 제공한다.
④ 문서는 요구조건을 만족시키는 방법에 대해서 중요한 지침은 제공하지 않는다.
⑤ 계약자는 정부와 MIL-STD-882B에 의해서 요구되는 시스템 안전 프로그램 계획을 개발하고 개선할 책임이 있다.
⑥ 문서의 처음 몇 페이지는 범위, 참조문헌, 정의와 약자 그리고 시스템 안전조건들과 같은 제목들이 포함되어 있다.

▎위험성

구분	등급	발생상황	
		개별항목	전체항목(시스템)
자주 발생	A	때때로 일어날 듯 함	연속적 경험
보통 발생	B	한 항목의 수명 중 수회 일어남	때때로 일어남
가끔 발생	C	한 항목의 수명 중 드물게 일어남	수회 일어남
거의 발생하지 않음	D	그리 일어날 것 같지 않음	일어날 것 같지 않으나 존재 가능성
극히 발생하지 않음	E	발생확률 0에 가까움	위험을 경험하지 않은 것으로 가정함
전혀 발생하지 않음	F	물리적 발생 불가능	물리적 발생 가능성

▎MIL-STD-882B의 목차

단계	항목
Paragraph 1	Scope(목적)
Paragraph 2	Referenced documents(참고서류)
Paragraph 3	Definitions and abbreviations(정의 및 약자)
Paragraph 4	System safety requirement(시스템 안전 요구사항)
Paragraph 5	Task descriptions(업무설명) Task section 100-program management and control(프로그램의 운영 및 통제) Task section 200-design and evaluation(설계와 평가) Task section 300-software hazard analysis(SHA)
Appendix A	Guidance for implementation of system safety program requirements (시스템 안전에 있어서 요구되는 사항 적용지침)
Appendix B	System safety program requirements related to life cycle phases (전 과정에 관계된 시스템 안전 요구사항)
Appendix C	Data requirements for MIL-STD-882B(MIL-STD-882B에서 요구되는 사항)

PART 08
산업안전지도사 최근(문답)질문 내용

❶ 최근문제
❷ 질문내용 및 정답 제14회(건설안전공학)

PART 08 산업안전지도사 질문 내용

1 최근문제

질문 내용	적용 지도사
BIM 설명 및 안전과의 연관성 2018 출	건설
CO_2 용접기의 사전점검사항	전기, 건설
DFS에 대해 설명하시오. 2019 출	건설
DFS에서 설계자와 시공자의 업무 2018, 19 출	건설
Fail Safe 2017 출	기계, 전기, 화학, 건설
Fail Safe, Fool Proof의 구체적인 사례	기계, 전기, 화학, 건설
Risk와 Hazard, Danger와 Peril의 차이점	기계, 전기, 화학, 건설
Scallop 2018 출	건설
TBM과 Shield 공법 비교 2019 출	건설
가설구조물에 작용하는 하중 2018, 22 출	건설
가설구조물에 작용하는 하중의 종류 2018 출	건설
가설기자재 자율안전인증대상	건설
가설비계의 조립 시 준수사항 2018 출	건설
가설통로, 사다리 안전기준 2017, 20 출	기계, 전기, 화학, 건설
가설통로의 종류 2020 출	기계, 전기, 화학, 건설
개착식 굴착공사의 계측기 종류	건설
갱폼의 종류 및 해체 시 안전대책 2018 출	건설
거푸집동바리 콘크리트 작업 시 점검사항	건설
건물해체 시 사전조사 내용 2022 출	건설
건설기술 진흥법상 건설사고 범위	건설
건설기술 진흥법상 안전교육의 종류	건설
건설안전분야 지도사 자격 취득 후 경영자 지도·상담방법	건설
건설안전분야 지도사 자격 취득 후 근로자 지도방법	건설
건설현장의 안전을 확보하는 예방활동인 안전교육의 가장 효율적인 방법	건설
건설현장의 재해율 감소방안	건설
경사로의 종류	건설
곤돌라의 안전관리 2017, 20, 21 출	건설

질문 내용	적용 지도사
공사금액별 안전관리비 구분 2017, 19 출	건설
관리감독자 교육 시 가장 중요한 내용 2020 출	기계, 전기, 화학, 건설
교량의 교좌장치와 부반력	건설
국소배기장치 검사장비의 종류와 사용방법	기계, 화학
국소배기장치 검사항목	기계, 화학
굴착공사 시 지하매설물 안전조치사항 2018, 19 출	건설
굴착공사 착공 전 조사사항과 안전대책 2018, 19 출	건설
근골격계 부담작업의 분류	기계, 전기, 화학, 건설
높이 2미터 이상 작업 시 작업발판 설치기준 2020 출	건설
대상자별 안전교육내용 2019 출	기계, 전기, 화학, 건설
도급사업 안전관리 2019 출	기계, 전기, 화학, 건설
도심지 지하철 문제점 및 대책	기계, 전기, 화학, 건설
무재해 운동 2021 출	기계, 전기, 화학, 건설
밀폐공간작업시프로그램 2021 출	기계, 전기, 화학, 건설
비정상적인 작업으로 발생하는 사고에 대한 감소대책	기계, 전기, 화학, 건설
사고와 중대재해의 차이점 2022 출	기계, 전기, 화학, 건설
석면해체작업 시 감리원의 자격 및 감리원의 역할 2021 출	기계, 전기, 화학, 건설
스마트 콘크리트	건설
시험 합격 후 지도사로서 구체적인 활동계획	기계, 전기, 화학, 건설
아웃리거 깔판 하중기준	기계, 전기, 화학, 건설
안전관리 계획서 작성대상과 세부작성 내용	기계, 전기, 화학, 건설
안전대 등급	기계, 전기, 화학, 건설
안전모 성능시험 6가지 2018 출	기계, 전기, 화학, 건설
안전보건기준에서 안전계수 2020 출	기계, 전기, 화학, 건설
안전보건조정자의 업무	건설
안전예방활동 전개 중 실패사례	기계, 전기, 화학, 건설
어스앵커공법의 정착장길이 관리	건설
업무수행 중 중대재해를 겪은 현장이 있다면 근본원인과 안전대책	기계, 전기, 화학, 건설
온열질환 예방대책 2017 출	기계, 전기, 화학, 건설

질문 내용	적용 지도사
위험성 평가 방법과 절차 2020 출	기계, 전기, 화학, 건설
위험성 평가 방법 2019, 22 출	기계, 전기, 화학, 건설
위험성 평가의 종류 2020 출	기계, 전기, 화학, 건설
위험예지훈련 4단계	기계, 전기, 화학, 건설
유해위험방지계획서와 안전관리계획서의 차이점	기계, 전기, 화학, 건설
유해위험작업 취업제한에 관한 규칙 2022 출	기계, 전기, 화학, 건설
이동식 크레인의 와이어로프 폐기기준	기계, 건설
이동식 크레인의 위험요인과 대책 2019 출	기계, 건설
자율안전대상 보호구의 종류	기계, 전기, 화학, 건설
작업발판 일체형 거푸집의 종류와 안전대책 2019, 20 출	건설
작업순서가 바뀐 작업방법에 의해 재해가 발생된 경우 기술지도방법	기계, 전기, 화학, 건설
작업자가 지도사의 안전지시에 불응하고 계속 위험한 작업 시 대응방법	기계, 전기, 화학, 건설
작업통로 및 작업발판 설치기준 2018 출	기계, 전기, 화학, 건설
재해예방기술지도대상과 기술지도 제외대상	건설
중대재해 발생 시 사고조사위원회 운영방법 2020 출	기계, 전기, 화학, 건설
중소 규모 건설사에서 지도사의 기술지도가 필요한 이유 2021 출	기계, 전기, 화학, 건설
중소규모 건설현장의 추락재해 방지를 위해 실시해야 할 기술지도 내용	기계, 전기, 건설
지게차의 안전관리 2017 출	기계, 전기, 건설
지도사 취득 목적과 향후 계획 2020 출	기계, 전기, 화학, 건설
지도사의 역할과 포부 2020 출	기계, 전기, 화학, 건설
직무스트레스 예방조치	기계, 전기, 화학, 건설
직업병과 직업관련성 질병의 구분	기계, 전기, 화학, 건설
차량계 건설기계의 안전점검 항목	기계, 건설
철골세우기 작업 시 자립도 검토대상 2019 출	기계, 건설
철골자립도대상 5가지	기계, 건설
철근의 가공방법 2019 출	건설
최근 발생된 화재의 원인과 향후 안전대책을 3E 중 중점을 두어야 할 곳	기계, 전기, 화학, 건설
추락재해예방을 위한 안전블록 사용방안 2021 출	기계, 전기, 화학, 건설

질문 내용	적용 지도사
콘크리트 타설 시 안전대책 2017, 22 출	건설
크레인 전도재해 원인	기계, 건설
타워크레인의 지지방식	기계, 건설
탄성계수와 변형계수 2020 출	기계, 건설
터널 내 유해물질과 환기방식	건설
터널공사 환기방식 2018, 19, 21 출	건설
터널작업의 환기작업지침	건설
해체작업 시 안전대책 2019 출	기계, 건설
향후 전개해야 된다고 여기는 안전보건관리 방안	기계, 전기, 화학, 건설
휴먼 에러의 분류	기계, 전기, 화학, 건설
휴먼 에러의 종류별 사례	기계, 전기, 화학, 건설
와이어로프 고정방법 및 효율, 와이어로프 교체기준	기계 1부 2023.8.18 출
고정식 산업용로봇의 협동작업 시 울타리를 대신할 수 있는 위험방지대책	기계 1부 2023.8.18 출
위험성평가 인정대상 사업장 및 혜택	기계 1부 2023.8.18 출
승강기 방호장치	기계 2부 2023.8.18 출
위험성평가 상시평가제도 항목	기계 2부 2023.8.18 출
1톤 이상 크레인을 사용하는 작업 또는 1톤 미만의 크레인 또는 호이스트 5대 이상 보유사업장에서 해당기계로 하는 작업의 특별교육 내용	기계 2부 2023.8.18 출
자동전격방지장치 설치 전 점검과 설치 장소	기계 3부 2023.8.18 출
표준하역 운반작업지침에 관련 중 지게차	기계 3부 2023.8.18 출
유해위험방지계획서 제출 대상과 제출업종	기계 3부 2023.8.18 출
압력용기 안전장치	기계 4부 2023.8.18 출
화재감시자 배치	기계 4부 2023.8.18 출
40인 근로자 사업장 중대재해처벌법상 경영자가 확인할 사항	기계 4부 2023.8.18 출
고소작업대 작업시작 전 점검사항	기계 1부 2023.8.19 출
상시근로자 110명 제조업에서 안전보건규정 변경 시 절차 및 조언상담법	기계 1부 2023.8.19 출
이동식 강관비계를 설치하여 작업할 때 준수사항	기계 1부 2023.8.19 출
와이어로프의 꼬임의 개념 설명과 꼬임별 장단점, 사용처	기계 2부 2023.8.19 출

질문 내용	적용 지도사
산업용 로봇 교시 작업 중 로봇과 충돌재해가 발생했는데, 로봇은 수동조작 중이었고 출입문은 열려 있었다. 이 경우 문제점과 재해방지대책, 기동방지스위치의 개념, 설치조건, 설치위치+인에이블링 장치	기계 2부 2023.8.19 출
프레스 5대 이상 보유시 특별안전보건교육 내용	기계 2부 2023.8.19 출
선반방호장치	기계 3부 2023.8.19 출
이상위험도분석, 작업자실수분석, 상대위험순위결정	기계 3부 2023.8.19 출
산업안전지도사의 업무범위	기계 3부 2023.8.19 출
설비재해의 물적 및 인적원인	기계 4부 2023.8.19 출
안전모 인증시험 내용 및 수치	기계 4부 2023.8.19 출
안전보건관리 규정	기계 4부 2023.8.19 출
자동화기기의 장점 및 단점	기계 5부 2023.8.19 출
산업안전보건법과 중대재해처벌법에서 말하는 중대재해의 정의의 차이점	기계 5부 2023.8.19 출
A사에 고정식 협동로봇을 설치할 경우에 대하여 지도사로서 어떤 지도를 할 것인가	기계 5부 2023.8.19 출

질문내용 및 정답 제14회(건설안전공학)

일시	시간	문제	출제근거 및 정답확인
1일차	1부	1. 가설통로 설치 기준과 설치각도에 따른 분류	안전보건규칙 제23~24조 가설공사표준안전작업지침 14조, 16조
		2. 철골공사 안전대책	철골공사표준안전작업지침 9조
		3. 유해위험방지계획서 자체심사 및 확인	산안법 시행규칙 별표 11
	2부	1. 표준안전난간 설치기준	안전보건규칙 제13조
		2. 산업안전보건위원회 심의 의결사항	신안법 제24조
		3. 안전관리자 증원/교체사유	신안법 시행규칙 제12조
	3부	1. 사다리식 통로 설치기준	안전보건규칙 제24조
		2. 위험성평가 기록/부존 기간, 서류기준	사업장 위험성평가 지침 제14조
		3. 화재위험 작업 시 특별교육 내용	신안법 시행규칙 별표 5의 38호
	4부	1. 안전보건진단 기준	신안법 제47조, 시행령 제46조
		2. 유해위험요인, 위험성, 위험성평가 용어정의	사업장 위험성평가 지침 제3조
		3. 가설도로 설치, 사용 시 준수사항	가설공사표준안전작업지침 제25조
	5부	1. 사전조사 및 작업계획서 작성대상, 차량계건설기계 사전조사 사항과 작업계획서 내용	안전보건규칙 제38조, 별표 4
		2. 건설안전분야 산업안전지도사 업무범위, 유해위험방지계획서 지도사 평가기준	산안법 시행령 별표 31, 고용노동부 고시
		3. 표준안전작업지침상 테두리로프 및 달기로프, 방망사의 신품, 폐기강도 기준	추락재해방지표준안전작업지침 제4조, 제5조

일시	시간	문제	출제근거 및 정답확인
2일차	1부	1. 이동식사다리 기준	안전보건규칙 제42조 제4항 (개정)
		2. 노사협의체 근로자위원과 사용자위원 구성	산안법 시행령 제64조
		3. 위험성평가 절차와 내용	사업장 위험성평가 지침 제8조~14조
	2부	1. 건설업 산업안전보건관리비 중 안전보건교육비 등 사용 기준	산업안전보건관리비 계상 및 사용기준 제7조 제5호
		2. 유해위험방지계획서 자체심사 및 확인 업체 선정기준, 자체심사 및 확인 방법	산안법 시행규칙 별표 11
		3. 안전대 폐기기준(로프, 벨트, 후크, D링 등 구분)	추락재해방지표준안전작업지침 제21조
	3부	1. 추락방지망 및 낙하물방지망, 방호선반 설치기준	안전보건규칙 제42조, 추락재해방지표준안전작업지침 제3조 등
		2. 중대재해 발생 시 사업주 조치사항과 보고 내용	산안법 제54조, 산안법 시행규칙 제67조
		3. 안전보건대장 단계별 포함 내용	산안법 시행규칙 제86조
	4부	1. 지붕작업 시 위험방지 조치	안전보건규칙 제45조
		2. 철근 인력 및 기계운반 준수사항	콘크리트표준안전작업지침 제12조
		3. 해체공사 시 구조물 사전조사 사항	해체공사표준안전작업지침 제14조
	5부	1 사전조사 및 작업계획서 작성 대상 작업.	안전보건규칙 제38조
		2. 가설구조물 설계변경 신청대상 및 전문가 범위	산안법 시행령 제58조
		3. 산업안전보건관리비 계상의무 및 기준	산업안전보건관리비 계상 및 사용기준 제4조

일시	시간	문제	출제근거 및 정답확인
3일차	1부	1. 구축물등의 안전성평가 대상	안전보건규칙 제52조
		2. 타워크레인 설치·해체 특별교육 내용	신안법 시행규칙 별표 5 제30호
		3. 굴착공사표준안전작업지침상 깊은굴착 사전조사 사항	굴착공사표준안전작업지침 제15조
	2부	1. 굴착공사 시 사전조사 사항	안전보건규칙 별표 4
		2. 안전보건규칙상 통로조명, 통로의 설치기준	안전보건규칙 제21~23조
		3. 안전인증, 자율안전기준 고시의 추락, 낙하 및 붕괴 등 가설기자재분류설명	방호장치 안전인증, 자율안전기준 고시
	3부	1. 굴착공사표준안전작업지침 상 기존 구조물 지시 시 준수사항	굴착공사표준안전작업지침 제23~24조
		2. 교량의 설치·해체·변경 작업 시 준수사항	안전보건규칙 제369조
		3. 굴착공사표준안전작업지침상 토사붕괴 발생을 예방하기 위한 점검사항	굴착공사표준안전작업지침 제32조
	4부	1. 강관틀 비계조립·사용 준수사항	안전보건규칙 제62조
		2. 지붕공사 시 추락방지 조치	안전보건규칙 제45조
		3. 전기배선작업, 이동전선 위험방지 조치	안전보건규칙 제313조~317조
	5부	1. 굴착공사표준안전작업지침 토석의 붕괴형태	굴착공사표준안전작업지침 제29조
		2. 작업발판 구조	안전보건규칙 제54~56조
		3. 위험성평가 실시전 사전 확정사항 및 사전조사 사항	사업장 위험성평가 지침 제9조

※ 면접보신 분들이 보내준 내용을 복기하였기에 다소 차이가 있을 수 있습니다.

특별부록
면접 전에 꼭 읽어보기

1. 산업안전지도사 3차 면접 불합격을 피하는 법 (1)
2. 면접 준비의 기본 마인드
3. 면접 불합격을 피하는 법
4. 면접관에 대한 이해와 대응
5. 산업안전지도사 3차 면접 불합격을 피하는 법 (2)
6. 질문의 내용을 예측하라!
7. 구조화된 답변을 익숙하게!
8. 태도가 합격을 만든다!
9. 면접 불합격을 피하는 법

산업안전지도사 3차 면접 불합격을 피하는 법 (1)

#면접도 전략이다.
#면접은 불합격을 피하는 것이다.
#면접관 그들이 결정한다.

산업안전지도사 연수를 끝내고 보니 3차 면접 시험이 이번주 금토로 예정되었다고 들었습니다.

작년 불합격 후 재도전하시는 유예 수험생과 금년 처음 3차에 응시하시는 분들 대부분이 긴장 속에 각자 면접 준비 마무리를 하고 있으시리라 생각됩니다.

20년 건설안전 분야 면접 합격률은 약 42%로 최종합격하는데 면접의 문턱이 높았습니다. 그렇다면 이러한 면접에 합격 아니 불합격을 피하기 위해서는 어떤 전략을 갖고 준비해야 할지 각자 고민이 있으시리라 생각됩니다.

물론 저보다 면접을 잘 치러 합격하신 분들의 노하우도 있고 현재 준비하신 분들도 대부분 내용에 대해서는 숙지하고 있으셔서 며칠 남지 않은 면접에 대해서 말씀드리는 것이 도움이 될지 모르겠습니다.

다만, 2년에 걸쳐 면접에 응시하고 합격한 경험을 되돌아보면 면접의 성공이 지식과 경험의 내용만이 아니라 나름의 전략을 갖고 체계적으로 준비하면 최소한 불합격을 피할 수 있다고 믿습니다.

면접 합격의 수많은 길이 있고 개인의 스타일과 준비도에 따라 다르기 때문에 정답이 있을 수는 없습니다. 그동안 준비하셨던 내용을 제 글을 읽고 비교하면서 생각을 정리해보는 시간이 되시기를 바랍니다.

면접 준비의 기본 마인드

항목	내용
불합격자 고르기	합격자를 뽑는 시험이 아닌 탈락자를 고르는 시험임을 명심하라. 결국 불합격을 피하는 법으로 준비해야 한다.
불합격 피하기	답변 시 큰 실수를 하지 않고 면접관이 탈락시킬 여지를 주지 않는다. 완벽하지 않아도 60점 이상이면 된다.
말하기 연습	아는 것과 말하는 것은 다르다. 말하는 연습이 요구된다. 필기와 말하는 시험은 다르다.
기본 문제	어려운 문제 모른다고 떨어뜨리진 않는다. 결국 기본적인 문제에서 판가름된다.
시간 관리	모든 수험생의 시간은 15분 내외로 동일하다. 시간 관리가 중요하다.
조편성/순서	결국은 같은 조에서 합격여부가 판가름난다.(2명/5명) 같은 조 앞사람이 미치는 영향이 크다 그것도 운이다.

 ## 면접 불합격을 피하는 법

항목	내용
모르는 문제 대하는 법	모르는 문제는 반드시 나온다. 모든 것을 아는 사람이 아니라 모르는 것을 공부할 수 있는 자세가 필요하다. 모르는 것은 "모른다"라고 답변하고 면접관을 불만족스럽게 해서는 안된다. (우물쭈물하는 것이 독이 된다.) 모르는 문제를 대하는 자세(표정, 말투 등)도 포함된다. (당황하거나 과긴장 않도록 사전 대비가 필요하다.)
위기를 기회로	빨리 넘기고 다음 문제 받는 것이 현명하다. "아는 데까지만 이야기하겠습니다." 하고 더이상 질문을 받지 않게 유도한다.

항목	내용
시간을 낼 것으로	시간은 문제수와 답변수에 상관없이 동일하다(시간은 잘 아는 문제에 넘겨주자)
모르는 문제 대처	모르는 것이 두 번 이상 반복되면 "모른다"라는 답변내용도 달리 말해야 한다.
아는 척 금지	절대 모르는 것을 아는 척 하지 마라. 묻지도 않은 것을 너무 길게 주저리하지 말라. (자질이 부족하다 여긴다.)
어설픈 답변 금지	어설프게 아는 것을 주저리주저리 답변하는 것은 치명적 실수이다. (시간과 기회를 잃는 지름길) 명확하지 않은 답변을 말해서 추가 질문의 빌미를 만들지 않고 사전에 예방한다.
모르는 분야 아는 만큼만	잘 모르는 분야는 답변을 길게 하지 않고 아는 것만 대답해도 된다.

면접관에 대한 이해와 대응

항목	내용
구성	면접관은 고용노동부, 안전보건공단, 외부인원으로 구성된다. 면접관 모두 최고 전문가만은 아니다.
자신감	면접관은 지도사가 아니고 실제 문제에 대한 답은 수험자가 더 잘 알 수 있으므로 상대의 면접관을 과도하게 판단해 위축될 필요는 없다. (블라인드 안의 그들에게 위축되면 이미 진 게임이다.)
맞춤형	면접관의 특성에 기반한 질문이 출제되고 해당 면접관에 적합하게 답변을 해야 높은 평가를 얻을 수 있다.
노동부 면접관	노동부 면접관은 근로감독관 20년 이상이거나 사무관이므로 노동부 산업안전보건 법령/정책, 현장 감독 시 법령 근거에 대해 명확히 알고 답변을 해야 한다.
공단 면접관	공단 면접관은 건설안전 전문가가 아닐 수 있고, 안전인증/검사 중심 기계 전문가인 경우도 있음. 안전보건공단 정책, 건설기계는 fail safe, fool proof 관점에서 답안 구성을 한다.

항목	내용
외부 기업 면접관	외부전문가가 공기업 건설안전/시공 전문가일 경우 기술/시공 문제를 출제할 수 있는데 다른 두 면접관은 현장/기술에 약하므로 핵심 답변 위주로 한다.
외부 교수 면접관	외부전문가가 교수일 경우 안전 이론에 대한 문제를 출제할 수 있고 교수의 학생평가 관점에서 이론을 중심으로 명확히 답변해야 한다.
3명의 면접관	세 명의 다른 유형의 면접관을 고려해 지나치게 깊지 않고 통상적으로 수용할 수 있는 수준에서 답변한다.
단답형	단답형 문제를 질의하는 사람은 단답으로 여러 문제를 준비한다. 시간을 많이 끌면 좋아하지 않는다.
출제 유형	준비해온 문제 제시 / 산안법 문제 / 지도사 의식 수준 / 기술론 / 건설장비 / 현장안전관리 / 안전이론
채점 기준/운영	채점자의 기준에서 생각하고 성향은 다를 수 있으며 선입견과 고정관념을 가질 수 있다는 점을 인지한다.
평가합산	면접관 3명 평가는 각각에 대해서 수행, 다른 면접관도 내 답변에 대해 주의를 기울이고 평가하고 있다는 것을 유념한다.

이어서 다음은 답변 구조 분석과 구성, 내용 그리고 태도에 대해서 얘기드려보도록 하겠습니다.

산업안전지도사 3차 면접 불합격을 피하는 법 (2)

#면접 질문을 예측하고
#답변을 구조화해서
#좋은 태도로 준비하자.

오늘은 지난번 글에 이어 면접의 내용, 답변의 구조화 및 태도에 대해서 말씀드리고자 합니다.

 ## 질문의 내용을 예측하라!

항목	내용
산안법령 등	산안법 최근 개정안, 건진법 비교, 산업안전규칙, 표준안전작업지침 등 주요 조항은 사전 이해하고 준비한다. 산안법은 당락 좌우하는 필수 사항, 기본에 충실하고 오히려 공법적인 문제는 탈락시키기 어렵다. 산안법은 가급적 조항을 근거로 제시하는 것이 추가 점수, 좋은 인상을 줄 수 있다.
전문지식 응용능력	가설구조물, 기계기구건설공법, 시공방법재해요인별 안전대책건설현장 유해위험요인 단답형 대답은 지도사의 컨설팅 관점과 수준에서 답변을 할 수 있도록 한다.
지도상담능력	재해예방기술지도, 자율안전 컨설팅, 유해위험방지계획, 안전진단 개선계획서 수립 등 업무영역은 필수이다. 지도사의 업무 대부분은 소규모현장에서 재해를 예방하는 것이 중요하므로 그 관점에서 답변을 준비한다.

구조화된 답변을 익숙하게!

항목	내용
핵심요지 파악	문제의 요지를 빨리 파악해서 답변을 머릿속으로 정리하는 것이 핵심이다.
아는 문제 답변	아는 것을 물어보면 차분하게 생각을 정리해서 대답하되 시간을 길게 가지면 안 된다.
의도 이해	문제 의도를 면접관 관점에서 니즈를 파악해 다른 답변을 하지 않아야 한다.(잘못된 답변은 면접 실패!)
출제 근거	문제가 산안법, 산안규칙, 안전지침인지 판단하고 그에 대한 언급을 해야 추가 점수를 얻을 수 있다.
답변구조	답변에 대한 일관된 체계를 미리 정하여 문제 유형에 따라 답변구조를 계속 연습한다.(형식이 내용을 담는 그릇이다.)
두괄식 답변	출제 의도를 파악해 질문에 대해 핵심 답변, 결론안을 먼저 제시한다.(면접관은 기다려주지 않는다.)
부연	부연 설명은 아무리 많아도 본 답변보다 많아서는 안된다.(부연은 추가 점수일 뿐이다.)
간결함	가급적 정확한 표현으로 핵심이 간결하게 드러나도록 하고 의견은 짧게 제시한다.
시간 최적화	면접 시간은 15분 내로 한정적 5문항이면 1문항당 채 2.5분을 사용, 핵심/중심 먼저 제시해야 한다.
리프레이징	면접 답변 시 리프레이징을 하는 것으로 면접 인상을 좋게 하고 생각할 시간을 확보한다.
개념	문제 유형에 따라 개념/배경을 먼저 제시하면 좋은 인상을 줄 수 있다.
스토리	단답형 답변도 관련 법령과 핵심과 연계된 현장 예시를 들어 설명해서 차별화한다.
근거/수치화	가급적 정량적(수치화)하여 설득력 있게 표현한다.

구조화된 답변 예시

기본 답변 구조

A 넵! 철골 공사 시의 안전관리 방안에 대해 말씀드리겠습니다.

(대답하면서 머릿속으로는 내용 정리한다.)

철골 공사 시에는 추락, 화재, 낙하 등의 주요 위험요인이 있습니다. 이에 대해 현장에서의 대책으로는 추락, 낙하, 등 사고성 재해에 대한 대책으로는 ___하고 기술적 대책으로는 ___하고 관리적 대책으로는 ___합니다. 또한 보건 대책으로 ___하여 관리하여야 합니다.

전혀 모르는 문제

 네 면접관님이 질문하신 내용은 공부를 하면서 책으로는 접해봤으나 자세한 사항에 대해서는 이해하고 준비하지 못하였습니다. 해당 사항에 대해 더 공부해보도록 하겠습니다.

8 태도가 합격을 만든다!

항목	내용
여유	답변 시 긴장하고 말이 빨라지게 되어 효과적으로 전달되지 못한다. (내용이 형식에 불완전하게 담긴다.)
마인드 컨트롤	면접관도 회사의 동료라고 이미지 트레이닝을 통해 긴장감을 최소화하여 편안하게 임한다.
목소리톤	목소리가 잘 들리지 않으므로 평소보다 목소리를 크고 명확하게 얘기한다.
답변속도	3명의 면접관이 듣기 편한 속도로 조절해야 한다. (질문자 외 다른 면접관도 평가 중)
자신감	자신감은 필요하지만 절대 거만해보여서는 안 된다.
자연스러움	외워서 하는 답변이라기보다 자연스럽게 내가 아는 것을 잘 표현하는 것이 중요하다.
첫인사	인사는 "수험번호 5-5번입니다."로 시작하고 인사도 예의있게, 보이지 않더라도 실시한다.
면접자세	자세는 허리를 곧게 펴고 화자에 시선을 맞추고 얘기하여 자신감 있는 자세로 답변한다.
마무리	면접 마무리도 중요하다. 나올 때도 의자를 정리하고 감사하다는 인사를 하고 마무리한다.

저도 작년 면접을 앞두고 전체 내용을 외우고 구조화된 답변을 만들어 연습하면서 준비했던 생각이 납니다.

오후 시간대 면접이라 공단에 일찍 가서 남는 1시간까지 그 옆에 독서실에 가서 혼자 입에 붙도록 했었습니다.

면접은 실력도 실력이지만 운도 분명 따라야 합니다. 면접 15분의 1분 1초라도 허투루 보내지 않는다면 좋은 결과가 있을 것입니다.

9 면접 불합격을 피하는 법

☑ 모르는 문제는 꼭 나온다 당황하지 말고 겸손하게 인정한다.
☑ 절대로 아는 척 하지 않는다. 잘 모르는 답변으로 추가 질문의 빌미를 주지 않는다.
☑ 시간은 문제수와 관계없이 동일하다.
☑ 60점의 평가만 넘으면 된다.
☑ 면접관 개별 맞춤형 출제의도에 맞는 답변을 하라.
☑ 전체 면접관은 나를 평가하고 있다.
☑ 질문의 의도와 핵심을 명확히 이해하고 신속하게 답변한다.
☑ 답변은 결론부터 간결하게 2분에 승부를 보라.
☑ 결국 기본문제인 산안법에서 당락이 결정된다.
☑ 답변에 조문근거와 수치를 활용하라.
☑ 부연설명 개념/사례는 추가 점수 사항이다.
☑ 마인드 컨트롤로 여유와 자신감을 갖고 목소리를 크게 속도는 천천히 한다.
☑ 답변은 자연스럽게 컨설턴트처럼 하라.
☑ 첫인사, 자세, 마무리 인사를 신경써라.
☑ 구조화된 형식으로 말하기를 연습한다.

출처 https://blog.naver.com/whitedrew
(2022년 02월 04일 14시 40분 글쓴이인 박형두 산업안전지도사&노무사님과 통화하여 후기 사용의 허락을 받음.)

저자약력

정재수(靑波:鄭再琇)

인하대학교 공학박사/GTCC대학교 교육학명예 박사/한양대학교 공학석사/공학사/문학사/각종국가고시 출제, 검토, 채점, 감독, 면접위원역임/매경TV/EBS/KBS라디오 출연 및 강사/중소기업진흥공단 강사/대한산업안전협회 강사/호원대학교/신성대학교/대림대학교/수원대학교 외래교수/울산대학교/군산대학교/한경대학교 등 특강/한국폴리텍Ⅱ대학 산학협력단장, 평생교육원장, 산학기술연구소장, 디자인센터장/한국폴리텍 대학 교수/한국폴리텍대학남인천캠퍼스 학장/대한민국산업현장 교수/(사)대한민국에너지상생포럼 집행위원장/(사)한국안전돌봄서비스협회 회장/(사)대한민국 청렴코리아 공동대표/협성대학교 IPP 추진기획단 특별위원/인천광역시 새마을문고 및 직장공장 회장/GTCC대학교 겸임교수/한국방송통신대학교 및 한국 폴리텍 대학 공동 선정 동영상 강의

[저서]
- 산업안전공학(도서출판 세화)
- 기계안전기술사(도서출판 세화)
- 건설안전기술사(도서출판 세화)
- 산업안전기사(필기, 실기 필답형, 작업형)(도서출판 세화)
- 건설안전기사(필기, 실기 필답형, 작업형)(도서출판 세화)
- 산업안전지도사 시리즈(도서출판 세화)
- 산업보건지도사 시리즈(도서출판 세화)
- 산업안전보건(한국산업인력공단)
- 공업고등학교안전교재(서울교과서)
- 산업안전보건동영상(한국산업인력공단) 등 60여권 저술

[상훈]
대한민국 근정 포장(대통령)/국무총리 표창/행정자치부 장관표창/
300만 인천광역시민상 수상 및 효행표창 등 8회 수상/인천광역시 교육감 상 수상/
Vision2010교육혁신대상수상/2018년 대한민국청렴대상수상/30년이상봉사 새마을기념장 수상/몽골옵스 주지사 표창 수상

[출강기업(무순)]
삼성(건설, 중공업, 조선)/현대(건설, 자동차, 중공업, 제철, 협력사 등)/대우(건설, 자동차, 조선), SK(정유)/GS건설/에스원(S1)/두산(건설, 중공업), 동부(반도체), POSCO건설, 멀티캠퍼스, e-mart, 한국수자원공사 등 100여기업/이상 안전자격증특강

산업안전지도사[면접]

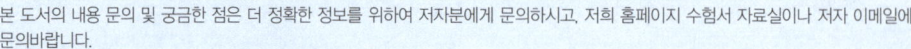

4판 4쇄 발행　2025. 5. 12.
3판 3쇄 발행　2024. 6. 1.(인쇄 2024년 5월 20일)
2판 2쇄 발행　2024. 1. 7.
1판 1쇄 발행　2022. 3. 31.

지은이 정재수
펴낸이 박 용
펴낸곳 도서출판 세화　**주소** 경기도 파주시 회동길 325-22(서패동 469-2)
영업부 (031)955-9331~2　**편집부** (031)955-9333　**FAX** (031)955-9334
등록 1978. 12. 26 (제 1-338호)

정가 28,000원
ISBN 978-89-317-1330-5 13530
※ 파손된 책은 교환하여 드립니다.

본 도서의 내용 문의 및 궁금한 점은 더 정확한 정보를 위하여 저자분에게 문의하시고, 저희 홈페이지 수험서 자료실이나 저자 이메일에 문의바랍니다.
저자명　정재수(jjs90681@naver.com) TEL 010-7209-6627